Matemáticas para aprender a pensar

Matemáticas para aprender a pensar

El papel de las creencias en la resolución de problemas

Antoni Vila Corts
María Luz Callejo de la Vega

NARCEA, S. A. DE EDICIONES
MADRID

1ª edición: septiembre 2004
2ª edición: junio 2005

Avda. Dr. Federico Rubio y Galí, 9. 28039 Madrid. España
www.narceaediciones.es

ISBN NARCEA: 84-277-1470-X
ISBN IEPS: 84-933626-1-1
Depósito legal: M-28.429-2005

Impreso en España. Printed in Spain
Imprime Lavel, S.A. 28970 Humanes (Madrid)

Índice

Prólogo

EN UNA OCASIÓN Yogui Berra escribió: "En teoría no hay ninguna diferencia entre la teoría y la práctica. Pero en la práctica hay mucha diferencia". Me ha venido a la memoria esta frase leyendo este libro. Una virtud destacable de esta obra es saber entrelazar, adecuadamente, un discurso teórico rico en matices y nunca dogmático con un análisis práctico de ejemplos y estudios de casos. Esta sabia combinación de teoría y práctica hará posible que los lectores puedan entenderla mejor y, lo que es más interesante, los profesores puedan aprovechar el material para mejorar su propia actividad docente, especialmente en la educación secundaria obligatoria.

Esta obra cumple fielmente con lo que el título anuncia: analizar cuidadosamente las "creencias" que afloran en la "resolución de problemas" de matemáticas para reivindicar la importancia educativa de los mismos y recuperar el noble objetivo de hacer "pensar". Pensar para educar y educar para pensar.

Una vez leí una definición de "clase" que me molestó profundamente: "una clase es una transferencia de información de las notas del profesor* a las notas del estudiante, sin pasar por la mente de ninguno de los dos". La frase es indignante por ser a menudo cierta y por no aportar ninguna pista sobre como mejorar la situación. Los problemas de matemáticas rutinarios, los ejercicios triviales de manipulación, los enunciados cocinados para una resolución *ad hoc*... son ejemplos paradigmáticos de situaciones aburridas y de muy

* Para que la lectura del texto resulte más sencilla, se ha evitado utilizar conjuntamente el género masculino y femenino en aquellos términos que admiten ambas posibilidades.

escaso interés formativo. Recuperar para las aulas este gran objetivo de "hacer pensar" es, y seguirá siendo, el itinerario docente correcto.

El *capítulo 1* nos invita a interesantes reflexiones sobre el hacer pensar en clase de matemáticas y cómo los problemas son un instrumento valioso para desarrollar este pensamiento autónomo y crítico que los autores consideran clave para crear un "ambiente de aprendizaje".

En el *capítulo 2* se nos invita a reflexionar sobre las creencias en general para luego en el *capítulo 3* entrar a fondo en las convicciones de los estudiantes ante la resolución de problemas, pasando de una crítica profunda sobre el origen de dichas opiniones a la precisión de aquellas creencias positivas que pueden favorecer el acto educativo: del bloqueo a la creatividad.

El *capítulo 4* versa sobre la evaluación de las creencias, sobre cómo investigar el tema y sobre cómo sacar provecho a dicho análisis. En el último capítulo, culminante, se desgranan una serie de intervenciones educativas puestas al servicio de la resolución de problemas en la secundaria obligatoria. Unos anexos útiles y una cuidada bibliografía cierran la publicación.

Creo que, más allá de la lectura, el libro nos invita a la acción y nos guía para profundizar en ella.

Habiéndome referido ya a la obra, debo hacer ahora una especial referencia a sus autores. Antoni Vila y María Luz Callejo son figuras bien acreditadas en el mundo de los profesores de matemáticas. Unen a su formación matemática una amplia experiencia docente tanto con estudiantes como en formación del profesorado, siendo ambos autores de referencia en el tema de este libro. Sus tesis doctorales en Didáctica de las Matemáticas se centraron precisamente en resolución de problemas, abriendo unas interesantes líneas de investigación y unas metodologías rigurosas de análisis didáctico, sin olvidar que el fin último de estos trabajos doctorales ha sido la mejora efectiva de los procesos de enseñanza y aprendizaje de las matemáticas. Es importante pues que el lector aprecie, al ir leyendo este volumen, que los autores lo han escrito desde una reconocida competencia profesional en el tema, desde un amplio conocimiento de las tendencias mundiales que hoy se dan en esta temática y desde la voluntad de poner al servicio de los docentes un material, sencillo de entender y aplicar, que es fruto de una investigación rigurosa y de una experiencia vital propia.

Los lectores que practiquen una lectura íntima de la obra gozarán del placer intelectual de unas reflexiones didácticas fundamentales. Aquellos que se dediquen a enseñar pueden encontrar en la lectura un nuevo estímulo: para innovar, para intentar cambiar creencias, para elegir mejores repertorios de problemas, para pensar más en su propio oficio y para contagiar a sus estudiantes su amor por las matemáticas. Lo dijo Platón: "donde reina el amor, sobran las leyes".

Claudi Alsina
Barcelona, 25 de marzo de 2003

Introducción

UNA MAESTRA pregunta a todos los niños y niñas de una clase de primer curso de Primaria lo siguiente: «Si un niño tiene 7 lápices y le quitan 7, ¿podrá escribir?». Un niño de 6 años responde: "Eso dependerá de si tiene bolígrafos o rotuladores".

La maestra no sólo no admite la respuesta como correcta, sino que entiende que encierra una cierta rebeldía del alumno. Cuatro años más tarde, cuando le recordaba a este niño la anécdota, él la interrumpió diciendo: "¡Qué problema más tonto; claro que no podrá escribir!".

La realidad del día a día nos ofrece ejemplos como éste que son un exponente de que, a veces, la escuela no está favoreciendo el desarrollo del pensamiento sino más bien el aprendizaje de mecanismos y de respuestas automáticas sin sentido; es más, hechos como el anterior muestran que la capacidad de dar respuestas inteligentes se trunca debido a la forma de intervenir el profesorado cuando los alumnos no contestan "la respuesta esperada".

Sin embargo "aprender a pensar" ha sido uno de los argumentos más repetidos a lo largo de la historia para justificar la necesidad de aprender matemáticas, aunque no el único. Porque pensar es una de las actividades centrales de la persona, aunque el ser humano además de pensar también sea capaz de sentir, de creer, de amar, de jugar, de contemplar, de actuar... Y aunque pensar no sea patrimonio exclusivo de ninguna ciencia, la matemática es una materia idónea para ejercitarse en el arte de pensar y para tratar de mejorarlo.

Podemos hacer de los procesos de pensamiento objeto de aprendizaje, a través del enfrentamiento con situaciones problemáticas que se pueden abordar con las herramientas que ofrece la matemática. El método basado en la resolución de *problemas* estimula a los alumnos a abordar situaciones nuevas, a responder a cuestiones para las que no conocen una respuesta mecánica, a elaborar estrategias de pensamiento, a plantearse preguntas, a aplicar sus conocimientos y destrezas a otras situaciones.

En este libro consideramos que un problema no es simplemente una tarea matemática, sino una *herramienta para pensar matemáticamente*, un medio para crear un *ambiente de aprendizaje* que forme sujetos autónomos, críticos y propositivos, capaces de preguntarse por los hechos, las interpretaciones y las explicaciones, de tener su propio criterio estando a su vez abiertos a los de otras personas.

Esto exige crear en la clase una atmósfera que propicie la confianza de cada alumno y alumna en sus propias capacidades de aprendizaje, lo que no quiere decir que no se sientan a veces frustrados, descorazonados o fracasados, sino que a pesar de ello mantienen una fe arraigada en su capacidad de resolver problemas; un ambiente donde se disfrute con los retos, con los problemas y se valoren los procesos y los progresos de los alumnos y no sólo las respuestas; donde los alumnos sepan discernir lo que es o no importante, confíen en su propio criterio y no teman estar equivocados o cambiar de visión; donde sean capaces de examinar más de un punto de vista para abordar un problema, formulen preguntas pertinentes, sean cuidadosos al hacer generalizaciones, revisen sus propias creencias y no les dé miedo decir "no lo sé".

Ahora bien, este ambiente de aprendizaje precisa de unas determinadas actitudes y creencias del profesorado que se genera estimulando la curiosidad intelectual, alentando el trabajo en grupo entre los estudiantes, propiciando la argumentación, partiendo de las preguntas y respuestas de los alumnos, interesando a los estudiantes en las actividades y procesos generadores de conocimiento como definir, preguntar, observar, clasificar, particularizar, generalizar, conjeturar, demostrar y aplicar.

Las creencias que acabamos de exponer sobre la educación matemática nos llevan a formularnos varias preguntas que van a hacer de hilo conductor a través de los cinco capítulos de este libro:

- *¿Pensar en clase de matemáticas?*
- *¿Qué son las creencias?*
- *¿Cuáles son las creencias de los alumnos?*
- *¿Cómo se pueden diagnosticar y evaluar?*
- *¿Cómo se pueden modificar?*

La respuesta inmediata a la primera de ellas, *¿Pensar en clase de matemáticas?*, es "¡Sí, claro!", pero los hechos que se exponen muestran que a veces los alumnos experimentan dificultades y bloqueos ante situaciones que no son excesivamente complejas y que cometen errores sorprendentes.

Nos planteamos: *¿Por qué se producen estos errores? ¿Por qué algunos alumnos especialmente capacitados dan respuestas pobres, cuando no ingenuas?* Estas preguntas nos pueden sumir en un estado de perplejidad o invitar a "echar balones fuera" si nuestra visión de la matemática y de la educación matemática no nos lleva a preguntarnos: "¿Acaso no basta con saber matemáticas?".

Por ello, consideramos de suma importancia reformular esta última pregunta en los siguientes términos: *¿En qué consiste realmente saber resolver problemas de matemáticas?* A su indagación se dedica gran parte del *capítulo 1* planteando el conjunto de factores que inciden en la resolución de problemas. En él se pone de relieve que el proceso de resolver problemas tiene un componente de subjetividad, pues cada persona se acerca a una situación problemática desde unas actitudes, unas creencias y unos sentimientos y está influida por el contexto concreto en que se presenta (escolar, vida cotidiana, trabajo, etc.); en el caso de los problemas matemáticos la verificación de la solución y de la corrección del procedimiento se ajusta a los criterios de rigor y de verdad propios de esta ciencia.

También se expone que en la resolución de un verdadero problema intervienen el *saber*, el *saber hacer* y el *saber cómo hacer* donde se incluye la regulación cognitiva y emocional; en este último sentido se podría hablar de *saber sentir*. Estas formas de saber no están desligadas de las actitudes y creencias del sujeto y de la cultura escolar.

En los capítulos 2 y 3, sin perder de vista que en el proceso de resolución de problemas intervienen diversos elementos, nos centramos en uno de ellos, las *creencias de los alumnos*. Éstas actúan como un sistema regulador de su estructura de conocimiento e influyen en la forma en que aprenden y utilizan la matemática. Las creencias de los alumnos también son indicadores de aspectos que no son directamente observables, como su visión de la matemática o sus experiencias anteriores con esta ciencia. Las preguntas que abordamos en ellos son las siguientes: *¿Qué son las creencias? ¿Por qué son importantes? ¿Cuáles son las creencias más comunes entre los estudiantes? ¿Cómo se forman? ¿Cuál es la relación entre las acciones llevadas a cabo en el abordaje de problemas no estereotipados y los sistemas de creencias de los estudiantes? ¿Cuáles son las creencias adecuadas para resolver problemas?*

Como el concepto de *creencia* es ambiguo, en el *capítulo 2* hemos tratado de penetrar en su significado examinando sus semejanzas y diferencias con otros conceptos como *conocimiento* y *concepción*, analizando su contenido y sus componentes e indagando cómo se forman y cómo se relacionan entre sí.

En el *capítulo 3* se presentan y comentan algunas de las creencias más habituales entre los alumnos. Empezamos presentando una panorámica general sobre creencias de estudiantes de distintos lugares del mundo, con distintas edades, capacidades y experiencias de la matemática. Luego nos acercamos a un centro educativo concreto y miramos un grupo de primer curso de Educación Secundaria Obligatoria, y las historias de tres estudiantes, lo que nos ayuda a conocer sus sistemas de creencias y a explicar cómo se han formado. Termina este capítulo señalando seis creencias que consideramos adecuadas para resolver problemas y que nos servirán de punto de partida para presentar las propuestas de intervención en el aula de los dos capítulos siguientes. Son éstas:

- *La resolución de problemas es un acto creativo.*
- *Todo el mundo puede abordar la resolución de problemas.*
- *Al abordar un problema hay que adoptar una actitud abierta, dedicar tiempo a familiarizarse y buscar varias estrategias.*
- *Cuando se lleva adelante el plan se sigue un proceso de búsqueda, de tanteos, guiado por la intuición.*
- *El proceso de revisión es importante.*
- *Mejorar la capacidad de resolver problemas es un proceso que exige esfuerzo y perseverancia.*

Pero como la intervención educativa tiene que ver, aunque no exclusivamente, con la formación y el cambio de las creencias, es importante conocer cómo se pueden detectar y qué experiencias se pueden proporcionar a los alumnos para desestabilizar aquellas que no son deseables y que a veces están muy arraigadas. Nos preguntamos: *¿Cómo diagnosticar y evaluar los sistemas de creencias del alumnado? ¿Cómo crear ambientes y entornos de aprendizaje que les ayuden a abordar las actividades matemáticas con un espíritu abierto, flexible y crítico, haciéndose preguntas, desarrollando estrategias y procesos propios del pensamiento matemático?* Son las cuestiones que tratamos de responder en los capítulos 4 y 5. Las respuestas se argumentan con teoría y desde la práctica, presentando propuestas de intervención que se han aplicado en el aula.

En el *capítulo 4,* dedicado a la evaluación, nos planteamos los conocidos interrogantes: *¿Por qué evaluar las creencias?, ¿qué evaluar?, ¿quién debe hacerlo?, ¿cómo?, ¿cuándo?* Si entendemos que la resolución de problemas es el corazón mismo de la matemática y que en ella debería centrarse la formación de los alumnos, la evaluación de los aprendizajes debería obedecer a un planteamiento global, no compartimentando, con metodologías e instrumentos de naturaleza diversa y en ocasiones no tradicionales. En este capítulo se ofrecen instrumentos de recogida, categorización, registro y síntesis de información así como un procedimiento operativo.

En el *capítulo 5* se exponen propuestas de intervención en el aula agrupadas en tres núcleos que van desde intervenciones más puntuales como la resolución de "un problema", a otras más globales: la resolución de problemas en el currículum como objeto y como instrumento de aprendizaje y la planificación general del currículum.

La lectura de estas propuestas por quienes día a día se enfrentan al reto de enseñar matemáticas a jóvenes y adolescentes, puede provocarles distintas reacciones, sentimientos y preguntas, que pasan obviamente por el filtro de sus propias creencias sobre la matemática, su enseñanza y aprendizaje. También puede llevarles a confrontar sus prácticas, constatando a veces la distancia entre lo que les gustaría hacer y lo que realmente pueden hacer con unos alumnos concretos en una clase concreta.

Si estas páginas dan pie a una reflexión sobre la propia práctica, a un contraste entre las creencias que aquí se han explicitado y las del lector, si suscitan deseos de mejora, si la experiencia cotidiana está en el trasfondo de la lectura, nos daríamos por satisfechos.

Pero nos gustaría que este libro no terminara en el capítulo 5, que éste no fuese su final, que tuviese muchos finales, tantos como profesores de matemáticas interesados en promover en sus alumnas y alumnos la capacidad de pensar, de hacerse preguntas, de enfrentarse a la resolución de problemas, de afrontar crítica y creativamente los retos que presenta la sociedad... lo hayan leído. Para "escribir" los siguientes capítulos damos algunas pistas sobre el "texto" y el "contexto".

Las primeras pistas son las siguientes:

- La acción educativa cotidiana es el lugar privilegiado de aprendizaje y desarrollo profesional.
- La formación permanente está estrechamente ligada a la mejora de la práctica.
- Para modificar la práctica es necesario seleccionar algún aspecto de la misma que sea abarcable e identificar y analizar tanto las creencias del profesorado que subyacen como las prácticas cotidianas, sabiendo que no siempre hay coherencia entre ambas.
- El proceso anterior no debería quedarse en un diagnóstico inicial, sino que debería ofrecer elementos para concretar una propuesta de intervención, que sea viable en el aula y en el centro y llevarla a cabo. Su realización y su valoración harán posible hacer nuevas propuestas de mejora que se vayan apoyando siempre en prácticas anteriores, en un proceso continuo y a largo plazo que institucionaliza el cambio y la mejora.

En el capítulo 5 damos más pistas sobre algunos posibles centros de atención para revisar y mejorar la enseñanza/aprendizaje de las matemáticas.

Este proceso de reflexión sobre la propia práctica es el *texto* de los capítulos siguientes, en el *contexto* de cada aula, de cada centro, con alumnos y profesores que tienen rostros concretos.

Son muchas las personas que han hecho posible que este trabajo llegase a escribirse. Desde estas páginas, quisiéramos dejar constancia de ello, junto con nuestro más sincero agradecimiento.

Agradecimientos especiales a José Carrillo y a Antoni Llaveria, los primeros lectores de nuestro manuscrito, por su minuciosa revisión y por sus valiosas sugerencias y aportaciones. Por supuesto también a Claudi Alsina, por acceder a escribir sus precisas y amables palabras de prólogo.

No podemos olvidar a todos aquellos profesores y profesoras, amigos todos ellos, de cuyas idas, experiencias y aportaciones hemos ido bebiendo en el largo proceso que supone la redacción de estas páginas. Gracias David, Pepe, Luís, Jordi, Luïsa, Inés, Carmen, Mamen y tantos otros. Tampoco a nuestro alumnos, los de hoy, los de ayer, los que aún no conocemos... Son los protagonistas auténticos del libro, los que ponen en marcha nuestros humildes y siempre limitados motores de mejora, los que con su crecimiento personal e intelectual dan fe de la grandeza de nuestra profesión.

Pero muy especialmente, queremos dejar constancia de la permanente colaboración de nuestras familias, tan a medudo gris, de pequeños detalles, de tareas de las que nos liberaban... Mercè, Xavi, Júlia, Ana, María, Carmen, Palma y Pablo. Gracias por vuestra comprensión, sin vosotros quizás este libro sería uno de tantos proyectos inacabados.

Dedicamos este libro al padre de Antoni, fallecido cuando faltaba muy poco para que pudiese leerlo. "Discreto siempre, nunca te quejaste por las muchas horas que este trabajo te robó. Al contrario, nuestro día a día era tu felicidad. No podrás leerlo, pero estás en él".

1

¿Pensar en clase de matemáticas?

LA PREGUNTA que encabeza este capítulo nos sitúa en el corazón mismo de la actividad matemática. Se puede responder desde un plano puramente racional o desde lo que ocurre habitualmente en las clases; también desde distintas visiones de la matemática y su enseñanza.

Debemos partir del hecho de que «Matemáticas» es una palabra que puede significar cosas muy diferentes para personas diferentes. Lluís Santaló (1993), simplificando voluntariamente, indicaba que para aquellos que tienen una escasa formación matemática, esta ciencia está integrada únicamente por cálculos aritméticos comunes y por los nombres y propiedades de algunas figuras geométricas; para ellos, se trata de saber calcular y, en consecuencia, con la aparición de las calculadoras, consideran que la matemática ha perdido gran parte de su interés, o que este interés cabe mantenerlo evitando el uso de las nuevas tecnologías en el aula. Incluso personas con una alta formación reducen la actividad matemática a la abstracción y manipulación de números y relaciones funcionales, obviando otros campos y otros quehaceres. Sin embargo, en el otro extremo de esta escala, Santaló nos describe minuciosamente su visión de la actividad matemática a la vez como una técnica, como un arte, como una filosofía y como una ciencia. Y esta dimensión sólo puede ser desarrollada, como dice Puig Adam (1960), cultivando el espíritu de investigación y de conquista.

Esta amplitud de valores culturales es mostrada también por Alsina (1995), en su *Elogio por las matemáticas*, cuando expone que éstas han hecho posible un amplio abanico de modelos: cuantitativo, basado en el mundo de los números, de representación y descripción de la realidad física inmediata, de comparación y cuantificación de las magnitudes, de razonamiento... y muchos otros modelos específicos para describir fenómenos o situaciones. Pero además, pone el énfasis en que junto a este proceso ha ido desarrollándose una enseñanza matemática que en un principio fue dirigida a una élite, y que mucho después fue extendiéndose a la gran población, para llegar a su universalización.

La pregunta es pues pertinente: «¿Pensar en clase de matemáticas?». En estas primeras páginas, concretamente en los dos primeros apartados, queremos plantear una disfunción que observamos entre nuestro discurso como profesores (amparado tanto en las recomendaciones y objetivos propuestos por personalidades relevantes en el mundo de la educación matemática, como en los que podríamos llamar «grandes proyectos curriculares») y unos logros a veces incluso decepcionantes. En el tercer apartado precisaremos la dimensión en la que cabe buscar explicaciones y (quizás) remedios: la resolución de problemas es una actividad altamente compleja.

¿PENSAR Y MATEMÁTICAS? ¡SÍ, CLARO!

En el presente trabajo, y en la visión esbozada en los párrafos anteriores, asumiremos la idea de Lakatos (1978) cuando entiende las matemáticas como una actividad humana que encierra en ella misma una dialéctica de *conjeturas, refutaciones y demostraciones*, hasta llegar al establecimiento de una *conclusión*. A pesar de que pueda considerarse reiterativo, nos parece de gran importancia remarcar dónde se pone el énfasis: las matemáticas, desde esta perspectiva, no son únicamente las conclusiones en ellas mismas sino también la actividad que lleva a establecerlas. En el fondo, se trata de un binomio que debiera ser indisociable. Por una parte, como defienden Carrillo y Contreras (2000), concluir no es sólo dar el resultado, es también interpretarlo a la luz de las condiciones iniciales, es avanzar en el planteamiento de otros problemas e investigaciones; o como dice Polya (1969), las matemáticas son una disciplina de descubrimiento. Pero es que por otra parte, la actividad matemática se justifica en la finalidad creativa: la actividad en sí misma podría derivar (más bien degenerar) en un «hacer por hacer», con un escaso (o nulo) interés intelectual o cultural.

¿Y en la escuela? Bajo las ideas anteriores, hay que reconocer los esfuerzos en la última mitad del siglo pasado por caracterizar los valores educativos de las matemáticas: funcionalidad, sentido, comunicación, perseverancia, placer... (Freudenthal, Guzmán Polya, Puig Adam...y una extensa relación de matemáticos y pedagogos que han liderado este proceso). En particular, Puig Adam redactó en 1958 el ya famoso *Decálogo del Profesor de Matemáticas*, en el que recogía sus opiniones sobre la enseñanza de las matemáticas en los Institutos:

1. No adoptar una didáctica rígida, sino amoldarla en cada caso al alumno, observándole constantemente.
2. No olvidar el origen concreto de la matemática, ni los procesos históricos de su evolución.
3. Presentar la matemática como una unidad en relación con la vida natural y social.
4. Graduar cuidadosamente los planos de abstracción.
5. Enseñar guiando la actividad creadora y descubridora del alumno.
6. Estimular la actividad creadora, despertando el interés directo y funcional hacia el objeto de conocimiento.
7. Promover en todo lo posible la autocorrección.
8. Conseguir cierta maestría en las soluciones antes de automatizarlas.
9. Cuidar que la expresión del alumno sea traducción fiel de su pensamiento.
10. Procurar que todo alumno tenga éxito para evitar su desaliento.

Polya (1965) consideraba que un profesor de matemáticas tiene en sus manos una gran oportunidad: si utiliza su tiempo en ejercitar a sus alumnos en operaciones rutinarias matará en ellos el interés, impedirá su desarrollo intelectual; pero si estimula en ellos la curiosidad podrá despertarles el gusto por el pensamiento independiente.

Sin embargo, queremos destacar como un punto de inflexión el que se produce de forma simultánea a la publicación de la *Agenda for Action*; en este documento el *National Council of Teachers of Mathematics* afirmaba en su ya famosa recomendación 1: "La resolución de problemas debería ser el foco de las matemáticas escolares de los años 80" (NCTM, 1980: 1).

Esta recomendación general se concretaba en seis acciones, en las que se implicaba al profesorado, a los investigadores y a las administraciones educativas:

1. Debería organizarse el currículo de matemáticas en torno a la resolución de problemas.
2. Debería desarrollarse y ampliarse la definición y el lenguaje de la resolución de problemas en matemáticas con el fin de incluir un amplio rango de estrategias, procesos y modos de presentación que abarcasen todo el potencial de las aplicaciones matemáticas.
3. El profesorado de matemáticas debería crear ambientes de clase en los cuales pueda surgir la resolución de problemas.
4. Deberían desarrollarse materiales curriculares apropiados para enseñar a resolver problemas a todos los niveles.

5. Los programas de matemáticas de los años 80 deberían implicar al alumnado en la resolución de problemas presentando aplicaciones a todos los niveles.
6. Los investigadores deberían dar prioridad durante la década de los 80 a las investigaciones sobre la naturaleza de la resolución de problemas y las vías efectivas para conseguir resolutores de problemas.

De hecho, cabe entender este hito como un «punto de llegada» de movimientos e informes anteriores, como por ejemplo el de Krygowska (1966), en el Congreso Internacional de Matemáticas de Moscú en 1966, con relación al desarrollo de la actividad matemática de los alumnos y al papel de los problemas en este desarrollo, o la ponencia de la misma autora en la reunión de 1976 de la Comisión Internacional para el Estudio y Mejora de la Enseñanza de las Matemáticas (CIEAEM) sobre "El problema de los problemas". O incluso intentos, con distinto éxito, de creación de materiales que incorporasen nuevas metodologías de trabajo en clase ligadas a la resolución de problemas. (cf. Callejo, 2000 b).

Posteriormente, en 1989 (en su versión española, 1991:5) y en el marco de un nuevo documento, "Estándares curriculares y de evaluación para la educación matemática", el NCTM propone los siguientes cinco fines generales para todo el alumnado:

1. Aprender a valorar las matemáticas.
2. Adquirir confianza en la propia aptitud.
3. Adquirir la capacidad de resolver problemas matemáticos.
4. Aprender a comunicarse matemáticamente.
5. Aprender a razonar matemáticamente.

Estos cinco objetivos culminaban en rotundas afirmaciones:

> "La resolución de problemas, en su sentido más amplio, significa prácticamente lo mismo que el uso de las matemáticas" (NCTM, 1991: 139).
>
> "Conocer matemáticas significa ser capaz de usarlas con propósitos definidos. Para aprender matemáticas, los estudiantes tienen que involucrarse en explorar, conjeturar y razonar, más que en el aprendizaje memorístico de reglas y procedimientos... (para) dar sentido a las matemáticas (los estudiantes necesitan) verlas y emplearlas como herramienta de razonamiento y resolución de problemas" (NCTM, 1991: 5).

En general, se propone el abandono de la práctica tradicional de resumir los resultados matemáticos deseados en forma de destrezas, conceptos y aplicaciones, pidiendo que éstos formen parte de propósitos más generales de la resolución de problemas y de la comunicación.

En medio de los dos anteriores documentos, en Europa, concretamente en Gran Bretaña, el informe Cockcroft (1982 y 1985 en su versión española) enumera cuatro propósitos declarados como responsabilidad del profesorado que se corresponden de forma coherente con las citas anteriormente mencionadas.

En este marco de inflexión, queremos destacar uno de los autores que más explícitamente ha hecho referencia al importante papel de la resolución de problemas, A.H.Schoenfeld (1991a y 1992), quien apunta la conveniencia no tanto de hablar de enseñar a resolver problemas como de enseñar a *pensar matemáticamente*, es decir modelizar, simbolizar, abstraer y aplicar ideas matemáticas a un amplio rango de situaciones. En este marco, los problemas jugarían el papel esencial de «punto de partida de las discusiones matemáticas», colocando en primer plano los procesos característicos de la actividad matemática (de alto nivel cognitivo), por encima de las rutinas algorítmicas (de bajo nivel cognitivo).

No podemos tampoco ignorar el amplio eco que han tenido y siguen teniendo trabajos y propuestas como las de J. De Lange en Holanda, el Shell Centre en Gran Bretaña y un larguísimo etcétera hasta llegar a los referentes más recientes: los *Principles and Standards for School Mathematics* (NCTM, 2000) y el Proyecto OCDE/PISA (2000 y 2003). En cuanto al primero, incide en seis principios que ya estaban implícitos en los Estándares de 1989:

- *Equidad;* la excelencia en educación matemática requiere igualdad, altas expectativas y un fuerte apoyo a todos los estudiantes.
- *Currículo;* un currículo es más que una colección de actividades: es indispensable que sea coherente, centrado en lo relevante y articulado en distintos niveles.
- *Enseñanza;* una enseñanza efectiva de las matemáticas requiere la comprensión de lo que conocen y necesitan los estudiantes, para estimularlos y conducirlos a un buen aprendizaje.
- *Aprendizaje;* para aprender matemáticas es indispensable la comprensión, activando un nuevo conocimiento desde la experiencia, más que desde el conocimiento anterior.
- *Evaluación;* la evaluación debiera apoyar el aprendizaje, proporcionando información útil a profesorado y alumnado.
- *Tecnología;* es esencial en la enseñanza y el aprendizaje de las matemáticas.

En cuanto al Proyecto OCDE/PISA (2000), sin ser un documento comparable a los anteriores por su finalidad[1], incide en la misma idea de plantear el conocimiento matemático sobre la base de las *competencias*, confrontando éstas a la visión tradicional del *saber* en términos de conceptos, hechos, algoritmos y técnicas.

[1] Se trata de un proyecto de creación de indicadores para la evaluación.

¿Y en España? A pesar de estar en los años 70 y 80 inmersos en un marco general de materiales curriculares y proyectos en la línea de la llamada «matemática moderna», tímidamente renovados, surgen aportaciones muy relevantes como la del Grupo Cero de Valencia y el Grup Zero de Barcelona, en cuanto a diseño y planificación del currículo centrado en la resolución de problemas, y las del Grupo Azarquiel, el Grupo Periódica Pura y otros grupos organizados a menudo en torno a profesores (Guzmán, Alsina...) que han jugado un papel dinamizador o aglutinador por sus relevantes aportaciones; estas experiencias renovaron la ilusión del profesorado, pero no tuvieron el apoyo y la continuidad necesarios.

Así pues, queremos concluir este breve recorrido poniendo de manifiesto la unánime pero relativamente reciente asociación que se establece entre Matemáticas–Resolución de Problemas–Razonamiento y Comunicación. Más aún, queremos hacer mención de la importante asociación que algunos autores hacen de los términos Resolución de Problemas–Pensamiento–Inteligencia[2].

Obviamente, entendemos que la respuesta a la pregunta que formulábamos *¿Pensar en clase de matemáticas?* No puede ser otra que: *¡Sí, claro! ¿Dónde mejor si no?* O también: *¡Sí, claro! ¿Qué haríamos en ella, si no?*

Sin embargo, cabe dudar si los proyectos, recomendaciones y reflexiones anteriores son el reflejo o el fruto de movimientos emergentes en la escuela o bien son justo lo contrario: la insistencia por parte de colectivos, amplios por supuesto, para reconducir el papel y el significado de la matemática en la escuela. En este sentido, queremos citar a Puig Adam (1960), de forma consciente como referente relativamente antiguo, cuando consideraba que la visión de la matemática escolar cabía entenderla en el marco de la visión de la educación en general, y afirmaba que tristemente "la enseñanza, que debería ser antes que nada formación del educando, se convierte en preparación, que no es lo mismo, sino más bien lo contrario".

Y el mismo NCTM, a pesar de la visión de las matemáticas propuesta y del reconocimiento de trascendencia que la resolución de problemas juega en ella, en el mismo documento manifestaba su preocupación por la «realidad de cada día en el aula»: "Desde este punto de vista, la resolución de problemas significa mucho más que la aplicación de técnicas específicas para la resolución de diferentes tipos de enunciados" (NCTM, 1991: 139).

A esta realidad dedicaremos las siguientes reflexiones.

---

[2] Puig (1996) cita ejemplos.

HECHOS: ¿PENSAR EN CLASE DE MATEMÁTICAS? ¡NO, GRACIAS!

La realidad del día a día antes mencionada nos muestra en primer lugar las dificultades que una parte muy importante del profesorado encuentra cuando pretende desarrollar los planteamientos anteriores, planteamientos que muy posiblemente llega a compartir en sus principios; en segundo lugar, pero creemos que a su vez muy estrechamente relacionado con ello, la realidad diaria nos muestra también una amplia e inabordable casuística de dificultades, bloqueos y errores cometidos y/o observados en el alumnado al resolver problemas de matemáticas. Querer categorizarlos de forma más o menos exhaustiva no sólo sería un esfuerzo imposible, sino que incluso carecería de sentido, por su misma naturaleza. Por otra parte, en el presente trabajo tampoco queremos centrar nuestra atención en todos ellos en su conjunto, sino sólo en una tipología, heterogénea en sí misma, que vamos a intentar definir por extensión considerando tres niveles.

En un **Nivel 1,** podemos considerar aquellas respuestas «sin sentido» a situaciones planteadas en el entorno escolar con relación a aspectos cotidianos. Con el fin de evidenciar más en nuestro análisis estas respuestas, podemos centrarnos en aquellas que se corresponden con situaciones sobre las que se formula preguntas absurdas, que serían reconocidas fácilmente como tales fuera del entorno escolar. Veamos ejemplos ilustrativos relacionados con edades tempranas.

Una experiencia muy conocida y a la que se dio mucha difusión en su momento, es la que llevó a cabo el IREM de Grenoble (1980) en la cual, en el marco de una investigación, se planteaba a un alumnado de 7 a 9 años la siguiente cuestión[3]:

En un barco hay 26 corderos y 10 cabras. ¿Cuál es la edad del capitán?

Se observó que de los 97 niños y niñas a los que se propuso, 76 «consiguieron» calcular la edad del capitán a partir de los datos del enunciado. A manera de extensión de la mencionada investigación, los mismos autores citan el caso de un niño de 7 años a quien se le preguntaba:

Tienes 10 lápices rojos en tu bolsillo izquierdo y 10 lápices azules en tu bolsillo derecho. ¿Qué edad tienes?

A lo que responde: "20 años". Se le hace notar que él sabe perfectamente que no tiene 20 años, a lo cual contesta: "Sí, pero es tu culpa, no me has dado los números buenos". A pesar de que la edad del alumnado a la que se refie-

[3] De momento utilizaremos el término *cuestión*; en posteriores páginas abordaremos la muy importante discusión en torno a qué es un *verdadero problema*.

ren los investigadores del IREM es notablemente inferior a aquella sobre la que centramos el presente trabajo, consideramos relevante la cita en tanto en cuanto se plantea abordar las siguientes preguntas: *¿Qué papel juegan las palabras inductoras?, ¿cuál es la influencia de los aprendizajes escolares recientes?, ¿qué papel juega la verosimilitud del enunciado?*

Muy directamente relacionado con éste, tenemos el siguiente ejemplo (Vila, 1998b) en el que una maestra plantea por escrito a todos los niños y niñas de una determinada clase (6 años):

Si un niño tiene 7 lápices y le quitan 7, ¿podrá escribir?

Uno de los niños responde diciendo que "eso dependerá de si tiene bolígrafos o rotuladores", respuesta que no sólo no es admitida como correcta, sino que incluso es entendida por la profesora como una especie de rebeldía. Cuatro años más tarde, cuando a este niño se le estaba recordando la anécdota, la interrumpió afirmando: "¡Qué problema más tonto, claro que no podrá escribir!".

Creemos que el recorrido de los ejemplos es ilustrativo de esta primera tipología de errores a los que nos referíamos como Nivel 1. Y por supuesto cabe plantearnos si consideramos razonamiento a los procesos que han llevado a cabo los alumnos para llegar a las respuestas dadas. En cuanto a hipótesis explicativas, queremos desmarcarnos de la tentación de achacarlo únicamente a falta de concentración, de reflexión ... por parte del alumnado; también queremos desmarcarnos de las explicaciones dadas en términos de que "no se puede esperar otro tipo de respuesta ante preguntas absurdas", dado nuestro convencimiento de que a las mismas preguntas formuladas en contexto cotidiano, el absurdo hubiese sido identificado más fácilmente como tal.

Por otra parte, queremos considerar en un **Nivel 2** las dificultades observadas en general en el proceso de resolución de *problemas no estereotipados* (PNE), contextualizados de forma más o menos familiar, que no requieren complejas estrategias de resolución, o más aún, que admiten métodos, estrategias o procesos de ejecución informales.

Una fuente muy importante de obtención y análisis de errores de este tipo son las llamadas evaluaciones externas, y lo son no sólo por la extensión de la población a la que se aplican, sino principalmente por un aspecto metodológico: el alumnado se enfrenta a situaciones propuestas por profesorado ajeno, y en consecuencia a situaciones para las cuales no ha sido adiestrado *ad hoc.* Así, Gaulin (1982) nos da referencias de una cuestión propuesta en el desarrollo de la segunda edición del *National Assessment of Educational Progress* (NAEP), en Estados Unidos:

Mike tiene un juego de construcciones que contiene (ver figura 1.1):
60 piezas largas, 60 piezas cortas, 60 tornillos para conectar.
¿Cuántas formas como la siguiente (ver figura 1.2) podrá construir Mike?

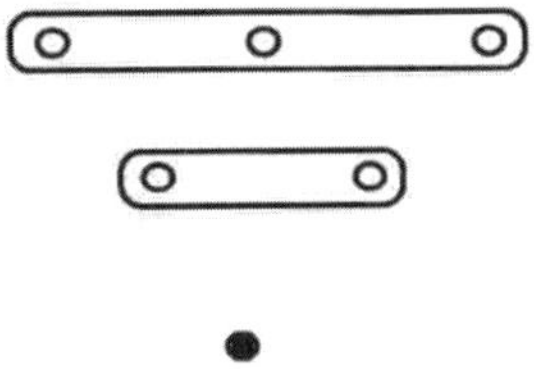

Figura 1.1

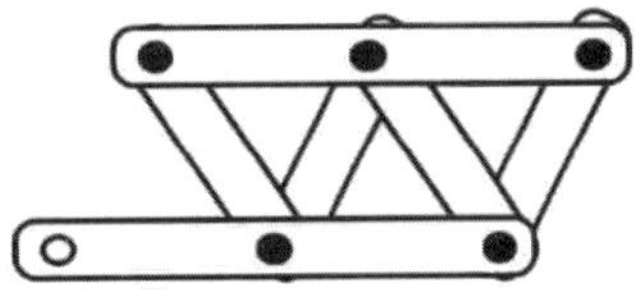

Figura 1.2

El análisis de la prueba muestra que únicamente el 3% del alumnado de 9 años y el 24% de 13 años obtenía que la respuesta correcta era 12, la cual es evidente en cuanto se considera que las existencias de tornillos serán las primeras en agotarse.

De la misma naturaleza es el problema que analiza Schoenfeld (1991a), propuesto en el tercer NAEP:

> *En un autobús militar caben 36 soldados. Si 1.128 soldados deben ser trasladados ¿cuántos autobuses son necesarios?*

Los datos muestran que un 70% del alumnado efectuó correctamente los cálculos (una división en la que se obtiene 31 de cociente y 12 de resto); sin embargo: «¿Cuántos autobuses eran necesarios?». Un 29% afirmó que "31 y de resto 12"; un 18% afirmó que se necesitaban 31; y únicamente un 23% afirmó que se necesitaban 32.

En España, en el informe de las pruebas correspondientes al "Tercer Estudio Internacional de Matemáticas y Ciencias" (TIMSS)[4] sobre alumnado de 13-14 años, se cita el siguiente ejemplo:

> *Las tres quintas partes del alumnado de una clase son chicas. Si añadimos a esta clase 5 chicas y 5 chicos, ¿qué afirmación es cierta?*
> *(a). hay más chicas que chicos*
> *(b). hay igual número de chicos que de chicas*
> *(c). hay más chicos que chicas*
> *(d). con la información dada, no es posible saber si hay más chicos o chicas*

A pesar de que el 62% del alumnado opta correctamente por la opción (a), queremos resaltar que uno de cada seis alumnos optó por la opción (d).

Aun tratándose de problemas poco complejos, incluso para la edad a la que eran propuestos, su carácter *no estereotipado* hace que requieran de un abordaje reflexivo, no automático, ni asociado de forma mimética a algoritmos o sistemas conceptuales; los datos anteriores nos llevan a dudar de que sea posible encontrar de forma generalizada ese nivel de pensamiento matemático en clase; por supuesto, consideramos que ello debiera ser deseable.

---

4 López y Moreno (1997).

Finalmente abordando el papel que creemos que debiera tener la educación matemática para aquellos alumnos especialmente capacitados, planteamos nuestro **Nivel 3** de dificultades y errores: ¿Qué es lo que hace que algunos "buenos alumnos" resuelvan bien (excelentemente) algunos PNE y en cambio otros se bloqueen, den respuestas rápidas o incoherentes, o se conformen con bajos niveles de solución?

A continuación presentaremos las resoluciones aportadas por alumnos con muy alto rendimiento matemático a algunos ejemplos de estos PNE, problemas de distinta naturaleza y complejidad, y planteados en niveles escolares también distintos. En primer lugar, un ejemplo de *problema abierto*, propuesto a alumnos de 14 años (Vila, 1993):

> *¿Cuánto cartón es necesario para construir un envase que pueda contener un litro de leche?*

La hoja de resolución de Anna, una de estas alumnas con un muy alto rendimiento en matemáticas contenía simplemente lo que se muestra en la figura 1.3.

Posteriormente confirmaría que, debido a la ambigüedad del enunciado, sufrió un bloqueo definitivo a los pocos minutos de abordar el problema.

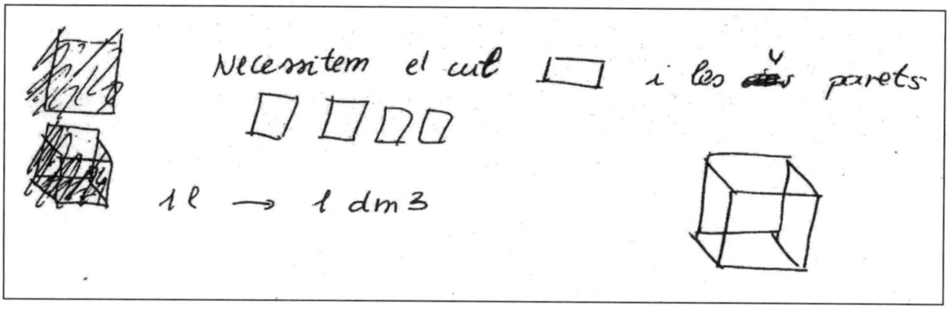

Figura 1.3

Por su parte, Francesc, otro alumno con un expediente académico brillante, asumió que la "forma natural" era la de un prisma, y por supuesto las dimensiones "más fáciles" de suponer eran las de un cubo de arista 1 dm; con lo cual la superficie buscada era 6 veces la de una cara (600 cm^2). En este punto dio por resuelto el problema: su idea en torno a qué era un problema de matemáticas y en torno a lo que significa resolverlo, se ajustaba perfectamente al nivel de respuesta dado.

Finalmente Laura, viendo la falta de concreción del problema propuesto, lo reformula en el sentido de buscar cuál sería la superficie mínima necesaria para contener un litro: "A partir de ahí puedes jugar con la cantidad de cartón que tú quieras; o sea, como mínimo tienes que coger esto, y a partir de ahí, según el tipo de envase que hagas (...) sin esta cantidad ya puedes dejarlo", nos decía. Bajo esta reformulación, considera que a igual volumen, la mínima superficie se obtiene con una forma esférica, lo cual la lleva a calcular cuál sería su radio, conocido el volumen, y a partir de ahí determinar su superficie. Es interesante comentar al respecto que durante el proceso de resolución esta alumna consultó las fórmulas necesarias para determinar el volumen y la superficie de una esfera, pues no las recordaba.

Un segundo ejemplo, que requiere de estrategias de resolución de problemas, aunque con poca complejidad, es el siguiente, propuesto a alumnos de 12 años (Vila, 2001):

> *Imagínate una tira larga de papel (figura 1.4). Dóblala por la mitad haciendo coincidir los dos extremos uno sobre otro. Cuando la vuelvas a abrir verás una marca de pliegue en medio.*
>
> *Si en lugar de doblarla una sola vez, lo haces dos veces, siempre por la mitad y en el mismo sentido, al volverla a abrir observarás 3 marcas de pliegue.*
>
> *¿Cuántos pliegues verás en medio si en total doblas la tira 10 veces, cada vez por su mitad?*

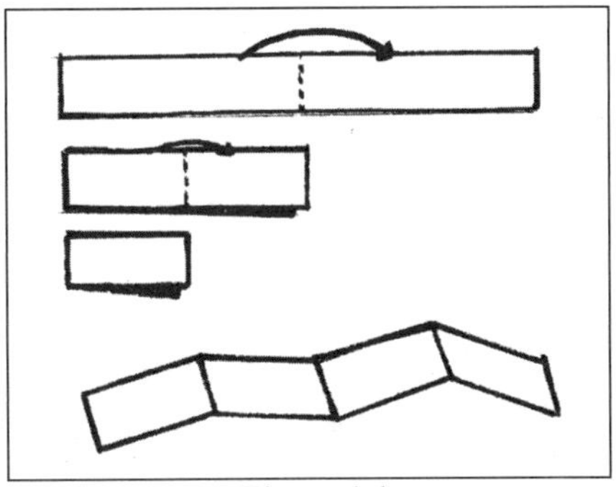

Figura 1.4

Por una parte, Mireia, alumna con un rendimiento académico impecable, muestra una absoluta ingenuidad en la resolución, asociando el enunciado propuesto a métodos recientemente aprendidos, en concreto aplicando criterios de proporcionalidad: "Si al doblar cinco veces aparecen 15 pliegues, al doblarlo 10 veces aparecerán 30 pliegues".

Otra alumna brillante, Laia, aborda de forma adecuada el problema: prueba casos sencillos, organiza los datos en forma de tabla y busca pautas, en este caso de recurrencia. Sin embargo, en su exploración comete un error y dado que no contrasta la validez de su conjetura (¿por qué debía hacerlo?), sigue un proceso erróneo y da una respuesta muy alejada de la admisible e incluso creíble (ver figura 1.5).

Finalmente, Marina, otra alumna no menos brillante, en su hoja de resolución organiza también sus datos en una tabla y centra sus esfuerzos en la búsqueda de pautas; pero a diferencia de Laia, contrasta la validez de su conjetura, lo cual la lleva a conseguir una solución admisible e incluso rica y general, buscando pautas y expresando el número de pliegues en función del número de veces que se dobla el papel. Sin embargo, puestos a hacerle una crítica, la respuesta no se corresponde estrictamente con la pregunta formulada: el resultado obtenido no expresa el número de pliegues sino el número de partes en las que queda dividida la tira de papel.

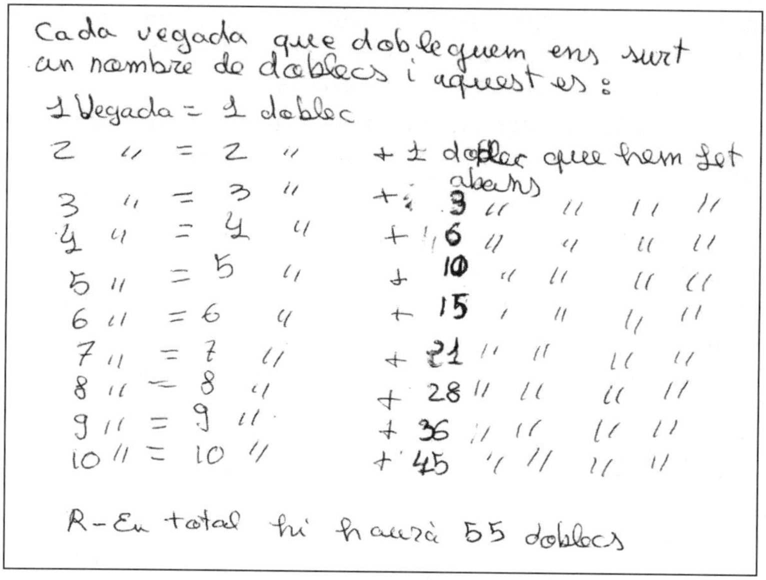
Cada vegada que dobleguem ens surt un nombre de doblecs i aquest es:
1 Vegada = 1 doblec
2 " = 2 " + 1 doblec que hem fet abans
3 " = 3 " + 3 " " " "
4 " = 4 " + 6 " " " "
5 " = 5 " + 10 " " " "
6 " = 6 " + 15 " " " "
7 " = 7 " + 21 " " " "
8 " = 8 " + 28 " " " "
9 " = 9 " + 36 " " " "
10 " = 10 " + 45 " " " "
R- En total hi haurà 55 doblecs

Figura 1.5

El siguiente ejemplo que proponemos en este nivel, corresponde a un problema notablemente más complejo propuesto en la X Olimpíada Matemática Española (OME) de 1973 para alumnos de COU y propuesto también a alumnos de bachillerato (17 años) miembros de un Club Matemático (Callejo, 1994); se trata por lo tanto no sólo de alumnos con alto rendimiento matemático sino también con una alta motivación y gusto por el quehacer matemático.

> *En el plano se consideran los puntos P(8,2) y Q(5,11) y un móvil se desplaza de P a Q según un camino que ha de cumplir las siguientes condiciones: El móvil parte de P y llega a un punto del eje OX a lo largo del cual recorre un trayecto de longitud 1; después se separa de este eje y se dirige a un punto del eje OY a lo largo del cual recorre un trayecto de longitud 2, se separa del eje y finalmente se dirige al punto Q. Entre todos los caminos posibles, determinar el de longitud mínima, así como esta misma longitud.*

En cuanto a los alumnos inscritos en la X OME, constatamos en primer lugar la preferencia de los participantes por resolver el problema en el mismo dominio en que se ha formulado, el de la Geometría Analítica, dominio que en este nivel educativo no da respuesta suficiente al problema planteado, lo cual lo relacionamos con un bloqueo de tipo cultural, en este caso originado por cierta «cultura escolar» que preconiza reducir cualquier problema geométrico a otro algebraico equivalente mediante automatismos; a su vez, vemos la asociación entre la finalidad de buscar una «longitud mínima» y el planteamiento de una función a optimizar mediante el uso de la derivada. Finalmente constatamos también un *bloqueo perceptivo*: la limitación al trabajo en el primer cuadrante del plano, según las condiciones impuestas en el enunciado, sin extender el marco de esta representación a todo el plano, ni pensar en un camino de longitud equivalente al pedido.

Únicamente dos alumnos, de los 36 inscritos en la OME, ante la imposibilidad de continuar por la vía analítica, debido a la complicación de los cálculos, tomaron una dirección distinta: buscaron un camino equivalente al pedido gracias a las propiedades de las traslaciones y de las simetrías y dibujaron una representación gráfica que les permitía obtener la solución de forma sencilla y elegante (ver figura 1.6).

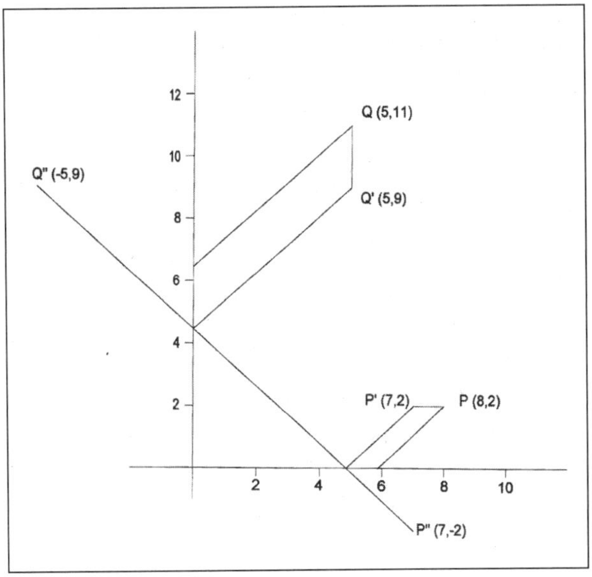

Figura 1.6

Hemos planteado pues tres niveles distintos de dificultades, queriendo con ello mostrar la heterogeneidad y magnitud de la problemática a la que queremos hacer referencia. Sin embargo, el enfoque que asumiremos en nuestro planteamiento es único, y centrado en avanzar en dos sentidos: ¿Desde qué perspectivas podemos analizar estos errores, bloqueos y dificultades, y por lo tanto en cierta manera preverlos? ¿Es posible algún tipo de intervención didáctica que pueda incidir en ellos?

¿POR QUÉ? ¿ACASO NO BASTA CON *SABER MATEMÁTICAS* PARA RESOLVER PROBLEMAS?

Nos hemos propuesto abordar la pregunta: ¿Por qué se producen estos errores de forma tan generalizada? ¿Por qué algunos alumnos especialmente capacitados sólo son capaces de dar niveles de respuesta pobres, cuando no ingenuos?, preguntas que nos pueden sumir en un estado de perplejidad o de «echar balones fuera» si nuestra visión de la matemática y de la educación matemática nos lleva a preguntarnos: «¿Acaso no basta con saber matemáticas?».

Por ello, consideramos de suma importancia reformular esta última pregunta en los siguientes términos: ¿En qué consiste realmente saber resolver problemas de matemáticas?, a cuya indagación dedicaremos las siguientes páginas.

Para empezar, ¿no es acaso el problema *simplemente* una tarea matemática (difícil, por supuesto)?

Anticipamos nuestro absoluto desacuerdo. Ya en anteriores trabajos (Callejo, 1994; Vila, 1995), habíamos evidenciado que el término *problema* está muy desgastado en el contexto escolar pues se ha venido utilizando para hacer referencia a una amplia tipología de actividades que se proponen al alumnado con finalidades muy dispares, y mayoritariamente con un aspecto en común: se exige aplicar diferentes conocimientos, habilidades y capacidades que normalmente forman parte de la programación de matemáticas. Cuando no es así, estas actividades acostumbran a llevar un calificativo que lo indique: así a veces se habla de *problemas de ingenio, de lógica, divertimentos matemáticos...* Gaulin (1982) había ido anteriormente más lejos, formulando una crítica a la excesiva ambigüedad en la manera de hablar cuando se estaba proponiendo recomendaciones en cuanto a la Resolución de Problemas (RP).

Con el fin de organizar estas distintas visiones del término, y como profesores de matemáticas, queremos distinguir tres enfoques, en función del papel que asignemos de forma inclusiva a la tarea, a los destinatarios y al profesorado, tres protagonistas que interrelacionan en un contexto.

En primer lugar, podríamos abordar el hecho de plantear problemas en clase considerando éstos «simplemente» como *tareas*. Bajo este enfoque, lo único que parece que importaría (en el análisis y/o selección de problemas) sería pues su estructura matemática, y nuestros esfuerzos de planificación de clases quedarían reducidos a efectuar un análisis de tareas, en la más pura tradición conductista, encaminados a poner de manifiesto esa estructura matemática (*finalidad ilustrativa* de la RP). Lo que exigiríamos al alumnado consistiría en que en su resolución identificase y desarrollase esa estructura matemática supuestamente aprendida (*finalidad acreditativa* de la RP). Creemos que esta consideración de los problemas y de la RP tiene escaso o nulo interés para la formación matemática.

En segundo lugar, si tomáramos en consideración los destinatarios, veríamos la distinta dificultad que puede suponer esta tarea para distintos resolutores; eso nos llevaría a dar importancia a los conocimientos previos del resolutor, a las distintas capacidades personales, a las ideas de *aplicación significativa/aplicación rutinaria* y, en función de ello, a distinguir tipologías de tareas en una escala que denominamos *ejercicio–problema...* en resumen, nos llevaría a dar importancia también a un gran conjunto de aspectos *cognitivos*. Sin embargo corremos el riesgo de acabar reduciendo estas consideraciones a un proceso de mecanización de la RP. En otras palabras: A pesar de que consideramos que poner el énfasis tanto en la tarea como en los destinatarios de ésta tiene mucha mayor riqueza, creemos también que quizás estemos reduciendo la educación a preparación o adiestramiento, con lo cual sigue teniendo escaso interés para la formación matemática.

Finalmente, si tomásemos en consideración que un mismo problema-tarea puede ser propuesto a unos mismos alumnos con distintas finalidades, y que puede obtenerse (por lo tanto) distintos objetivos o logros, podemos admitir la especial relevancia de un tercer personaje, el profesorado, como algo más que un «prescriptor» o un «planificador»; en consecuencia eso nos lleva a dar importancia también tanto al papel que el profesorado dé a cada problema y a la resolución de problemas, como a la situación o *contexto* en que éste se desarrolle; y en medio de tal complejidad, aparecen también en consideración aspectos de la dimensión afectiva del resolutor.

Centraremos nuestra atención en el tercer enfoque, pues entendemos que en el contexto escolar un problema no puede desligarse de los alumnos a los que se les propone y de la intencionalidad del profesor que lo ha seleccionado para una situación concreta de enseñanza-aprendizaje.

Estos tres elementos y sus relaciones se pueden contemplar con más o menos complejidad, dependiendo de las variables que se tengan en cuenta. No es lo mismo observar el proceso de resolución de un problema por parte de un alumno, que observar además las interacciones alumno-alumno y, profesor-alumno que se producen en el aula durante este proceso o, agrandando el círculo, observar el clima de una clase[5] donde inciden tanto la estructura formal del aula (organización del tiempo y del espacio, mobiliario, materiales, etc.) como las relaciones (calidad de las relaciones interpersonales, papel y modelo de profesor, etc.) y la cultura de la clase (normas, reglas, creencias, valores, etc.).

Así pues, ¿qué es un problema?

Reservaremos pues el término *problema* para designar una situación, planteada con finalidad educativa, que propone una cuestión matemática cuyo método de solución no es inmediatamente accesible al alumno/resolutor o grupo de alumnos que intenta resolverla, porque no dispone de un algoritmo que relacione los datos y la incógnita o de un proceso que identifique automáticamente los datos con la conclusión, y por lo tanto deberá buscar, inves-

[5] La mayoría de las investigaciones se han focalizado en los procesos de pensamiento matemático de individuos y no de clases enteras (Lester, 1994). En los últimos años se han realizado algunos trabajos en España analizando las interacciones sociales en la resolución de problemas (Cobo, 1998 y Pinilla, 1997).

tigar, establecer relaciones, implicar sus afectos, etc. para afrontar una situación nueva.

Esto nos lleva a una caracterización de la idea de problema entendida como *herramienta para pensar matemáticamente* (Schoenfeld, 1992), y en estos términos preferimos referirnos a la "creación de un ambiente de resolución de problemas en el aula" y a lo que Abrantes (1996) llama "resolución de problemas como ambiente y como naturaleza de actividades de aprendizaje". En el capítulo 5 retomaremos esta propuesta.

En este sentido, la enseñanza/aprendizaje a través de la resolución de problemas es un intento de modificar el desarrollo habitual de las clases de matemáticas. Los problemas son un medio para poner el énfasis en los alumnos, en sus procesos de pensamiento y en los métodos inquisitivos; una herramienta para formar sujetos con capacidad autónoma de resolver problemas, críticos y reflexivos, capaces de preguntarse por los hechos, sus interpretaciones y explicaciones, de tener sus propios criterios modificándolos si es preciso, y de proponer soluciones.

Esto exige un clima educativo que favorezca la confianza de cada alumno en sus propias capacidades de aprendizaje, en su propio criterio, donde no teman equivocarse, cambiar razonadamente de opinión o decir "no lo sé"; un ambiente donde se disfrute con los retos y con la propia actividad intelectual; donde se valoren los procesos y los progresos de cada alumno y no sólo sus respuestas; donde se examine más de un punto de vista para abordar o solucionar un problema; donde se formulen preguntas pertinentes en torno a las situaciones y se cuiden las generalizaciones; donde se revisen las propias creencias.

Este ambiente de aprendizaje exige una determinada formación del profesorado, así como de ciertas actitudes y creencias. Se genera seleccionando problemas que sean accesibles a los alumnos, que no les creen frustración, que al menos admitan un tratamiento parcial más sencillo, pero que al mismo tiempo les supongan un reto; alentando la exposición de ideas, la argumentación y el espíritu crítico; fomentando el trabajo en grupo entre los estudiantes, la comunicación de ideas, el contraste y el diálogo; interesando a los estudiantes en procesos generadores de conocimiento como definir, hacerse preguntas y preguntar, observar, clasificar, particularizar, generalizar, conjeturar, demostrar y aplicar.

Los elementos básicos que componen en la práctica este ambiente de aprendizaje son *el profesor* con su visión de la matemática y de la educación, sus actitudes, sus creencias, etc.; *los alumnos* con sus conocimientos, capacidades, creencias, emociones, interacciones de todo tipo, etc.; por último *los problemas* seleccionados con una determinada intencionalidad, como se refleja en el cuadro 1.1.

Cuadro 1.1. Elementos básicos que componen el ambiente de aprendizaje en el aula

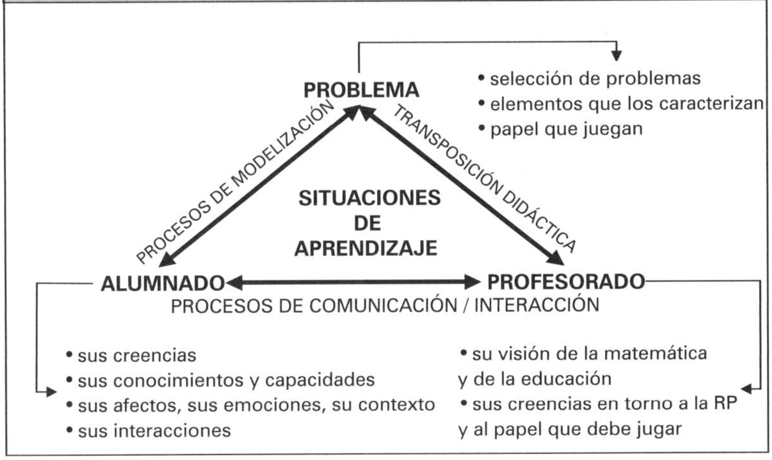

¿Por qué fases transcurre la resolución de un problema?

Esta manera de concebir los problemas de matemáticas como entorno de aprendizaje en un ambiente de confianza, de cuestionamiento, de avances y retrocesos, de ensayos... rompe con la idea de una secuencia de fases perfectas por las que se «pasa», entendiendo la resolución como un proceso lineal (primer paso a seguir, etc.). A su vez, la relevancia de las fases en sí misma no recae en el hecho de etiquetarlas, sino de concebirlas como estados en los que se encuentra el resolutor; es tan importante la identificación de los estados por parte de éste, como por parte del profesorado, en tanto en cuanto «ayuden a ayudar al alumnado».

Así, Polya (1965), desde la visión introspectiva del «resolutor ideal», describe las siguientes cuatro fases por las que cualquier resolución debe pasar: comprensión del problema, diseño de un plan, ejecución del mismo, verificación de la solución obtenida. Desde una visión que pretende observar y analizar el proceso para comprenderlo, Schoenfeld (1985a) describe minuciosamente pequeñas conductas y acciones que engloba en lo que él llama "esquemas de análisis del comportamiento del resolutor": análisis y comprensión, diseño y planificación, exploración, ejecución y verificación.

Desde una perspectiva más centrada en el aula, Mason, Burton y Stacey (1988) describen el proceso de resolución de problemas dando importancia capital a lo que se siente: los estados afectivos, de ánimo, emocionales... Esta descripción hace referencia a unos *procesos* (particularizar-generalizar, conjeturar, demostrar) a unas *fases* (abordaje, ataque, revisión) y a unos *estados*, y no es tanto un modelo descriptivo o analítico como un modelo de ayuda instruccional.

De todo lo anterior nos parece importante identificar a *grosso modo* tres fases o grupos de acciones en la resolución de un problema: el abordaje o preparación, el desarrollo y la revisión global, con las correspondientes transiciones entre ellas. Las acciones relacionadas con el abordaje van encaminadas a comprender mejor el problema y a buscar varios enfoques o vías de resolución; las relacionadas con el desarrollo, a implementar una estrategia de resolución que se ha determinado en la fase anterior; las relacionadas con la verificación, a comprobar, reflexionar y generalizar. Está claro que hay que empezar por el abordaje y terminar con una revisión, pero durante el proceso de resolución es frecuente volver atrás, hacer nuevos abordajes cuando las ideas que se están desarrollando parece que no funcionan.

En la *fase de abordaje* conviene hacer una exploración o familiarización minuciosa, de forma que se contemple la situación desde más de un punto de vista, porque de la cantidad de ideas que se manejen puede surgir la calidad y porque si llegados a un punto las ideas que se han seleccionado para resolver el problema no parecen válidas, se puede desarrollar alguna de las que ya se habían explorado. En la *fase de desarrollo* es importante la toma de decisiones acerca de la manera de ir aplicando aquella estrategia que se ha seleccionado como adecuada para la resolución del problema, así como sobre si continuar por el camino emprendido o abandonarlo. La *revisión global* del proceso permite verificar la corrección del mismo, mirar si se puede mejorar y vislumbrar posibles generalizaciones del resultado o del proceso, así como formular nuevos problemas cambiando los datos, la condición o la pregunta.

Las investigaciones muestran que la diferencia fundamental entre los buenos resolutores de problemas, los «expertos», y los menos buenos, «los novatos», no suele radicar en que aquellos tengan más conocimientos, sino en que los tienen mejor organizados y relacionados y en que regulan de forma más adecuada sus acciones. Así cuando emprenden la resolución de un problema suelen pasar más tiempo en la fase de preparación, revisan con más frecuencia lo que están haciendo, para qué les puede servir y adónde les puede llevar; sólo cuando están bastante seguros de que una estrategia puede funcionar se deciden a aplicarla (Schoenfeld, 1985a). De ahí la importancia de trabajar con los alumnos las fases que más descuidan: las de preparación y revisión, así como la revisión local del proceso, pues la tendencia más común es a lanzarse con la primera idea que les viene a la cabeza, que no es necesariamente la mejor, y a continuar sin el menor espíritu crítico.

¿Qué aspectos influyen en el proceso de resolución de problemas?

Kilpatrick (1985:7) consideraba que para ser un buen resolutor de problemas era conveniente disponer de:

1. Un buen bagaje organizado de conocimientos en torno al contenido.
2. Un buen bagaje de procedimientos para representar y transformar el problema.
3. Un sistema que controle y guíe la selección de conocimientos y procedimientos.

En otras palabras, Kilpatrick se refiere (1) a los conocimientos del campo específico (p.e. trigonometría), (2) a los conocimientos de las estrategias de resolución de problemas (p.e. probar con casos más sencillos) y (3) a la capacidad de control y autorregulación, todos ellos aspectos con una clara componente **cognitiva**. Sin embargo, estamos de acuerdo con posteriores trabajos (McLeod y Adams, 1989; McLeod, 1992; Mason, Burton, Stacey, 1988; Guzmán, 1995; Gómez-Chacón, 2000) que consideran la importancia también de factores no cognitivos, concretamente de tipo afectivo y contextual; más aún, estamos en desacuerdo con aquellos que se conforman en atribuir de forma casi exclusiva a los aspectos cognitivos las dificultades en resolución de problemas.

En esta línea, muy recientemente ha cobrado fuerza el concepto de *inteligencia emocional* (Goleman, 1996) para adoptar una visión más amplia que la que encorseta aquella al dominio cognitivo.

También en esta línea, y con la finalidad de desarrollar un modelo de trabajo en el aula, Mason, Burton y Stacey (1988) afirman, en cuanto a los factores que influyen en el grado de efectividad del razonamiento matemático, que hay que añadir a los anteriores de Kilpatrick (que ellos mencionan como "conocimientos de los contenidos matemáticos y competencia en el uso de los procesos de investigación matemática") *la confianza y el dominio de los estados emocionales y psicológicos*. En cualquier caso, en esta categoría de los afectos se incluyen aspectos como las *actitudes* (la motivación, el interés, la confianza, la perseverancia, el gusto por asumir riesgos, la tolerancia a la ambigüedad y la resistencia a la finalización prematura), las *emociones* en su sentido más amplio y las *creencias*.

Sin embargo, la inclusión de estos aspectos de carácter **afectivo** no podemos entenderla desde una visión compartimentada. En defensa de la estrecha relación entre los dominios afectivo y cognitivo, McLeod (1992, 1993) afirma que no hay respuesta afectiva en ausencia de evaluación cognitiva, y desde la perspectiva inversa, la mayor parte de las respuestas emocionales se originan en una interrupción de los planes de resolución de problemas o en una discrepancia entre las expectativas y los sucesos reales. Así, menciona puntos de conexión importantes entre ambos dominios (generalmente de tipo metacognitivo) como por ejemplo: que la decisión de perseverar en el camino de una posible solución puede estar influenciada por la ansiedad o la confianza, o también que los procesos de almacenamiento y recuperación de información pueden estar afectados por las emociones. A pesar de ello Gómez-Chacón

(1997) nos advierte sobre la extendida creencia entre el profesorado en torno a la supeditación del dominio afectivo al cognitivo, en el sentido de que si se desarrollan objetivos cognoscitivos se desarrollarán también de manera recíproca las actitudes afectivas correspondientes. Gómez-Chacón considera que se desarrollarán éstas solo si se brinda al alumnado las adecuadas experiencias de aprendizaje que incorporan de forma explícita esta dimensión.

Finalmente, estamos también de acuerdo con aquellos autores (Bishop, 1999; Gómez-Chacón, 1998) que, partiendo de la consideración de las matemáticas como un fenómeno cultural, consideran que indagar la relación afectiva con la matemática y la motivación por su aprendizaje, demanda una base amplia de comprensión del **contexto sociocultural**, dentro y fuera del ámbito escolar, que influye en el profesorado y en los estudiantes.

No intentando pues encorsetarlos en alguno de los tres dominios mencionados (cognitivo, afectivo y contextual) podemos distinguir y describir algunos de los aspectos más relevantes que influyen en el éxito-fracaso en RP. Así, Lester (1987), distinguía cinco categorías interdependientes: *los conocimientos, el control, las emociones y actitudes, las creencias y las condiciones socioculturales.* En el esquema del cuadro 1.2 hemos interpretado las relaciones que Lester considera entre estas categorías. En el mismo se trata de ilustrar que la comprensión/uso de ideas y técnicas matemáticas se desarrolla en situaciones culturales, y que las influencias de éstas se dejan sentir en cualquiera de las otras categorías.

Con una clara visión del papel capital que juegan las creencias en el conjunto del rendimiento en RP (observemos en el esquema que directamente y también indirectamente a través de otros aspectos, inciden sobre la utilización de los conocimientos), Lester está muy próximo a la idea de Schoenfeld (1985a, 1992) en cuanto al «papel explicativo» de éstas. En esta línea, Schoenfeld (1992) distingue cinco aspectos: *conocimiento de base, estrategias de resolución de problemas, gestión y control, creencias y afectos y prácticas.* Así, en particular, Schoenfeld considera que cuando un alumno dispone de un buen bagaje de conocimientos y estrategias, y tiene un buen control de lo que hace, la única cosa que permite explicar el fracaso es su sistema de creencias[6].

Nos parece pues importante tener en cuenta, junto a la cognición, el papel de los afectos y del contexto. El proceso de resolver problemas tiene un componente de subjetividad, pues cada persona se acerca a una situación problemática desde unas actitudes, unas creencias y unos sentimientos y está influida por el contexto concreto en que se presenta (escolar, vida cotidiana, trabajo, etc.). En el caso de los problemas matemáticos, la verificación de la adecuación

[6] Citando a Puig (1996:43), "cada elemento que introduce [Schoenfeld] (en el transcurso del tiempo y de sus investigaciones) puede verse como el resultado de un intento de explicar por qué los elementos anteriores son incapaces de dar cuenta de por qué los resolutores no tienen éxito al resolver problemas".

de la solución y de la corrección del procedimiento se ajusta a la objetividad que imponen los criterios de rigor y de verdad propios de esta ciencia.

Cuadro 1.2. Interpretación de la interdependencia entre las cinco categorías que según Lester influencian los resultados de la RP[7]

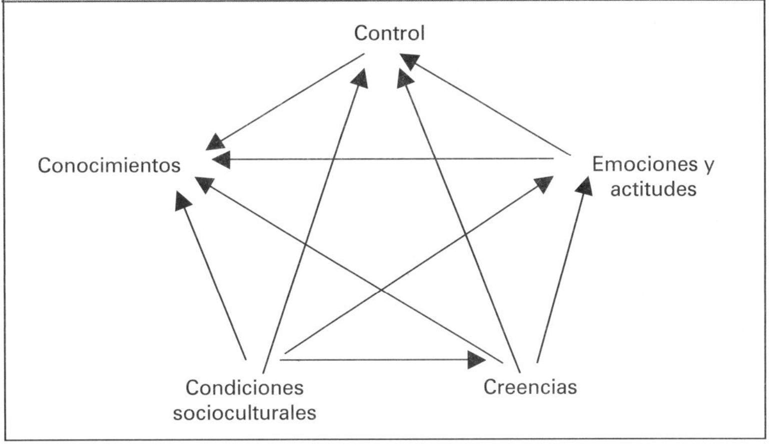

Antes de comentar cada uno de estos aspectos, queremos presentar en una tabla la comparación de términos usados por estos autores mostrando sus puntos de concordancia y discordancia.

Cuadro 1.3. Aspectos que influyen en la resolución de problemas

Kilpatrick (1985)	Lester (1987)	Schoenfeld (1992)
conocimientos	conocimientos	conocimiento de base
procedimientos para representar y transformar el problema		estrategias de resolución de problemas
sistema de control	control	gestión y control
	emociones y actitudes	creencias y afectos
	creencias	
	condiciones socioculturales	prácticas[8]

Conocimientos y metaconocimientos

La *base de conocimientos* es el conjunto de conocimientos que están disponibles en la memoria del sujeto para ser utilizados. Schoenfeld (1985a), que se refiere a ellos con el nombre de *recursos,* incluye explícitamente: hechos, pro-

[7] El sentido de las flechas indica una influencia directa.
[8] Solo coincidente parcialmente con las condiciones socioculturales de Lester.

cedimientos y técnicas. Sin embargo otros autores (Lester, 1987; Lester, Garofalo y Kroll, 1989) incluyen en esta categoría las *estrategias heurísticas* (o más genéricamente *heurísticos*). Sin negar la gran relevancia de este aspecto en el éxito-fracaso en la RP[9], el cuadro 1.2 nos muestra cómo se trata precisamente del aspecto sobre el cual inciden influencias directas e indirectas de cualquiera de los restantes.

Es obviamente importante que el alumnado «sepa/sepa hacer/haga», pero no podemos olvidar la necesidad y conveniencia de que también reflexione sobre «qué sabe/qué sabe hacer/qué hace». Dicho de otra manera, cuando cualquier sujeto se enfrenta a la resolución de un problema trata de acceder a los conocimientos que tiene, relacionados en algún sentido con la situación propuesta, los relaciona y ve la manera de utilizarlos en el problema; en resumen, debe recuperar algunos de los conocimientos de los que dispone y debe gestionar la manera de usarlos. Es así que al analizar los modos de resolver problemas o al dirigir el aprendizaje del alumnado, entramos en el resbaladizo terreno de la *metacognición*. En la metacognición algunos autores distinguen dos aspectos (Schoenfeld, 1987; Garofalo y Lester, 1985):

a. el *conocimiento y las creencias* en torno a los propios procesos de pensamiento; en particular podemos distinguir creencias en torno al propio sujeto, en torno a la tarea (propósitos, dificultades...) y en torno a la estrategia;
b. la *regulación* y el *control* del proceso, los cuales dirigen la manera en la que se utiliza los conocimientos; en particular nos referimos a las decisiones en torno a la selección de contenidos, la planificación de acciones, la selección de estrategias apropiadas para llevar a cabo un plan, la toma de decisiones para mejorar el plan, evaluar la validez del plan y en caso necesario, la revisión o abandono de los planes o estrategias inadecuados.

Relacionados con la metacognición o la actividad metacognitiva podemos considerar términos como el *inner teacher* que nos describe Carrillo (1996) citando a Shigematsu, el *gestor* (Puig, 1996) o el *gestor interno* (Mason, Burton y Stacey, 1988). Diferencias terminológicas aparte, podemos admitir que la diferencia entre la conducta de un novato y la de un experto cuando resuelven problemas se sitúa habitualmente en el plano metacognitivo: en la manera de usar los conocimientos, la forma de dirigir los esfuerzos y la toma de decisiones a lo largo del proceso de resolución.

[9] (Lester, 1987:258): "Es indudable que muchas deficiencias en resolución de problemas pueden ser atribuidas a la existencia de sistemas conceptuales inestables".

¿Son las estrategias de resolución de problemas de la misma naturaleza que los conocimientos específicos de la materia?

Por otra parte, un aspecto especialmente relevante en la RP son las llamadas *estrategias de resolución de problemas, heurísticos* o, en palabras de Kilpatrick, los procedimientos de representación y transformación de los problemas. Carrillo (1996), a partir de la idea de Schoenfeld, considera que un *heurístico* es una insinuación o sugerencia general o estrategia, independiente de cualquier tópico particular o materia de estudio, que ayuda al resolutor a aproximarse y comprender un problema, y ordenar eficientemente sus recursos para resolverlo. En cualquier caso, nuevamente la terminología en diversos autores adquiere diferencias más o menos relevantes; por eso consideramos especialmente interesante y clarificador el análisis que nos presenta Puig (1996:45) distinguiendo los términos *herramienta heurística, sugerencia heurística* y *destreza con potencial heurístico.* Citando sus propias palabras y ejemplos[10]:

> "(...) Diremos que «buscar un problema relacionado» es una *sugerencia heurística* en la medida que señala una dirección del trabajo pero no se refiere a ningún procedimiento concreto para buscar o producir tal problema relacionado. «Considerar un caso», sin embargo, sí que se refiere a un procedimiento determinado que permite, a partir del problema que se tiene que resolver, formular un problema relacionado: lo llamaremos entonces una *herramienta heurística,* queriendo indicar con la palabra herramienta ese carácter de instrumento de transformación. «Hacer una tabla», por su parte, lo llamaremos una *destreza* ya que no tiene el carácter de transformación del problema".

Con relación a la pregunta que nos formulamos en este epígrafe, consideramos que a diferencia de cualquier otro elemento de los conocimientos, las estrategias no son prescriptivas, sino descriptivas: mientras una vez seleccionado un algoritmo éste conlleva de forma intrínseca las condiciones de su aplicación, las estrategias sólo describen una manera general de proceder. Por lo tanto, «aplicar una estrategia» supone tomar decisiones añadidas como: seleccionarla, decidir qué versión utilizar, hacer la adecuada adaptación al problema, retomar continuadamente la relación con el problema original.

Emociones y actitudes

Algunos autores incluyen en el dominio afectivo aspectos como las *actitudes*, las *creencias*, las *apreciaciones*, *gustos* y *preferencias*, *emociones*, *sentimientos* y *valores*. Otros como McLeod (1992) prefieren delimitar como grandes descriptores del dominio las *emociones*, las *actitudes* y las *creencias*, aunque sin considerar esta inclusión como un encorsetamiento. En cualquier caso, también

[10] Las cursivas y las comillas son nuestras.

relaciona con el afecto conceptos como la *confianza* (según él, una de las variables que más influyen en el aprendizaje), el *autoconcepto* (valoración consciente o inconsciente de uno mismo), la *autoeficacia*, la *ansiedad matemática*, las *atribuciones causales* (p.e. a qué se atribuye el éxito o el fracaso en RP), las *atribuciones de esfuerzo y habilidad*, la *incapacidad para aprender*, la *motivación*, etc.

Como este autor, reservaremos el término *emoción* para los afectos más viscerales, las respuestas más intensas y de corta duración, y por estas mismas dos características las distinguiremos de los *estados de ánimo*. Asumiremos también la idea de *actitud* como una predisposición positiva o negativa que determina las intenciones de una persona e influye en su comportamiento. En cuanto al termino *creencia* y su significado, dedicaremos el siguiente capítulo a su descripción y estudio.

Los aspectos afectivos conllevan (McLeod, 1992) características ya mencionadas como la duración (corta en el caso de las emociones), la intensidad (en un extremo, p.e. las creencias en torno a las matemáticas, en torno a la RP, frías; en otro extremo, las reacciones emocionales o las frustraciones en la resolución de problemas no estándar, calientes; a medio camino, las actitudes relacionadas con el gusto o rechazo a las matemáticas), la estabilidad (creencias y actitudes, muy estables; sin embargo, las emociones pueden cambiar muy rápidamente), y otras características como el nivel de conciencia o de control, la magnitud y dirección.

Aspectos relacionados con el contexto escolar en el que se proponen y resuelven problemas

Considerando el hecho de que la educación formal en matemáticas tiene lugar principalmente en la escuela como institución, y que podemos hablar de «cultura escolar» en el sentido de que ésta tiene un discurso, unas prácticas que se rigen por unas reglas, explícitas e implícitas y unos valores, quisiéramos desarrollar brevemente algunos de estos aspectos.

En primer lugar, podemos mencionar las diferencias que Adda (1985), en el marco de la *pragmática del cuestionamiento escolar*, señala entre los presupuestos de la comunicación habitual y los presupuestos de las cuestiones matemáticas, y que considera que interfieren y por lo tanto condicionan claramente las respuestas de los alumnos. En posteriores capítulos retomaremos algunos ejemplos. Sin embargo, creemos que no se puede ni se debe rehuir estas diferencias (bien al contrario hay que abordarlas como una riqueza del propio proceso), en tanto en cuanto son difícilmente salvables, por cuestiones semánticas (Nesher, 1980) y principalmente por cuestiones de finalidad de la tarea (Gómez-Chacón, 1998).

En segundo lugar queremos retomar algunos comportamientos matemáticos escolares «sin sentido» mencionados en el apartado "Hechos: ¿Pensar en clase de matemáticas? ¡No, gracias!", y la influencia que sobre ellos se considera que tienen algunas prácticas escolares. En Schoenfeld (1991b) se refiere a la *suspension of sense-making*[11] y lo relaciona en general con un "catálogo de horrores" (Schoenfeld, 1989) y con las situaciones en las que son propuestos los problemas[12]: los rituales de las clases día-a-día, provocando que este *sense-making* quede estrechamente contextualizado al microcosmos cultural determinado por las prácticas escolares. En estudios y trabajos anteriores (Vila, 2001 y 1995), hemos analizado la compleja relación que se producía entre una práctica escolar estandarizada en la RP y las disfunciones anteriormente mencionadas.

Esta estandarización puede hacer referencia por una parte al carácter estereotipado de los problemas (Callejo, 1998) y por otra, al modelo de práctica docente que podríamos denominar «reducción de los problemas a no-problemas» (Deulofeu, 2000; Vila, 2001 y 1995), modelo que inscribiríamos en la tradición conductista[13]. En la misma línea, Schoenfeld (1989) relaciona determinados errores de incoherencia con la implementación de los famosos «cuatro-pasos-a-seguir» en la RP: leer el problema, seleccionar los números y las operaciones relevantes, efectuar las operaciones, escribir el resultado.

Formando parte de la explicación de estos bloqueos y errores, hacíamos referencia a los llamados *fenómenos parásitos* que nos describe Adda (1985):

- asociar automáticamente a un algoritmo un cierto tipo de cuestiones aparentemente análogas;
- asociar un problema al contexto de clase en el cual se propone, intentando aplicar lo último que se ha aprendido;
- suponer una gradación de dificultades cuando se proponen varias cuestiones sucesivas.

Hemos visto pues que en la resolución de un verdadero problema interviene el *saber* (base de conocimientos o recursos), el *saber hacer* (sugerencias y herramientas heurísticas) y el *saber cómo hacer* donde incluimos la regulación cognitiva y emocional; en este último sentido podríamos hablar de *saber sentir*. Estas formas de saber no están desligadas de las actitudes y creencias del sujeto y de la cultura escolar, como hemos mostrado en el cuadro 1.2.

En posteriores capítulos retomaremos este amplio conjunto de factores que afectan la conducta de RP del alumnado a partir de las creencias. Retomaremos también el papel explicativo que tienen éstas en el éxito y fracaso y

---

[11] El término *sense-making*, a menudo mencionado en los últimos trabajos de Schoenfeld, es traducido habitualmente por "la búsqueda del sentido", sin embargo seguiremos utilizando el término inglés.

[12] O *grading practices* como mencionan Lester, Garofalo y Kroll (1989).

[13] "El niño aprende de la conducta del profesor a través de una secuencia de tareas jerárquicamente estructuradas" (Puig y Cerdán, 1988: 198).

asumiremos como propia la frase de McLeod (1993:762) cuando considera que "antes que los estudiantes se conviertan en eficientes resolutores de problemas, han de cambiar sus creencias".

Para poder comprender el alcance y el significado de esta afirmación hemos de preguntarnos:

- ¿Qué son las creencias?
- ¿Por qué son importantes?
- ¿Cómo se relacionan unas con otras?
- ¿Cómo influyen sobre las prácticas?
- ¿Cómo se forman?
- ¿Cómo se modifican?

Estas preguntas las iremos respondiendo a lo largo de los siguientes capítulos. En los capítulos 2 y 3 expondremos el estado de la cuestión y en los capítulos 4 y 5 ofreceremos algunas sugerencias y propuestas de intervención educativa.

2

¿Qué son las creencias?

COMO HEMOS VISTO en el capítulo anterior, no basta con "saber matemáticas" para resolver problemas, porque esta actividad exige, además de aplicar distintos tipos de conocimientos, un buen control y regulación del proceso y unas actitudes y creencias adecuadas. Por ello, cuando algunos alumnos que tienen un buen nivel de conocimientos matemáticos dan respuestas inadecuadas o incorrectas a algunos problemas, como las que hemos visto, su comportamiento se puede explicar, al menos en parte, por la deficiencia de algunos de estos otros elementos. Profundizar en ellos ayudará al profesorado a salir del asombro y la perplejidad que le provocan algunas respuestas no esperadas de estudiantes que considera "buenos" en matemáticas.

En este capítulo vamos a profundizar en las creencias para tratar de comprender mejor su importancia, su naturaleza, su origen, cómo se relacionan entre sí y su conexión con las prácticas. Nos interesa sobre todo entender el binomio creencias-prácticas, para diseñar y desarrollar el currículo de modo que favorezca aquellas experiencias y visiones que consideramos más genuinas y ricas de la matemática.

VISIONES DE LA MATEMÁTICA

Si a varias personas les preguntásemos qué es la matemática, probablemente sus respuestas reflejarían distintas visiones de esta ciencia, por ejemplo: "Trabajar con números", "manipular estructuras abstractas", "resolver problemas", etc.; la primera excluye las matemáticas que se pueden hacer sin números, como la geometría; a la segunda, si bien es más general, se le puede objetar que hay estructuras que no son matemáticas y que las matemáticas son algo más que estructuras; la tercera hace referencia a un proceso matemático importante, pero también es incompleta. En realidad, es difícil decir en pocas palabras qué es la matemática, pero estas respuestas revelan, al menos parcialmente, una visión de esta ciencia o la propia experiencia, lo cual tiene consecuencias sobre la manera de enfrentarse y desarrollar la actividad matemática y sobre el uso y aplicaciones de esta ciencia.

A lo largo de la historia, los matemáticos han contemplado esta disciplina desde distintas perspectivas. Aristóteles la describió como el estudio de la cantidad; R. Descartes como la ciencia del orden y de la medida; F. Klein la definió como la ciencia de las cosas que son evidentes por sí mismas; B. Russell la identificó con la lógica; D. Hilbert la describió como un juego formal sin significación[1]; I. Lakatos como una actividad humana que encierra en sí misma una dialéctica de conjeturas, refutaciones y demostraciones, hasta llegar al establecimiento de la teoría o resultado final, y G. Polya decía que la matemática es saber/hacer más que saber.

Las posiciones filosóficas sobre la matemática (cf. Cañón, 1995) presentan esta ciencia de diversas formas: como un cuerpo estático de verdades eternas y universales que pueden ser descubiertas, cuya existencia es independiente de los sujetos que las piensan; como una creación humana que es producto de la construcción de la razón; como una actividad falible, sujeta a errores, con unas raíces no muy distintas del quehacer del científico de la naturaleza. Podríamos hacer un elenco de figuras importantes de la matemática que las han sostenido. Desde cualquiera de ellas es posible extraer consecuencias teóricas tanto sobre el modo de proceder del matemático como sobre la iniciación en esta materia.

El gran matemático y profesor G. Polya, desde una visión empirista de la matemática, propone desarrollar, junto al pensamiento demostrativo, aquel otro que conduce al descubrimiento, el pensamiento plausible. Así, en el Prefacio de la edición francesa de su libro *Matemáticas y razonamiento plausible*[2] (1958: IX-X) dice:

> "En el dominio científico como en la vida cotidiana, cuando alguien se encuentra ante una situación nueva, empieza haciendo una hipótesis. La primera hipótesis puede no adaptarse a la realidad, pero se prueba y, según el resultado obtenido, se modifica más o menos. Tras algunos ensayos y algunas modificaciones, ayudado por las observaciones y conducido por la analogía, puede ser que se llegue a una hipótesis más satisfactoria. (...)

---

[1] Nota previa de J.R. Newman al artículo de H. Weyl, "El modo matemático de pensar". En: *La forma del pensamiento matemático,* J.J. SYLVESTER y otros, Grijalbo, Barcelona, 1974.

[2] La versión española es del año 1969 y la francesa de 1958, cuatro años más tarde de la versión original en inglés que es de 1954.

> El resultado del trabajo creador del matemático es un razonamiento demostrativo, una prueba, pero esta prueba se descubre mediante un razonamiento plausible, intentando adivinar.
>
> Si es así, y yo creo que lo es, debería tener un lugar en la enseñanza de las matemáticas el arte de adivinar".

En los programas oficiales de matemáticas, lo que llamamos *currículo normativo*, subyace de forma más o menos explícita una determinada visión de esta ciencia (Callejo y Cañón, 1996). Por ejemplo, en los de los años 70[3] predominaba una visión formalista que privilegiaba los aspectos deductivos de la matemática, en detrimento de una perspectiva heurística e histórica; los indicadores del rigor eran la construcción de los conceptos a partir de las nociones de la teoría de conjuntos y la precisión y exactitud en el uso del lenguaje; estos programas presentaban la matemática como una ciencia hecha y acabada.

Frente a esta visión formalista, los programas de los años 90[4] resaltaban la raíz empírica del conocimiento matemático y suscribían los métodos inductivos, no sólo los deductivos; también apelaban al razonamiento empírico-inductivo en grado no menor que al deductivo; destacaban la relación entre la realidad y la actividad matemática; presentaban una visión dinámica de esta ciencia como "campo en continua expansión y de creciente complejidad" y propugnaban un modelo evolutivo de avance de la matemática; exponían con claridad la relación con otros conocimientos y la necesidad de resolver problemas. En estos programas se concebía el rigor como exigencia de quehacer matemático.

En cuanto al modo de presentar la matemática señalaban la relevancia del proceso de génesis del saber matemático para su enseñanza/aprendizaje y establecían una diferencia entre este proceso de construcción del conocimiento, que es inseparable de la actividad concreta sobre los objetos, y el estado avanzado de las teorías en el cual la matemática se presenta como ciencia deductiva, las teorías se organizan a partir de axiomas, se insiste en la precisión del lenguaje y se exige rigor en las demostraciones. En lo referente al lenguaje señalaban el poder comunicativo del lenguaje matemático y en particular del simbólico, que permite explicitar relaciones no observables y predecir hechos; esta potencia comunicativa remite a la naturaleza del conocimiento matemático.

Desde el punto de vista práctico, la visión de la matemática que presenta el currículo normativo puede estar o no en consonancia con la del profesorado y con la del alumnado e influir en mayor o menor grado en el *currículo impartido*, esto es, en el modo en que se acercan a esta ciencia, en la selección

---

[3] *Vida Escolar* Nº 124-126 y 128-130.
[4] *Boletín Oficial del Estado*, suplemento del nº 220, 14 de septiembre de 1991.

de actividades y recursos, en la forma de aprender, en la intervención del profesorado, en la manera de organizar la clase, de afrontar la actividad matemática, de resolver problemas, etc. Junto a ello, las prácticas (relaciones, valores, criterios, normas, etc.) del profesorado y del alumnado que se desarrollan en la clase, unas veces responden a intencionalidades explícitas, queridas o buscadas y otras veces no, es lo que se llama *currículo oculto.*

Pero entre el currículo diseñado y desarrollado por el profesorado y lo que realmente asimilan los alumnos, suele haber divergencias y desajustes. Estos desajustes se explican porque el alumnado reconstruye su propia visión de la matemática, sus propios conocimientos, a partir de sus experiencias, de lo que ya sabe y de sus creencias. Como hemos señalado anteriormente cuando los alumnos, a pesar de disponer de un buen bagaje de conocimientos y estrategias y de tener un buen control y autorregulación de sus procesos, no dan las respuestas esperadas y buscadas por el profesor, un elemento que ayuda a explicar este hecho es su sistema de creencias. Lo que realmente ha asimilado el alumnado del proceso de enseñanza/aprendizaje es lo que llamamos *currículo logrado.*

Estas visiones alrededor de la matemática y de su enseñanza/aprendizaje las llamamos *creencias.* En una primera aproximación a este concepto diremos que las creencias son una forma de conocimiento personal y subjetivo, que está más profunda y fuertemente arraigado que una opinión; se construyen a través de experiencias, informaciones, percepciones, etc., y de ellas se desprenden unas prácticas. Las creencias gozan de una cierta estabilidad pero son dinámicas, pues la experiencia o el contraste con otras las pueden modificar, están pues sometidas a evolución y a cambio. Las creencias se relacionan unas con otras formando una estructura más amplia que llamaremos *sistemas de creencias.*

¿POR QUÉ SON IMPORTANTES LAS CREENCIAS?

Pero *por qué prestar atención a las creencias.* Por distintas razones como las dos que exponemos a continuación.

La primera es que, como hemos visto, las creencias están presentes en los tres niveles del currículo: el pretendido o normativo, el impartido y el logrado. En el cuadro 2.1 presentamos los tipos de creencias que se dan en cada uno de ellos y quiénes las tienen.

Las creencias que aparecen en cada uno de estos niveles guardan alguna relación entre sí, como veremos más adelante, pero esta relación no es consistente ni jerárquica, es decir, se pueden sostener creencias contradictorias y de las del primer nivel no se deducen las del segundo, ni de éste las del tercero. Pero sabemos algo de sus relaciones, como que las del segundo nivel influyen en las del tercero (Vila,1995) y la identificación de las del tercero ofrece elementos para inferir las del segundo, esto es, la forma en que se ha trabajado la matemática en la escuela (Vila, 2001). Aquí nos vamos a centrar en el tercer nivel: las creencias del alumnado y desde ellas haremos referencia a los otros niveles.

Cuadro 2.1. Niveles del currículo y tipos de creencias

Niveles de currículo	*Tipos de creencias*	*Quiénes las mantienen*
Currículo pretendido	- Posiciones epistemológicas y teóricas explícitas acerca de lo que es la matemática, de su enseñanza y aprendizaje	- Diseñadores del currículo nacional o autonómico - Departamentos o seminarios de matemáticas - Profesorado (nivel de planificación)
Currículo impartido	- Creencias explícitas del profesorado - Creencias implícitas que forman parte del currículo oculto: cultura del aula (valores, formas de proceder, etc.), criterios para la selección de actividades, de materiales, para la evaluación, la intervención educativa, etc.	- Profesorado (nivel de desarrollo del currículo)
Currículo logrado	- Creencias explícitas e implícitas del alumnado, a veces no deseadas por el profesorado	- Alumnado

Estas creencias se pueden detectar de distintas formas: las relacionadas con el *currículo pretendido* a través del análisis de los documentos de las administraciones educativas, de las programaciones de aula o de los materiales curriculares; las relacionadas con el *currículo impartido* y *logrado* mediante entrevistas o cuestionarios al profesorado o al alumnado y observaciones de clases.

Pero no podemos olvidar que la escuela no es una isla, sino que está en medio de la sociedad. La relación de la escuela con la sociedad implica que el *currículo pretendido* se ve afectado por los valores, expectativas y proyectos sociales; además el profesorado, pero sobre todo los alumnos, están imbuidos por las creencias dominantes en la sociedad y en el entorno más cercano acerca de la valoración social de la matemática, su importancia, su relación con la inteligencia, etc.

La segunda razón es la estrecha relación entre las creencias y las prácticas. E. Pehkonen y G. Törner (1999) señalan por una parte que:

- las creencias tienen una gran influencia en cómo el alumnado aprende y utiliza las matemáticas y a veces son un obstáculo para el aprendizaje;
- las creencias del profesorado regulan sus decisiones y la planificación, desarrollo y evaluación de los procesos de enseñanza/aprendizaje;

y por otra que las creencias y las prácticas forman un círculo difícil de romper:

- las experiencias de aprendizaje del alumnado influyen en sus creencias y, a su vez, éstas mediatizan su manera de abordar y realizar actividades matemáticas;
- las experiencias de enseñanza del profesorado influyen en sus creencias y estas creencias mediatizan su intervención educativa.

Para romper este círculo es necesario diagnosticar aquellas creencias que no son adecuadas para desarrollar la actividad más genuinamente matemática, la resolución de problemas, y diseñar experiencias que las desestabilicen.

Antes de ofrecer propuestas de diagnóstico e intervención educativa en esta línea en los capítulos 4 y 5, en éste vamos a seguir profundizando en las creencias desde distintas aproximaciones; veremos cómo están organizadas y cuál es la relación entre creencias y prácticas. Esto último lo abordaremos más detalladamente en el capítulo 3.

DIFERENTES APROXIMACIONES A LAS CREENCIAS

El término "creencia" se utiliza en distintas áreas de conocimiento (filosofía, teología, psicología, inteligencia artificial, etc.) con distintos significados; también se emplea en la vida cotidiana con diversas acepciones. En el lenguaje educativo no es muy frecuente, quizá porque tiene connotaciones más cercanas a otras ciencias; en su lugar se emplean otras palabras como visión, concepción, pensamiento, etc. Por ejemplo cuando se dice: "los alumnos *piensan* que quedarse en blanco mientras intentan resolver un problema muestra poca competencia en matemáticas" o "la *concepción* de muchas personas es que el proceso de resolución de problemas es lineal", podría traducirse como "los alumnos *creen* que..." o "la *creencia* de muchas personas es...", en el sentido que aquí daremos al concepto de "creencia".

Además de "visión" o "concepción", otros conceptos se parecen o tienen relación con el de creencia: *conocimiento, actitud, autorregulación, opinión, estereotipo, hábito, intención*, etc. Una creencia es un tipo de conocimiento, una opinión fuertemente arraigada, produce hábitos, determina intenciones; como las actitudes, se compone de cognición y de afecto. No es una tarea fácil precisar los significados de estos conceptos próximos al de creencia y delimitar las fronteras entre ellos.

Según E. Pehkonen y G. Törner (1996), en la bibliografía específica de investigación en didáctica de las matemáticas, el concepto de creencia es ambiguo. Se encuentran más referencias implícitas que definiciones formales explícitas, aparece en ocasiones en oposición a otros conceptos como conocimiento, actitud, concepción, etc. o como una explicación de determinadas formas de proceder en la actividad matemática.

En este apartado comenzamos diferenciando entre *conocimiento, concepción y creencia*[5], luego trataremos de elaborar una definición propia a partir de distintas aportaciones.

Conocimiento, concepción y creencia

Aunque las fronteras entre *conocimiento* y *creencia* están poco claras, R.P. Abelson (1979) ha señalado algunas diferencias, que ayudan a delimitar ambos conceptos, atendiendo a los siguientes aspectos: el carácter más objetivo del conocimiento y más subjetivo de las creencias, pues éstas se pueden mantener con diferentes grados de convicción; los conocimientos están consensuados por un determinado grupo humano, sin embargo las creencias no siempre son fruto de un consenso; los conocimientos responden a unos criterios de verdad, que no han de satisfacer las creencias: por ejemplo, mientras que el teorema de Pitágoras es un *conocimiento* objetivo, pensar que el teorema de Pitágoras sólo se demuestra de una forma es una *creencia*, esto es, un conocimiento subjetivo, seguramente arraigada en el hecho de no conocer más que una demostración.

En cuanto a las relaciones entre *concepción y creencia*, es un tema controvertido, pues mientras algunos autores utilizan ambos términos indistintamente como sinónimos, otros entienden que estos conceptos están relacionados, pero no significan lo mismo.

A.G. Thompson (1992:130) considera que las creencias son un tipo de concepciones, pues define a éstas como "una estructura mental más general, que encierra creencias, significados, conceptos, proposiciones, imágenes mentales y preferencias".

J.P. Ponte (1994:199) define las concepciones como "los esquemas subyacentes de organización de conceptos, que tienen esencialmente naturaleza cognitiva".

Nuestra postura está más cerca de la de J.P. Ponte que de la de A.G. Thompson, pues reservamos el término *concepción* para referirnos a las ideas del alumnado asociadas a conceptos concretos; por ejemplo, hablaremos de "concepciones de los alumnos sobre la probabilidad". Y usaremos el término *creencia* para referirnos a las ideas del alumnado asociadas a actividades y procesos matemáticos (ejercicios, problemas, demostración, resolución de problemas...) y a la forma de proceder en el quehacer matemático; por ejemplo, diremos: "Las creencias del alumnado sobre la forma de abordar problemas de probabilidad". Pero no circunscribimos el concepto de *creencia* a las ideas acerca de la matemática exclusivamente, sino también a las ideas sobre el sujeto que ejerce la actividad matemática y sobre el aprendizaje, como veremos en el siguiente capítulo.

---

[5] Se podría delimitar también la diferencia entre creencia y otros conceptos relacionados como: actitud, opinión, estereotipo. Para ello remitimos a Vila (2001).

Hacia una definición

A partir de los rasgos expuestos, vamos a tratar de elaborar una definición de las creencias, acogiendo también otros rasgos que se subrayan en la abundante literatura sobre el tema: su carácter subjetivo, su contenido, su relación con la afectividad y con el contexto y su naturaleza.

Hemos visto que una diferencia entre conocimientos y creencias es el carácter subjetivo de éstas. D.B. McLeod (1992) las define como las *experiencias y conocimientos subjetivos* (imágenes) del estudiante o del profesor. Pero otras personas, fuera del ámbito escolar, tienen también creencias sobre la matemática, ya sea por la presencia de esta ciencia en la vida cotidiana para contar, calcular, medir, orientarse, diseñar, etc., ya sea porque la mayoría de las personas han tenido relación con las matemáticas en su etapa de escolarización.

Otros autores se refieren a las creencias subrayando su contenido. Por ejemplo F.K. Lester, J. Garofalo y D.L. Kroll (1989) las definen como el conocimiento subjetivo del individuo sobre sí mismo, sobre las matemáticas, la resolución de problemas y los temas relacionados con el planteamiento de los problemas. Por ejemplo, la creencia de que "los profesores de matemáticas encuentran fácilmente la estrategia para resolver cualquier problema" tiene como objeto los resolutores de problemas, en este caso los profesores. Una creencia como ésta, sobre un aspecto concreto de la matemática, no está aislada, sino relacionada con otras formando los *sistemas de creencias*.

Otras definiciones tienen en cuenta aspectos *cognitivos* (comprensión) y *afectivos* (sentimientos), así como la influencia de las creencias en el modo de "hacer matemáticas". Por ejemplo, para A.H. Schoenfeld (1992:358) "la comprensión y los sentimientos de un individuo que modelan la forma en que conceptualiza y se implica en la actividad matemática" son sus creencias. Nos parece importante destacar estos tres componentes de las creencias: cognitivo, afectivo y contextual, siendo el componente cognitivo más potente que el afectivo, por eso tienen un alto grado de estabilidad.

Una caracterización más explícita de este concepto es fruto de una discusión en el *Second MAVI-Workshop,* conducida por E. Pehkonen (citado en Carrillo, 1996):

- Hay diferentes grados de consciencia de las creencias; hay creencias inconscientes, semiconscientes y conscientes, desde un 0 a un 100%.
- Las creencias están ligadas a situaciones.
- Algo es más conocimiento que creencia cuanto menor es el papel que desempeñan los afectos. No obstante habría que distinguir el conocimiento personal y el que se estima como objetivo.
- Hay que caminar hacia concepciones más dinámicas de las creencias.

– Más que de creencias básicas debería hablarse de creencias primitivas.
– Afectos, creencias y conocimientos son tres conceptos de los que no se sabe bien cuáles son sus inclusiones e intersecciones.

En cuanto a la *naturaleza* de las creencias, S. Llinares (1992) distingue los tres aspectos siguientes:

1. *Dominio*, definido como el «envoltorio» y los compromisos personales de la creencia establecida. Este componente se puede inferir del uso de afirmaciones que describen elecciones personales, decisiones y acciones (es decir, el contenido de la creencia).
2. *Razones* o argumentos que acompañan la elección de la creencia y relacionan las creencias y las acciones. Este componente se infiere del uso de los términos "porque" y "como", que explican la importancia de la creencia.
3. *Práctica aplicada*, que describe la transferencia individual de las creencias a la práctica. La utilización de este componente ayuda a describir las creencias individuales y a realizar las comparaciones entre los sistemas de creencias de los estudiantes.

A partir de lo expuesto hasta ahora, sintetizamos que *las creencias son un tipo de conocimiento subjetivo referido a un contenido concreto sobre el cual versan; tienen un fuerte componente cognitivo, que predomina sobre el afectivo y están ligadas a situaciones. Aunque tienen un alto grado de estabilidad, pueden evolucionar gracias a la confrontación con experiencias que las pueden desestabilizar: las creencias se van construyendo y transformando a lo largo de toda la vida.*

ORIGEN DE LAS CREENCIAS

Otra forma de aproximarse a las creencias es por su origen. J.P. Ponte (1994) las entiende como verdades personales e intransferibles de cada uno que derivan de la experiencia o la fantasía y que tienen un componente afectivo y de valoración.

Por ejemplo, quien sostiene la creencia de que los profesores de matemáticas resuelven fácilmente los problemas, seguramente ha vivido la experiencia de que sus profesores de matemáticas u otras personas que tienen cierta maestría de esta disciplina, han resuelto en su presencia ejercicios o problemas que les presentaban poca dificultad, o le han transmitido el camino que lleva directamente a la solución, sin dejar trasparentar aquellos ensayos, titubeos, rodeos, cambios de rumbo, etc. que forman parte del proceso de génesis y descubrimiento de las ideas.

Las creencias pueden también originarse por el tipo de actividades, más o menos estereotipadas, repetitivas o creativas, que se proponen en clase de matemáticas y que forman parte de la cultura escolar, o por la propia organización de los contenidos, a veces en compartimentos estancos, de acuerdo con las ramas clásicas de la matemática.

L.A. Steen (1998) presenta en *La enseñanza agradable de las matemáticas* una forma de mirar las matemáticas más multifacética, no sólo a través de sus estructuras (números, algoritmos, razones, formas, funciones, datos), sino también de sus atributos (linealidad, periodicidad, simetría, continuidad, aleatoriedad, máximos, aproximación, uniformidad), de las acciones o procesos (representar, demostrar, aplicar, modelizar...), de sus abstracciones (símbolos, infinito, recursión...), de actitudes y valores (preguntarse, belleza...), de comportamientos (movimiento, caos, estabilidad ...), de dicotomías (discreto versus continuo, finito versus infinito, estocástico versus determinista...) o de patrones (dimensión, cantidad, incertidumbre, forma y cambio) inventados por la mente humana, observados en la naturaleza o derivados de otros patrones que se pueden explorar con las matemáticas y describir con su lenguaje.

Por último, los diversos espacios de socialización como la familia, los grupos de iguales, los medios de comunicación social, las actividades de ocio y tiempo libre como los clubs matemáticos, y los mitos sociales sobre esta ciencia, originan, refuerzan o contradicen las creencias sobre la matemática.

M. Fishbein e I. Ajzen (1975) señalan tres tipos de creencias, según su origen:

1. *Creencias descriptivas*: Son las que provienen de la observación directa y sobre todo de la experiencia, del contacto personal con los objetos; estas creencias se mantienen con un alto grado de certeza al ser validadas continuamente por la experiencia y suelen tener un peso importante en las actitudes de los individuos.
2. *Creencias inferenciales*: Son las que tienen su origen en relaciones previamente aprendidas o en el uso de sistemas formales de codificación; en cualquier caso, la base de la creencia inferencial es siempre algún tipo de creencia descriptiva.
3. *Creencias informativas*: Como su nombre indica, provienen de informaciones que proceden del exterior: otras personas, medios de comunicación social, etc.

Resumiendo, *las creencias tienen su origen en la experiencia, en la observación directa o provienen de informaciones, y a veces son inferidas de otras creencias.*

SISTEMAS DE CREENCIAS

Una creencia nunca se sostiene con independencia de otras, por ello se suele hablar más de *sistemas de creencias* que de creencias aisladas. Presentan pues una estructura agrupada. Una definición clásica es la de M. Rokeach (1968:2): "Una forma organizada psicológicamente, aunque no necesariamente lógica, de todas y cada una de las incontables creencias personales sobre la realidad física y social".

No se trata por tanto de una suma o de una yuxtaposición de creencias, sino de una red organizada. E. Pehkonen y G. Törner (1996) se las imaginan como un plato de espaguetis: si se tira de uno de ellos, posiblemente se acabará tirando de muchos más. También podríamos pensar en un frutero con cerezas, donde si se coge un pequeño racimo de dos o tres suele traer otros enganchados. Estos ejemplos ilustran el enredo y la relación entre ellas.

T.F. Green (1971) afirma que la noción de sistema de creencias es una metáfora para examinar y describir cómo se organizan las creencias de un individuo. Al igual que los sistemas de conocimientos, su potencialidad no reside tanto en su contenido cuanto en sus relaciones: el sistema de creencias de una persona se caracteriza por la forma en que cree y no tanto por lo que cree. Dos personas pueden tener las mismas creencias y distintos sistemas de creencias y por tanto abordarán y desarrollarán de manera diferente la actividad matemática.

T.F. Green ha identificado tres dimensiones de los sistemas de creencias, que no tienen que ver estrictamente con su contenido, sino con el modo en que están relacionadas entre sí dentro del sistema:

- Algunas creencias se relacionan entre sí al modo de premisas y conclusión, por lo que puede hablarse de *creencias primarias y derivadas*. Su relación es *cuasilógica*, distinta de la de los sistemas de conocimientos donde la relación es de tipo lógico.
- Las creencias se mantienen con diferente grado de convicción y distinta fuerza. En este sentido cabe hablar de su *centralidad psicológica*: las que se sostienen con mayor fuerza son *centrales* y las demás son *periféricas*.
- Las creencias suelen mantenerse "enclaustradas", sin someterse al contraste con el exterior. El contraste tiene más de confrontación defensiva que de apertura para su enriquecimiento o para su modificación.

Una creencia puede ser a la vez primaria y periférica o también derivada y central, ya que los conceptos de centralidad psicológica y de relación cuasilógica son independientes el uno del otro.

En cuanto a la *coherencia interna*, por una parte es importante destacar que la estructura en racimos (*clusters*) más o menos aislados e interrelacionados los unos con los otros, puede explicar algunas de las inconsistencias del sistema de creencias. Es posible mantener simultáneamente creencias opuestas, protegidas en sus respectivos *clusters*, sin que ello suponga ningún conflicto; más aún, el propio "escudo protector" puede llegar a convertirse en una nueva creencia (Llinares, 1992). Por otra parte es importante destacar también que la estructura del sistema favorece que puedan ser mantenidas creencias «a pesar de» evidencias contrarias; más aún, estas creencias no pueden ser modificadas simplemente introduciendo las "razones evidentes".

Dada la diferencia entre conocimiento y creencia, los sistemas de creencias presentan también diferencias con los sistemas de conocimientos (Abelson, 1979:355-360):

1. "Los elementos (conceptos, proposiciones, reglas, etc.) de un sistema de creencias no están consensuados. Esto es, los elementos de un sistema de creencias pueden ser bastante distintos de un segundo que se refieran al mismo contenido (...)
2. Los sistemas de creencias se refieren en parte a la existencia o no de determinadas entidades conceptuales (...)
3. Los sistemas de creencias incluyen a menudo representaciones de "mundos alternativos" (...)
4. Los sistemas de creencias dependen en gran medida de componentes valorativos y afectivos (...)
5. Los sistemas de creencias tienden a incluir una cantidad sustancial de material episódico (...)
6. El contenido a ser incluido en un sistema de creencias suele ser muy "abierto". Esto es, es difícil delimitar las fronteras del sistema de creencias, excluyendo conceptos irrelevantes (...)
7. Las creencias pueden sostenerse con un grado variable de certeza (...)".

En resumen, la estructura del sistema de creencias de un sujeto ayuda a explicar algunos comportamientos como, por ejemplo, que sostenga al mismo tiempo creencias contradictorias entre sí o que se resista a cambiar aquellas que no son adecuadas, a pesar de ofrecerle «razones evidentes» para modificarlas. En estos casos, la inconsistencia y la estabilidad del sistema de creencias, en mayor o menor grado, se debe a que estén más o menos ligadas entre sí y más o menos agrupadas y enclaustradas.

Pero para poder modificar las creencias es necesario conocer no sólo su forma de relacionarse y de agruparse, sino también el tipo de relación que se da entre ellas, es decir, si son primarias o derivadas, centrales o periféricas, porque en la medida en que se trate de desestabilizar y cambiar las creencias primarias y centrales, se producirá una "crisis" mayor en el sistema de creencia del sujeto, que deberá reestructurarse y reconstruirse para estabilizarse de nuevo.

CREENCIAS Y PRÁCTICAS

El interés por conocer la estructura de los sistemas de creencias de los estudiantes, del profesorado y, en general, de otros agentes educativos, radica en el hecho de que inciden en sus comportamientos, ayudan a explicarlos y ofrecen pistas para tratar de modificarlos. Las creencias influyen en la forma en que se aprende, se enseña y se aplica la matemática; a su vez, la forma de aprender y utilizar la matemática configura las creencias. Aunque las creencias y las prácticas forman un círculo que a veces es difícil de romper, se puede intentar quebrar por algún lado: se ha constatado que los cambios en las prácticas de la clase pueden modificar las creencias tanto del profesorado como del alumnado. Para E. Pehkonen y G. Törner (1996:102):

> "Las creencias pueden tener un poderoso impacto en la forma en que los alumnos aprenden y utilizan las matemáticas y, por tanto, pueden ser un obstáculo al aprendizaje de las matemáticas. Los alumnos que tienen unas creencias rígidas y negativas de las matemáticas y su aprendizaje, fácilmente se convertirán en aprendices pasivos, que cuando aprenden enfatizan la memoria sobre la comprensión".

Añaden que su influencia en la manera de proceder en la actividad matemática se puede entender de distintos modos:

- como un *sistema regulador*;
- como un *indicador*;
- como una *fuerza inerte*;
- como una consecuencia de los aspectos anteriores que llamaremos "carácter pronóstico".

Las creencias matemáticas de un individuo, su punto de vista matemático, forman pues un *sistema regulador de su estructura de conocimiento*; dentro de este marco actúa y piensa y a su vez este marco influye fuertemente en su rendimiento. Por ejemplo, si un estudiante identifica la actividad matemática con el cálculo, los automatismos y los algoritmos y considera que otras actividades más complejas como los problemas son propias de mentes privilegiadas, no afrontará aquellas situaciones más complejas que le presenten un obstáculo y como consecuencia sus posibilidades de aprendizaje se verán mermadas.

Para concretar este carácter regulador de las creencias, M.L. Frank (1985) ha señalado algunos factores que afectan a la conducta del alumnado cuando resuelve problemas, que E. Pehkonen y G. Törner (1996) han adaptado e ilustrado con el esquema del cuadro 2.2.

En él las creencias de un alumno, entendidas aquí como su visión matemática, aparecen como trama de fondo de sus motivaciones, sus experiencias, sus conocimientos y sus necesidades como estudiante, e influencian sustantivamente sobre sus prácticas. Dos aspectos están más estrechamente relacionados con las creencias: las experiencias previas, que influyen a menudo de forma inconsciente, y los conocimientos matemáticos, en los que las creencias están fuertemente involucradas. Sin embargo, la motivación y las necesidades de un alumno no siempre están conectadas con sus creencias.

Cuadro 2.2. Factores que afectan la conducta matemática del alumnado

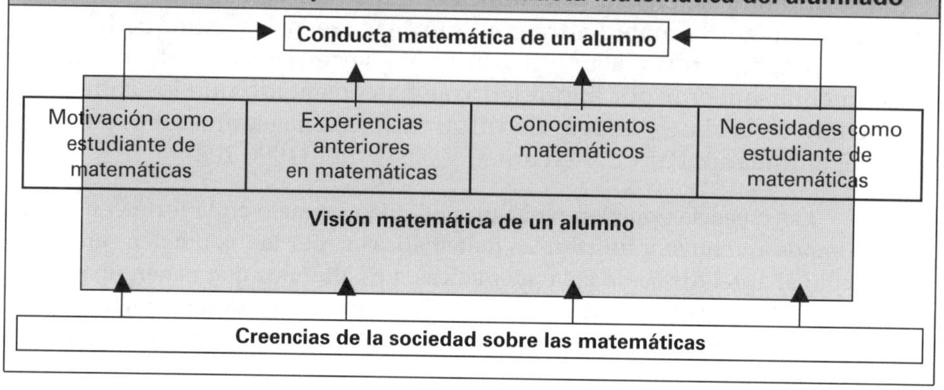

Por último, las creencias de la sociedad, como pueden ser algunos mitos (matemáticas=cálculo o matemáticas=abstracción y manipulación de números), afectan a la conducta matemática del alumnado a través de su sistema de creencias. Estas creencias se contextualizan en diversos ámbitos, además de la escuela: en la familia, en los amigos, en los compañeros, en los medios de comunicación social, etc. En estos espacios las creencias dominantes desde el punto de vista de su frecuencia o de su centralidad psicológica, pueden entrar en conflicto con otras. Por ejemplo, mientras los medios de comunicación social suelen presentar a menudo una imagen de la matemática como una ciencia difícil y aburrida, como un filtro académico de selección y, en el peor de los casos, como un ogro, en un club matemático ésta aparece con un rostro más amable que tiene que ver con la belleza, el juego, la historia de las ideas, etc. Los alumnos viven pues dentro de una compleja red de influencias en las que la matemática está presente, que va modelando sus creencias en torno a la matemática y al quehacer matemático.

En cuanto al segundo aspecto, las creencias juegan un papel de *indicador* de aspectos que no son directamente observables. En el caso del alumnado, nos permiten, por ejemplo, hacer inferencias sobre su experiencia escolar anterior de enseñanza/aprendizaje.

Con relación al *aspecto inercial* (en sentido negativo), aquellas prácticas que han tenido éxito durante bastante tiempo y sus creencias asociadas, están a veces tan profundamente arraigadas que si un alumno tiene una determinada visión de la matemática, por ejemplo una visión rígida, cualquier otro enfoque le confundirá. Si se quieren introducir cambios en la clase de matemáticas, se ha de tener en cuenta pues que las creencias de profesores y alumnos actúan como una fuerza de inercia.

QUÉ SON LAS CREENCIAS

En este capítulo hemos empezado reconociendo que el concepto de "creencia" es ambiguo y hemos tratado de delimitarlo, examinando sus semejanzas y diferencias con otros conceptos como conocimiento y concepción, analizando su contenido y sus componentes e indagando cómo se forman y cómo se relacionan entre sí. En síntesis podemos decir lo siguiente:

- Las creencias son un tipo de conocimiento subjetivo, que se mantiene con diversos grados de convicción (las que se sostienen con más fuerza son *centrales* y las demás *periféricas*) y de consciencia.
- Las creencias se distinguen de las concepciones por su contenido: mientras que las concepciones se refieren a las ideas asociadas a conceptos matemáticos concretos, las creencias se refieren a las ideas asociadas a actividades y procesos matemáticos, a la forma de concebir el quehacer matemático, a los sujetos que ejercen la actividad matemática y a la enseñanza y el aprendizaje de esta ciencia.
- Las creencias tienen un fuerte componente cognitivo, que predomina sobre el afectivo, y están ligadas a situaciones o contextos concretos.
- El origen de las creencias puede residir en la experiencia, en la observación directa, o en determinadas informaciones; a veces unas creencias son inferidas de otras.
- Las creencias de un sujeto no están aisladas unas de otras, sino que se relacionan formando un *sistema de creencias*. Algunas se relacionan entre sí a modo de premisa y conclusión (las llamamos *primarias* y *derivadas*) de forma cuasilógica. Se agrupan en *clusters* o racimos, más o menos aislados e interrelacionados unos con otros.
- La estructura de los sistemas de creencias da lugar a diversos grados de consistencia y de estabilidad, lo que permite explicar comportamientos y prácticas contradictorios así como las resistencias al cambio.
- Las creencias y las prácticas forman un círculo que a veces es difícil de romper. Las creencias de un individuo regulan su estructura de conocimiento, afectan a sus prácticas y a su pensamiento y actúan a veces como una fuerza inerte. A su vez las prácticas configuran, modifican o consolidan sus creencias.

En este capítulo hemos tratado, pues, de iluminar un concepto muy vivo y actual en la didáctica de la matemática, pero que al mismo tiempo es ambiguo. También hemos justificado su importancia para la mejora de la educación matemática. Por ello nos preguntamos, *¿Cómo podemos diagnosticar y eva-*

luar los sistemas de creencias del alumnado y crear ambientes y entornos de aprendizaje que les ayuden a abordar las actividades matemáticas con un espíritu abierto, flexible y crítico, haciéndose preguntas, desarrollando estrategias y procesos propios del pensamiento matemático? Los siguientes capítulos, tras analizar algunas de las creencias más comunes entre los estudiantes, tratarán de dar respuesta a esta cuestión.

3

Creencias de los estudiantes

TRAS EXPONER QUÉ SON LAS CREENCIAS, sus semejanzas y diferencias con otros conceptos y sus relaciones con las prácticas, pasamos a presentar y a comentar algunas de las más habituales entre los estudiantes. Como hemos visto, éstas actúan como un sistema regulador de su estructura de conocimiento, influyen en la forma en que aprenden y utilizan las matemáticas y en el modo de afrontar la resolución de problemas. También son indicadores de aspectos que no son directamente observables como su visión de la matemática o sus experiencias anteriores con esta ciencia.

En este capítulo trataremos principalmente las creencias relacionadas con la resolución de problemas y abordaremos:

- Cuáles son.
- Cómo se han formado.
- Cuáles son las consecuencias, esto es, las relaciones entre las acciones llevadas a cabo en el abordaje de problemas no estereotipados y los sistemas de creencias.
- Cuáles son las creencias adecuadas para resolver problemas.

Además de hacer un acercamiento global a partir de diversos trabajos en esta línea, trataremos en profundidad las creencias de un grupo de estudiantes de Secundaria y los casos de tres alumnos. Empezaremos presentando una panorámica general sobre creencias de estudiantes de distintos lugares del mundo, con distintas edades, capacidades y experiencias de la matemática y trataremos luego de explicarnos cómo se formaron. En el tercer apartado pondremos el *zoom* en un centro educativo concreto y miraremos más de cerca las historias de algunos estudiantes, que ayudan a explicar cómo han cristalizado sus creencias.

ALGUNAS CREENCIAS SOBRE LA RESOLUCIÓN DE PROBLEMAS

Diversos investigadores han identificado creencias de los estudiantes relacionadas con la resolución de problemas. Estas creencias inducen a veces comportamientos más adecuados para realizar tareas mecánicas y rutinarias, que para abordar actividades complejas, que exigen no sólo aplicar conocimientos, sino también una buena dosis de intuición, el uso de estrategias que ayudan a planificar y desarrollar procesos de búsqueda e investigación y una fuerte implicación afectiva.

Las creencias detectadas en los alumnos se pueden agrupar de distintas formas, atendiendo por ejemplo al objeto de la creencia, a su propia naturaleza o a su origen. D.B. McLeod (1992) las ha clasificado en cuatro grandes apartados:

1. Creencias sobre la matemática como disciplina.
2. Creencias de los sujetos sobre sí mismos y su relación con la matemática.
3. Creencias sobre la enseñanza de las matemáticas.
4. Creencias sobre la matemática relacionadas con el contexto social.

En todas ellas hay un componente cognitivo y un componente afectivo, además del componente ligado al contexto en que se manifiesta esta creencia. El componente cognitivo predomina en las creencias sobre la matemática y su enseñanza, y el afectivo en las creencias de los sujetos sobre sí mismos. Estas últimas guardan una estrecha relación con aspectos como la metacognición, la autorregulación y la autoconciencia (autopercepción, autoimagen, autoestima, etc.); al mismo tiempo incluyen creencias relacionadas con la autoconfianza en la capacidad de aprender matemáticas, que juega un papel especial en las actitudes matemáticas de los estudiantes, el autoconcepto[1] y la atribución causal del éxito o fracaso.

Las creencias relacionadas con el contexto social se refieren a las normas sociales y a la influencia de la familia y de otros ámbitos de socialización.

Para describirlas hemos formado cuatro grupos, según se refieran a la visión de la matemática o de los problemas, a las características de los resolutores, al proceso de resolver problemas, o al aprendizaje y mejora de esta acti-

[1] Gómez Chacón (1997) incluye entre otros el interés en matemáticas, la motivación y el placer asociado con las matemáticas, la eficiencia en matemáticas... y considera que tienen una fuerte influencia en la perspectiva de la matemática.

vidad. Sabemos que una creencia difícilmente se puede clasificar en uno solo de estos grupos, pues directa o indirectamente tiene que ver con más de uno de ellos. Por otro lado las creencias de un tipo influyen en las de otro tipo, lo que hemos querido expresar mediante las flechas del cuadro 3.1. Por ejemplo, las creencias sobre la matemática pueden influir en las creencias sobre su aprendizaje y viceversa, aunque esa relación no tiene necesariamente que obedecer las reglas de la "lógica", pues un individuo puede sostener simultáneamente creencias contradictorias.

Cuadro 3.1. Tipos de creencias

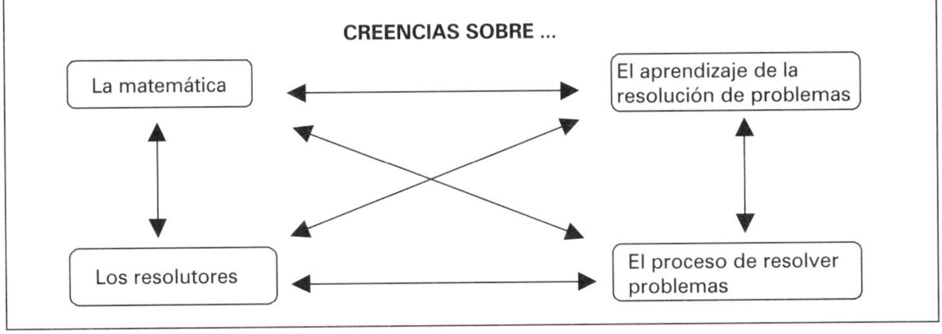

Aunque por razones metodológicas comencemos analizando creencias aisladas, sabemos que están agrupadas formando los sistemas de creencias.

Presentamos más adelante, en los cuadros 3.2, 3.3, 3.4 y 3.5, diversos tipos de creencias. Algunas están relacionadas entre sí o expresan la misma idea de distinta manera, pero hemos respetado su formulación porque no queremos perder sus matices y porque los estudiantes que las manifiestan son diversos y de diferentes lugares del mundo[2].

Como las creencias tienen una base de experiencia, nos interesan especialmente las que se han detectado en nuestro contexto, por ello dedicaremos el tercer apartado a las detectadas por uno de nosotros (Vila, 2001).

Estas creencias se identifican de diversas formas: se pueden inferir a través de la observación de los comportamientos de los estudiantes cuando resuelven problemas o las manifiestan en diálogos, entrevistas o cuestionarios.

[2] A. Schoenfeld (1985a, 1987 y 1992) se refiere a universitarios que siguen un curso de resolución de problemas; M.L. Frank (1988) y M.L. Callejo (1994) a estudiantes con talento matemático; I.M. Gómez Chacón (2000) a poblaciones de fracaso escolar en contextos de exclusión social; F.K. Lester (1987) a alumnos de Primaria; J. Garofalo (1989), Abrantes (1994) y A. Vila (1995 y 2001) a alumnos de Secundaria; Alsina y otros (1998) a alumnos de Primaria y Secundaria; las que señala D.R. Woods (1987) no se centran en ningún alumnado en especial. Los estudiantes de estos trabajos son españoles (Callejo, Gómez-Chacón y Vila), portugueses (Abrantes) y estadounidenses.

A veces sucede que las creencias manifestadas son contradictorias con las prácticas, con las formas de abordar tareas matemáticas. Por ello es importante contrastar lo que los estudiantes dicen de sí mismos y lo que hacen. En ocasiones las creencias manifestadas por los estudiantes responden a las expectativas del profesorado, a las intenciones del currículo pretendido o al currículo oculto.

Creencias sobre la matemática y los problemas

El cuadro 3.2 presenta distintas creencias de los estudiantes acerca de la matemática[3] referidas a:

- La escasa o nula relación de las matemáticas escolares con el pensamiento y el mundo real (1, 2 y 3).
- Lo que es o no importante (4, 5 y 11): "Las demostraciones formales son irrelevantes en el proceso de descubrimiento o de invención".
- Una visión rígida de la actividad matemática (8), porque: "El objetivo de aprender matemáticas es obtener "respuestas correctas" y sólo el profesor puede decir si la respuesta es o no correcta".
- La identificación de esta ciencia con el cálculo y con los procedimientos algorítmicos (7, 17 y 18): "Las matemáticas son cálculo, en concreto las cuatro operaciones básicas: sumar, restar, multiplicar y dividir, además de la memorización de propiedades y algoritmos que permiten obtener respuestas numéricas. Por tanto hacer matemáticas significa seguir reglas y aprender matemáticas es memorizar".

Estas visiones son bastante pobres. De ellas se puede inferir una aculturación del saber matemático escolar, que está poco o nada relacionado con la presencia de la matemática en la naturaleza y en la sociedad y con los procesos de resolución de problemas en la vida cotidiana; también se constata una dicotomía entre el proceso de génesis o de descubrimiento de las ideas matemáticas y el de justificación, con mayor valoración del segundo.

Como consecuencia, las respuestas que se den a los problemas escolares pueden muy bien ser absurdas (quizá porque las situaciones también lo son); los modelos y ejemplos de la realidad social o natural no sirven de inspiración para encontrar la solución de un problema y los procedimientos habituales en la vida diaria como ensayo y error, tanteo, empezar por el final, etc., probablemente se consideren poco relevantes para resolver problemas matemáticos. Por último, no se valorará el tiempo y el esfuerzo dedicado a los procesos de búsqueda, a la familiarización con la situación..., con lo cual fácilmente se abandonará un problema cuando no se sepa cómo empezar o ante la incertidumbre de no saber si se llegará a obtener un resultado.

[3] Los números indican la creencia del cuadro 3.2.

Cuadro 3.2. Creencias sobre la matemática y los problemas

1. Las matemáticas formales tienen poco o nada que ver con el pensamiento real y la resolución de problemas (Schoenfeld, 1985a).
2. Las matemáticas aprendidas en la escuela tienen poco o nada que ver con el mundo real (Schoenfeld, 1992).
3. Las técnicas de resolución de problemas que se utilizan en la escuela no guardan ninguna relación con las que se necesitan para resolver los problemas reales de cada día, los problemas de la vida real o los que encuentras en la casa o en el trabajo (Woods, 1987).
4. La forma de una argumentación matemática es más importantes que su contenido (Schoenfeld, 1987).
5. Las demostraciones formales son irrelevantes en el proceso de descubrimiento o de invención (Schoenfeld, 1992).
6. La matemática es una actividad solitaria, hecha por individuos aisladamente (Schoenfeld, 1992).
7. Las matemáticas son cálculo, en concreto las cuatro operaciones básicas: sumar, restar, multiplicar y dividir, además de la memorización de propiedades y algoritmos que permiten obtener respuestas numéricas. Por tanto hacer matemáticas significa seguir reglas y aprender matemáticas es memorizar (Frank, 1988).
8. El objetivo de aprender matemáticas es obtener "respuestas correctas". Sólo el profesor puede decir si la respuesta es o no correcta (Frank, 1988).
9. El papel del alumno en clase de matemáticas es recibir conocimientos matemáticos y demostrar que efectivamente los ha recibido. Para ello basta prestar atención en clase, leer el libro de texto y trabajar en las tareas asignadas. Se demuestra que se ha aprendido obteniendo la respuesta correcta en las tareas propuestas, lo que prueba que se ha comprendido (Frank, 1988).
10. El papel del profesor de matemáticas es transmitir conocimientos matemáticos, "dar materia" y verificar que los estudiantes lo han recibido mediante pruebas de control (Frank, 1988).
11. Sólo las matemáticas que se preguntan en clase son importantes y dignas de saberse (Garofalo, 1989).
12. Un problema de matemáticas es una categoría de pregunta escolar de naturaleza aritmética, caracterizada de forma biunívoca por aspectos formales de presentación; su respuesta es el resultado de los cálculos que preceptivamente propone el enunciado (Vila, 2001).
13. La diferencia entre problema y ejercicio no está en los conocimientos del resolutor sino en características formales de la presentación de este tipo de tarea (Vila, 2001).
14. Adquisición de conocimiento de herramientas, procedimientos y conceptos matemáticos básicos (Gómez Chacón, 2000).
15. Una asignatura de conocimientos (sumas, ecuaciones, fracciones, teoremas, medidas, unidades, fórmulas, trigonometría, particiones, geometría) (Gómez Chacón, 2000).
16. Una asignatura de estrategias y procedimientos (Gómez Chacón, 2000).
17. Los alumnos más pequeños identifican un problema con cálculo y operaciones y a medida que se hacen mayores lo asocian más con el proceso de resolución, el descubrimiento (Alsina y otros, 1998).
18. Visión de las matemáticas desligada de las otras disciplinas y asociada al cálculo y a la producción de respuestas cortas del tipo "verdadero-falso" (Abrantes, 1994).

El estudiante aparece con un papel pasivo, pues recibe lo que le transmite el profesor y demuestra que lo ha aprendido (9 y 10), porque "el papel del alumno en clase de matemáticas es recibir conocimientos matemáticos y demostrar que efectivamente los ha recibido. Para ello basta prestar atención en clase, leer el libro de texto y trabajar en las tareas asignadas. Se demuestra que se ha aprendido obteniendo la respuesta correcta en las tareas propuestas, lo que prueba que se ha comprendido" y "el papel del profesor de matemáticas es transmitir conocimientos matemáticos, "dar materia" y verificar que los estudiantes lo han recibido mediante pruebas de control". Estas creencias reflejan una concepción del aprendizaje que algunos describen con la metáfora de "rellenar la cabeza", según la cual la mente del alumno está en blanco, es como cera virgen sin marca, preparada para recibir sin distorsiones lo que transmite el profesor. Así no se estimula al alumno a implicarse en procesos de indagación, de búsqueda, a hacerse preguntas, a cuestionarse, a argumentar siguiendo un razonamiento propio.

Es el profesor quien selecciona lo importante y decide si las respuestas son o no correctas (10 y 11) pues "sólo las matemáticas que se preguntan en clase son importantes y dignas de saberse". Según esta creencia, la autoridad del profesor en lo que se refiere a los criterios de verdad, está por encima de la fuerza de la argumentación, lo que incita a actitudes pasivas en los estudiantes.

La actividad matemática reúne como características que es solitaria, hecha por individuos aisladamente (6), exige lógica, razonamiento, conocimientos, cálculo, algoritmos, memorización (7), prestar atención en clase, leer el libro de texto, trabajar las tareas asignadas (9) y aprender técnicas sencillas. Así la reproducción predomina sobre la creación, la lógica sobre la intuición y el pensamiento demostrativo sobre el plausible.

Los problemas aparecen caracterizados, no tanto por su exigencia cognitiva y afectiva o porque demanden al resolutor elaborar procedimientos y estrategias a partir de sus conocimientos y experiencias, cuanto por aspectos formales del enunciado pues "un problema de matemáticas es una categoría de pregunta escolar de naturaleza aritmética, caracterizada de forma biunívoca por aspectos formales de presentación; su respuesta es el resultado de los cálculos que preceptivamente propone el enunciado" (12) y "la diferencia entre problema y ejercicio no está en los conocimientos del resolutor sino en características formales de la presentación de este tipo de tarea" (13).

Estas creencias sobre los problemas son reduccionistas, pues contemplan los aspectos más formales e instrumentales de esta ciencia, en detrimento de aquellos relacionados con la creación y la comprensión profunda de la misma. Como consecuencia, se produce un rechazo de la matemática por parte de aquellos alumnos que se aburren con tareas rutinarias, o que son más sensibles a la creatividad, la belleza o el juego, aspectos que también son inherentes a la matemática; también la confusión de aquellos otros que consideran la matemática como una ciencia "segura" de sí misma, cuando se enfrentan a verdaderos problemas y sienten que no tienen recetas que les aseguren el éxito.

Creencias sobre los resolutores de problemas

Las creencias del cuadro 3.3 se refieren a dos tipos de alumnos: aquellos que son capaces de descubrir y crear matemáticas: "Sólo los genios son capaces de descubrir o crear matemáticas" (1) y aquellos otros que sólo alcanzan a memorizar y aplicar mecánicamente lo que han aprendido y, por tanto, no saben resolver problemas: "Las matemáticas son para gente creativa; el resto sólo intenta aprender lo que se le transmite" (9).

Cuadro 3.3. Creencias sobre los resolutores de problemas

1. Sólo los genios son capaces de descubrir o crear matemáticas (Schoenfeld, 1985a).
2. Los alumnos normales no pueden esperar comprender las matemáticas; confían simplemente en memorizar y aplicar lo que han aprendido mecánicamente y sin comprensión (Schoenfeld, 1992).
3. Los alumnos que han entendido la matemática serán capaces de resolver cualquier problema propuesto en cinco minutos o menos (Schoenfeld, 1992).
4. Si se es bueno en matemáticas, se es bueno resolviendo problemas (Woods, 1987).
5. Si se tiene dificultades en matemáticas, se tendrán dificultades resolviendo problemas (Woods, 1987).
6. Si una situación se denomina problema y lo resuelvo fácilmente debo ser bueno resolviendo problemas (Woods, 1987).
7. La gente que es buena en matemáticas no necesita dedicar tiempo a pensar sobre cómo resolver un problema (Woods, 1987).
8. A los expertos les basta considera una situación para encontrar un modelo (Woods, 1987).
9. Las matemáticas son para gente creativa; el resto sólo intenta aprender lo que se le transmite. Los profesores y los libros son pues una autoridad en la materia que "dispensan" conocimientos: no se cuestiona esta autoridad y los alumnos no se imaginan a sí mismos como creadores de conocimientos (Garofalo, 1989).

Los primeros apenas necesitan emplear tiempo pues "la gente que es buena en matemáticas no necesita dedicar tiempo a pensar sobre cómo resolver un problema" (7) y "a los expertos les basta considerar una situación para encontrar un modelo" (8).

Por otra parte, comprender las matemáticas es suficiente para resolver un problema en poco tiempo (3): "Los alumnos que han entendido la matemática serán capaces de resolver cualquier problema propuesto en cinco minutos o menos".

Ser o no "bueno" resolviendo problemas se asocia a ser "bueno" en matemáticas y viceversa: "Si se es bueno en matemáticas, se es bueno resolviendo problemas" (4) y "si una situación se denomina problema y la resuelvo fácilmente debo ser bueno resolviendo problemas" (6).

Esta separación drástica entre quienes son capaces de resolver problemas y quienes no, deriva del hecho de considerar que una situación es un problema en sí misma. Sin embargo, el concepto de problema es relativo al sujeto que trata de resolverlo y al contexto concreto en que se propone. Pensamos que todo el mundo es capaz de resolver problemas, pero lo que para unas personas es una actividad sencilla, un mero ejercicio, para otras es un verdadero problema, debido a sus capacidades, sus conocimientos, su estado emocional, sus actitudes hacia la matemática y también sus creencias sobre sus propias capacidades, sobre la tarea en sí y la forma de abordarla.

La consecuencia de que un alumno se sienta en uno u otro grupo genera una actitud de confianza en las propias capacidades y, como consecuencia, de motivación para afrontar el reto de resolver problemas, o todo lo contrario. En el mejor de los casos, por muy competente que sea una persona, el éxito en la resolución de problemas nunca se puede garantizar de antemano.

Creencias sobre el proceso de resolución de problemas

En el cuadro 3.4 subyace la identificación de problema con ejercicio en cuanto a la forma de proceder en las distintas fases de la resolución, al tiempo a emplear, a la variedad o no de procedimientos y al sentimiento de éxito o fracaso.

Desde la Educación Primaria los alumnos creen que los problemas que narran una "historia" se resuelven aplicando una o más operaciones aritméticas que se identifican gracias a palabras clave del enunciado (14): "Todos los problemas con enunciado que narra una "historia" se pueden resolver directamente aplicando una o más operaciones aritméticas, que son identificadas por las palabras "clave" que hay en el enunciado".

A veces la pista la da el apartado del libro en que se propone (13): "Los ejercicios de los libros de matemáticas se pueden resolver con los métodos presentados en el libro; además, han de ser resueltos con los métodos presentados en el apartado del libro en el que se proponen".

Se trata de resolverlos fácilmente en pocos pasos aplicando hechos, reglas, fórmulas y procedimientos mostrados por el profesor o que se encuentran en el libro de texto (11 y 12): "Los problemas de matemáticas son tareas para aplicar reglas aprendidas, por tanto se pueden resolver fácilmente en pocos pasos" y "casi todos los problemas de matemáticas se pueden resolver directamente aplicando hechos, reglas, fórmulas y procedimientos mostrados por el profesor o dados en el libro. Por tanto el pensamiento matemático consiste en poder aprender, memorizar y aplicar hechos, reglas, fórmulas y procedimientos".

La inspiración debería ser inmediata (4): "La primera vez que se lee el enunciado de un problema se debería ser capaz de entender inmediatamente qué se pide o qué se pretende que se calcule o se decida".

No se debe intentar modificar el problema (8): "No se puede cambiar el problema para hacerlo más sencillo".

Cuadro 3.4. Creencias sobre el proceso de resolución de problemas

1. Los problemas de matemáticas se resuelven siempre en menos de 10 minutos, si es que se resuelven (Schoenfeld, 1985a).
2. Sólo hay una manera de responder correctamente a cada problema; normalmente es el método que el profesor acaba de mostrar recientemente en clase (Schoenfeld, 1992).
3. Sólo hay un procedimiento correcto para resolver un problema y sólo hay una respuesta correcta (Woods, 1987).
4. La primera vez que se lee el enunciado de un problema se debería ser capaz de entender inmediatamente qué se pide o qué se pretende que se calcule o se decida (Woods, 1987).
5. Se ha de tener el problema completamente trabajado en la cabeza antes de comenzar a anotar algo (Woods, 1987).
6. Cada paso que se dé ha de ser correcto; no hay lugar para hacer ensayo y error. No se ha de jugar con las situaciones problemáticas (Woods, 1987).
7. No se puede permitir usar la intuición en la RP (Woods, 1987).
8. No se puede cambiar de alguna forma el problema para hacerlo más sencillo (Woods, 1987).
9. Para resolver problemas sólo hace falta memorizar y usar una estrategia organizada. Se usa la estrategia una vez y de manera secuenciada, como si se cerrara una cremallera (Woods, 1987).
10. Todo el mundo resuelve los problemas de la misma manera ; por tanto puede ser útil para trabajar fijarse en los ejemplos resueltos por los demás (Woods, 1987).
11. Los problemas de matemáticas son tareas para aplicar reglas aprendidas, por tanto, se pueden resolver fácilmente en pocos pasos (Frank, 1988).
12. Casi todos los problemas de matemáticas se pueden resolver directamente aplicando hechos, reglas, fórmulas y procedimientos mostrados por el profesor o dados en el libro. Por tanto el pensamiento matemático consiste en poder aprender, memorizar y aplicar hechos, reglas, fórmulas y procedimientos (Garofalo, 1989).
13. Los ejercicios de los libros de matemáticas se pueden resolver con los métodos presentados en el libro; además, han de ser resueltos con los métodos presentados en el apartado del libro en el que se proponen (Garofalo, 1989).
14. Todos los problemas con enunciado que narra una "historia" se pueden resolver directamente aplicando una o más operaciones aritméticas, que son identificadas por las palabras "clave" que hay en el enunciado (Lester, 1987).
15. Sería bueno convertir la resolución de problemas en una resolución evidente (Vila, 1995).
16. La resolución de problemas exige principalmente conocimientos matemáticos (Vila, 1995).
17. Las dificultades que se producen durante el proceso de resolución de problemas crean sentimiento de fracaso (Vila, 1995).

18. La obtención de la solución de un problema es el aspecto clave de la resolución (Vila, 1995).
19. La resolución de problemas es lineal (Vila, 1995).
20. Las actividades matemáticas se resuelven normalmente en pocos minutos si se conocen los conceptos y destrezas presentadas en clase por el profesor (Callejo, 1994).
21. Quedarse pegado o en blanco es perder el tiempo (Callejo, 1994).
22. Para responder a las cuestiones matemáticas se busca directamente una estrategia de resolución y se profundiza en esa dirección. Si no se tiene éxito se abandona el trabajo definitivamente (Callejo, 1994).
23. La resolución de una cuestión matemática se acaba cuando se encuentra la solución (Callejo, 1994).
24. El resultado es más importante que el proceso seguido. Si no se encuentra la solución se ha fracasado (Callejo, 1994).
25. La resolución de problemas es una actividad de reconocimiento/aplicación de las técnicas trabajadas en clase y a la vez de acreditación de las técnicas aprendidas (Vila, 2001).
26. Los problemas de matemáticas tienen una y no más respuestas correctas (Schoenfeld, 1992).

En cuanto al proceso, cada paso que se dé ha de ser correcto, no hay lugar para hacer ensayo y error, no se ha de jugar con la situación ni utilizar la intuición (5, 6 y 7): "Se ha de tener el problema completamente trabajado en la cabeza antes de comenzar a anotar algo". "Cada paso que se dé ha de ser correcto; no hay lugar para hacer ensayo y error. No se ha de jugar con las situaciones problemáticas". "No se puede permitir usar la intuición en la resolución de problemas".

El procedimiento y la respuesta correcta son únicos (2 y 26): "Sólo hay una manera de responder correctamente cada problema; normalmente es el método que el profesor acaba de mostrar recientemente en clase".

Las dificultades que se producen durante el proceso de resolución de problemas crean sentimiento de fracaso (17) y la obtención de la solución es el aspecto clave (18 y 22).

En cuanto al tiempo, se puede prever de antemano: se resuelven en menos de diez minutos, si es que se resuelven (1 y 20).

Estas creencias son adecuadas para realizar tareas rutinarias, pero no para resolver problemas, pues los procesos de comprensión, planificación de una estrategia, desarrollo y revisión, son los propios de una actividad creativa, como veremos más adelante.

Si los alumnos consideran el proceso de resolución de problemas como acabamos de señalar, les costará vencer el «miedo al vacío», al papel en blanco, se sentirán frustrados si no conocen un procedimiento algorítmico que conduzca a la solución y por tanto no abordarán la tarea ni perseverarán en ella. Las emociones y sentimientos negativos, no los considerarán como algo habitual de un proceso donde los caminos no están trazados y coexisten incertidumbres, dudas y bloqueos, junto a intuiciones y certezas.

Una vez emprendido un camino, a veces con mucha convicción, puede llevar a una encrucijada desde la que no se sepa cómo continuar, puede necesitar reajustes y cambios... Si no se entiende así y se tiene poca resistencia a la frustración, son pocas las garantías de éxito. Hace falta trabajar y saber esperar y también saber identificar lo que se está buscando, pues a veces se tiene delante, «se mira pero no se ve».

Las intuiciones, unas veces son válidas y otras no; la conjetura que se ve con claridad en un momento puede quedarse «en agua de borrajas» en otro, porque no se verifique en otros casos particulares, o puede necesitar ser afinada hasta llegar a una formulación correcta. A la euforia de la intuición le ha de seguir la disciplina de la comprobación y la verificación.

Creencias sobre el aprendizaje y mejora de la resolución de problemas

Algunos alumnos piensan que las técnicas que hay que aprender para resolver problemas son sencillas, aunque hay que dar tiempo para que las ideas afloren y surja la creatividad (1): "Mejorar la utilización de técnicas de resolución de problemas es fácil. Lo que se tiene que hacer es realizar una sesión de veinte minutos de lluvia de ideas y la creatividad aflorará ".

Y que se puede tener éxito conociendo técnicas y métodos tipo (2): "Dos aspectos claves para alcanzar el éxito en la resolución de problemas son: el aprendizaje de técnicas matemáticas y la mecanización de métodos-tipo".

Cuadro 3.5. Creencias sobre el aprendizaje y mejora de la resolución de problemas

1. Mejorar la utilización de técnicas de resolución de problemas es fácil. Lo que se tiene que hacer es realizar una sesión de 20 minutos de lluvia de ideas y la creatividad aflorará (Woods, 1987).
2. Dos aspectos claves para alcanzar el éxito en la resolución de problemas son: el aprendizaje de técnicas matemáticas y la mecanización de métodos-tipo (Vila, 2001).
3. Aspectos internos como el esfuerzo y la concentración, y afectivos como las ganas, la tranquilidad y el gusto por los retos tienen más relación con el éxito que los aspectos externos como la poca dificultad de un problema (Vila, 2001).
4. El aprendizaje de la resolución de problemas tiene técnicas sencillas (Vila, 1995).
5. La resolución de problemas no exige otras capacidades distintas a las propias de la matemática (Vila, 1995).
6. Aspectos controlables del éxito y fracaso en matemáticas son: trabajar duro, prestar atención, preguntar al profesor, organizarse el tiempo de estudio (Gómez Chacón, 2000).
7. Aspectos incontrolables son: origen familiar, tener oportunidades, aptitud (Gómez Chacón, 2000).

Consideran más importante su predisposición que la dificultad misma del problema (3 y 6), aunque tienen conciencia de que todo no depende de ellos

(7): "Aspectos internos como el esfuerzo y la concentración y afectivos como las ganas, la tranquilidad y el gusto por los retos tienen más relación con el éxito que los aspectos externos como la poca dificultad de un problema". "Aspectos controlables del éxito y fracaso en matemáticas son: trabajar duro, prestar atención, preguntar al profesor, organizarse el tiempo de estudio".

Lo cual muestra la implicación afectiva y efectiva del resolutor, aspectos que son, como sabemos, necesarios pero no suficientes, porque pueden favorecer pero no asegurar la inspiración.

Resolver problemas es una de las actividades humanas más complejas. En ella están implicados distintos tipos de conocimientos, como las estrategias heurísticas que dan indicaciones sobre posibles caminos a seguir, pero que hay que tratar de seleccionar adecuadamente y de adaptar a la situación concreta; también procesos de control y autorregulación, y las emociones, las actitudes y las creencias. En todos ellos hay pues que incidir para el aprendizaje y mejora de la resolución de problemas: no hay recetas y cada persona tiene su estilo propio relacionado con sus capacidades cognitivas y afectivas.

Si los alumnos piensan que mejorar es fácil, se sentirán defraudados si no constatan que sus esfuerzos alcanzan los frutos esperados. Poco a poco, a lo largo de un período de tiempo más o menos prolongado, podrán ir comprobando que resuelven más problemas y los resuelven mejor. En este sentido es importante que el profesorado atienda a los procesos y progresos del alumnado y no sólo a las respuestas.

ORIGEN Y FORMACIÓN DE LAS CREENCIAS

Como ya hemos dicho, Fishbein y Ajzen (1975) señalan tres maneras de formarse las creencias. Una de ellas es la experiencia directa con las matemáticas o la observación directa de la forma de proceder de otras personas (profesores, compañeros...). Son las *creencias descriptivas*, que se mantienen con un alto grado de certeza si son validadas continuamente por la experiencia y suelen tener un peso importante en las actitudes de los individuos. Por ejemplo, la creencia de que "las matemáticas aprendidas en la escuela tienen poco que ver con el mundo real".

Las *creencias inferenciales* tienen su origen en algún tipo de creencia descriptiva. Por ejemplo la creencia de que "el proceso de resolución de problemas es lineal" puede tener su origen en que "el profesor resuelve los problemas sin titubeos". Si a un alumno que sostiene esta creencia, en algún momento del proceso se le presentan varias alternativas, puede tener la sensación de estar perdido y no saber cómo continuar. Por ello es importante conocer cómo trabajan realmente las personas que son «expertas» resolviendo problemas, saber que también dudan, que guiadas por la intuición emprenden caminos que no conducen a la solución y los abandonan, que vuelven atrás, que exploran varias posibilidades antes de decidirse por una de ellas, etc.

Las *creencias informativas*, como su nombre indica, provienen de informaciones de otras personas, ya sean los compañeros, los profesores, los familiares, etc. o las que divulgan los medios de comunicación social. Evidentemente sólo cuando se aceptan estas informaciones se origina este tipo de creencia.

Hay pues que prestar atención a las indicaciones y sugerencias que se dan en clase, sobre todo a la forma en que las entienden los alumnos. Por ejemplo cuando se les dice que "para resolver un problema hay que seguir cuatro pasos: comprender el problema, concebir un plan, desarrollarlo y revisar la solución", a veces algunos alumnos interiorizan esta indicación como si esta secuencia fuese lineal y algorítmica, una «receta» para resolver problemas. En ese caso su frustración será grande cuando "no les funcione".

Ante esto nos preguntamos:

> *¿Cuál es la experiencia directa que los alumnos tienen con la matemática?, ¿qué actividades se les proponen?, ¿con qué finalidades?, ¿trabajan sólo con lápiz y papel?, ¿se agrupan para realizar algunas actividades? ...*
>
> *¿Qué oyen, ven o leen sobre las matemáticas?*
>
> *Sus profesores, los materiales, ¿dejan trasparentar lo que es la verdadera actividad matemática, los procesos de indagación, de búsqueda, de tanteos, de ensayos ... los procesos de descubrimiento?*
>
> *¿Qué mensajes se repiten en clase?*

Veamos a continuación algunos elementos de la cultura escolar y de otros contextos, que pueden explicar algunas de las creencias que tienen los alumnos como son las tareas escolares, la intervención del profesorado, etc. Más adelante veremos cómo aparecen estos aspectos en alumnos concretos y en grupos de Primer curso de Educación Secundaria Obligatoria.

Cultura escolar

El contexto escolar es un medio cultural en el que, como en todo microcosmos, hay normas, valores, creencias, relaciones, etc. que se consolidan con las prácticas habituales y con los «rituales» propios de las culturas.

Los conocimientos sobre hechos, conceptos, procedimientos, procesos matemáticos, etc. son sólo una parte de los aprendizajes de los alumnos; el sentido y el significado de lo que para ellos es realmente la matemática lo va modelando la cultura escolar, que determina sus respuestas ante las cuestiones matemáticas, así como la forma de utilizar y aplicar esta ciencia.

La cultura escolar, y en concreto la de la clase de matemáticas, tiene semejanzas y diferencias con la cultura de la vida corriente. Ya hemos señalado por ejemplo la diferencia entre los problemas escolares y los de la vida corriente

(Núñez, 1997); también son distintos los presupuestos de las preguntas que se formulan en estos ámbitos (Adda, 1985).

Las preguntas en el contexto escolar

Las preguntas en la vida cotidiana no suelen ser absurdas, y si así lo parece, se piensa que no han sido bien formuladas o que no se han entendido bien. En cambio en la escuela pueden ser absurdas. Esto va generando progresivamente la «suspensión del sentido común» en clase, la aceptación de situaciones o soluciones que serían «increíbles» en el ámbito extraescolar.

En la vida corriente quien hace la pregunta ignora la respuesta. En cambio en la escuela, incluso si la pregunta es difícil, tiene una respuesta que el profesor conoce o por lo menos sabe cómo responder; de la respuesta depende una evaluación: calificación o valoración más o menos favorable; el profesor busca una información no sobre la pregunta sino sobre el alumno, que se pregunta *qué quiere evaluar el profesor.*

En la vida corriente la pregunta puede incluso no tener respuesta o tener más de una. En cambio, en la escuela la pregunta está en relación con un nivel escolar y un programa y probablemente habrá que aplicar los conocimientos escolares y utilizar todos los datos; el alumno se pregunta *a qué tema hace referencia la pregunta, qué respuesta espera el profesor.* La mayoría de las cuestiones escolares tienen respuesta y ésta es única.

Actividad solitaria con lápiz y papel

El hecho de que muchos alumnos conciban la actividad de resolución de problemas como solitaria e individual, tiene que ver con que resuelven muchos más ejercicios que verdaderos problemas, y mientras el propósito que persigue el profesor cuando propone un ejercicio es que cada alumno demuestre individualmente que sabe aplicar correctamente unos conocimientos previamente aprendidos, el propósito cuando propone un problema es que busque, indague, relacione, etc. hasta encontrar una estrategia. Este proceso de búsqueda se puede hacer en solitario o con otros; los hallazgos, las preguntas, los bloqueos se pueden compartir, así como las distintas maneras de llegar a la solución.

La verbalización y comunicación del pensamiento juega, a nuestro parecer, un papel importante para mejorar los procesos de resolución de problemas, porque el esfuerzo de explicitar las ideas ayuda a clarificarlas, porque acerca a otras formas de pensamiento y porque en ocasiones facilita el desbloqueo.

El trabajo en grupo, bien planteado, de forma que permita intervenir a todos sus miembros y dé también posibilidad de reflexionar individualmente, mejora los procesos de resolución de problemas (Pinilla, 1997).

Evaluación

La evaluación, entendida en sentido amplio, explícita o implícita, va modelando creencias en los alumnos acerca de lo que es más o menos importante en el aprendizaje de las matemáticas: la memorización o la comprensión, los mecanismos o los razonamientos, los procesos de pensamiento o los resultados, la evolución de cada alumno respecto a su propio punto de partida o la meta trazada a todo el grupo, las preguntas o las respuestas, la autonomía de pensamiento o la "respuesta esperada" por el profesor...

Como la resolución de problemas es una actividad compleja, en la que están implicados aspectos de tipo cognitivo, afectivo y contextual, se debería valorar junto a los resultados los procesos y progresos de los alumnos, lo que exige bastante dedicación de tiempo al profesor. Por otro lado, si los problemas están poco presentes o ausentes en las clases y en las evaluaciones, los alumnos podrán interpretar este hecho de distintos modos, por ejemplo, como poca valoración por parte del profesorado, o poca importancia, o como que esta actividad está dirigida sólo a mentes privilegiadas.

Tareas escolares

Las tareas escolares influyen sin duda en la visión de la matemática que tienen los alumnos. Sus características van configurando unas imágenes sobre esta ciencia y sobre el quehacer matemático. Veamos los tipos de actividades y los estereotipos más frecuentes.

Ejercicios y problemas

Las actividades que se plantean en clase de matemáticas se pueden situar en un continuo. En un extremo estarían los ejercicios rutinarios, con bajo nivel de demanda cognitiva, y en otro las actividades más abiertas de investigación, con alta demanda cognitiva y afectiva, en el sentido de que exigen seleccionar, combinar y adaptar conocimientos, elaborar estrategias y regular sentimientos y emociones, a la vez que están influidas por las actitudes y creencias del resolutor en el contexto en que se proponen.

Recordemos que entendemos por problema una situación que plantea una cuestión matemática cuyo método de solución no es inmediatamente accesible al sujeto que intenta responderla porque no dispone de un algoritmo que relacione los datos y la incógnita o los datos y la conclusión y debe, por tanto, buscar, investigar, relacionar, implicar sus afectos, etc., para hacer frente a una situación nueva. Es pues un concepto relativo al sujeto que intenta resolverlo y al contexto en que se plantea la cuestión.

Por desgracia, la mayoría de las veces, la finalidad que persigue el profesor cuando propone actividades es *ilustrativa* o *acreditativa*, es decir, mostrar ejemplos de aplicación de conocimientos o comprobar que los alumnos saben utilizar lo que han aprendido recientemente, por ello casi siempre plantea ejercicios, lo que explica que algunas creencias que hemos expuesto anteriormente, y que son inadecuadas para la resolución de problemas, son apropiadas para la resolución de ejercicios. En el cuadro 3.6. se indican algunas diferencias entre ejercicios y problemas.

Cuadro 3.6. Diferencias entre ejercicios y problemas
1. Al leer un ejercicio, se ve inmediatamente en qué consiste la cuestión y cuál es el medio de resolverla.
1. Ante un problema no se sabe a primera vista cómo atacarlo y resolverlo; a veces ni siquiera se ve claro en qué consiste el problema.
2. El objetivo que persigue el profesor cuando propone un ejercicio es que el alumno aplique de forma mecánica conocimientos y algoritmos ya adquiridos y fáciles de identificar.
2. El objetivo que persigue el profesor al proponer un problema es que el alumno busque, investigue, utilice la intuición, profundice en el conjunto de conocimientos y experiencias anteriores y elabore una estrategia de resolución.
3. En general la resolución de un ejercicio exige poco tiempo y éste se puede prever de antemano.
3. En general la resolución de un problema exige un tiempo que es imposible de prever de antemano.
4. La resolución de un ejercicio no suele implicar la afectividad.
4. La resolución de un problema supone una fuerte inversión de energías y de afectividad. A lo largo de la resolución se suelen experimentar sentimientos de ansiedad, de confianza, de frustración, de entusiasmo, de alegría, etc.
5. En general los ejercicios son cuestiones cerradas.
5. Los problemas están abiertos a posibles variantes y generalizaciones y a nuevos problemas.
6. Los ejercicios abundan en los libros de texto.
6. Los problemas suelen ser escasos en los libros de texto.

Problemas estereotipados

Los problemas escolares responden a estereotipos que van generando en los alumnos unas creencias sobre los problemas.

Las colecciones de problemas son un indicador de la visión de las matemáticas escolares, del currículo oculto, y un medio de desarrollo curricular (Callejo, 1998). Se pueden analizar de muy diversas formas, por ejemplo según la finalidad que persiguen, el contexto del enunciado (real, realista, lúdico, matemático), la pertinencia de los datos (faltan, sobran), el número de soluciones (ninguna, una, varias, infinitas), los procedimientos para llegar a la solución (uno, varios), su potencial heurístico (qué procedimientos heurísticos requiere su resolución), etc.

El problema escolar tipo es el de aplicación que, como su propio nombre indica, su resolución requiere la aplicación de conocimientos o algoritmos que se han presentado en clase o se han estudiado recientemente, por tanto frecuentemente tienen poco potencial heurístico; su enunciado contiene todos los datos necesarios, ni falta ni sobra información, y su solución es única. Sin embargo, los problemas que se presentan en la vida cotidiana son bien distintos, pues son situaciones en las que se debe buscar y seleccionar la información necesaria, identificar los conocimientos que hay que emplear para resolverlo y pueden no tener solución, tener una o varias.

Es raro encontrar en los libros de texto problemas en los que haya que elegir el hecho, concepto o mecanismo que hay que aplicar, de modo que el alumno deba reflexionar sobre su elección, o en los que sea necesario combinar hechos, conceptos o mecanismos, o que supongan un proceso de búsqueda e investigación. En algunos casos se encuentran en colecciones anexas.

También es poco frecuente encontrar problemas que exijan seleccionar y discriminar la información necesaria y la superflua o que no tengan solución o tengan varias. Por ello, cuando se propone a los alumnos la siguiente pregunta: *¿Cuáles deben ser las dimensiones de un espejo para que puedas verte de cuerpo entero?* Les desconcierta no encontrar ningún número en el enunciado, así como la falta de precisión en los datos: ¿Cómo es el espejo: plano, cóncavo, convexo?, ¿está en posición vertical?, ¿dónde está colgado: a la altura de la cabeza, más abajo? La escasa práctica de hacerse preguntas para concretar la situación, les lleva frecuentemente a abandonar este tipo de cuestión.

En cuanto a los problemas que tienen varias soluciones, los alumnos se suelen conformar con encontrar una. Por ejemplo si se les pregunta: *Dado un lado de un triángulo, ¿dónde puedes colocar el tercer vértice para obtener un triángulo isósceles?* muchos alumnos dan como solución un punto situado sobre la mediatriz del lado del triángulo y no los infinitos puntos de la mediatriz.

Papel del profesor

La educación matemática está mediatizada por personas, fundamentalmente por profesores, que introducen a los alumnos en la cultura matemática. El profesorado planifica, desarrolla y evalúa su intervención educativa, toma decisiones acerca de las actividades a proponer, la metodología a utilizar o la manera de valorar el trabajo de los alumnos. En su práctica docente presenta la matemática subrayando unas determinadas estructuras (números, algoritmos, razones, formas, funciones, datos), atributos (linealidad, periodicidad, simetría, continuidad, aleatoriedad, máximos, aproximación, uniformidad), acciones o procesos (representar, demostrar, aplicar, modelizar...), abstracciones (símbolos, infinito, recursión...), actitudes y valores (preguntarse, belleza...), comportamientos (movimiento, caos, estabilidad...), dicotomías (discreto versus continuo, finito versus infinito, estocástico versus determinista...) o patrones (dimensión, cantidad, incertidumbre, forma y cambio) inventados por la mente humana, observados en la naturaleza o derivados de otros patrones que se pueden explorar con las matemáticas y describir con su lenguaje, ofreciendo una determinada visión de esta ciencia. Tanto sus decisiones como sus prácticas son indicadores de sus creencias, que pueden ser conscientes o inconscientes, acerca de lo que es la matemática, de los valores de esta ciencia y de cómo se aprende y se enseña.

Como sabemos, no se puede encerrar o apresar la visión de la matemática en un modelo único, pues esta ciencia se puede contemplar desde múltiples perspectivas, como ya hemos señalado, y es dinámica. Por ejemplo, se pueden centrar las creencias acerca de la matemática y su enseñanza/aprendizaje en la propia ciencia, en el alumno o en el contexto en que se accede al conocimiento (Callejo y Cañón, 1996):

- Se puede mirar la matemática como un *cuerpo estático de verdades eternas y universales* que existen con independencia de los sujetos; estas verdades pueden ser descubiertas. En coherencia con esta visión se puede entender que aprender es recordar y utilizar el método socrático o *mayéutica* como medio para recordar. El profesor hará el papel de comadrona que mediante preguntas ayuda a "alumbrar" las ideas.
- Se puede considerar la matemática y su aprendizaje como *una construcción de la razón* donde el sujeto tiene una fuerte implicación construyendo el propio saber a partir de lo que ya conoce.
- Se puede poner el énfasis en el desarrollo del pensamiento matemático, en su avance y presentarlo como sujeto a errores y cercano al del científico que observa, elabora hipótesis, comprueba, mejora la hipótesis inicial y continúa este ciclo, en un proceso dialéctico con tesis, antítesis y síntesis. En consecuencia la intervención educativa subraya el abordaje y la resolución de problemas y el papel de los conflictos sociocognitivos en el aprendizaje.

P. Ernest (1991) ha señalado también tres formas de ver la matemática:

- Como un cuerpo estático y unificado de conocimientos que se descubren, no se crean: *Visión platónica*.
- Como un conjunto de hechos, reglas y destrezas no relacionadas, pero útiles para ser aplicados fuera de esta ciencia: *Visión instrumental*.

– Como una ciencia dinámica, en cambio continuo, gracias a la capacidad de creación e invención humanas, cuyos resultados se pueden revisar: *Visión centrada en la resolución de problemas.*

Descendiendo al terreno concreto de la resolución de problemas, J. Carrillo (1996) y L.C. Contreras (1999) señalan cuatro tendencias: *tradicional, tecnológica, espontaneísta e investigativa.* Se diferencian entre sí por la metodología (cómo se conciben los problemas, cómo se eligen, cuándo y cómo se usan y cómo se organizan) y por el sentido que tienen en la asignatura (objetivos, cómo se resuelven, tipos de problemas, concepción del aprendizaje y procesos que se desarrollan) (Ver Anexo 1).

Estas visiones suelen estar relacionadas con otras relativas al papel del profesor y a la enseñanza/aprendizaje. Así, una visión estática de esta ciencia, próxima a la platónica o a la instrumental, es coherente con una visión del profesor como transmisor y del aprendizaje como recepción de conocimiento, aunque también lo es el método socrático, según hemos señalado anteriormente. Una visión dinámica es coherente con una visión del profesor como facilitador y del aprendizaje como construcción o reconstrucción por parte del alumno, a partir de lo que ya sabe. El propio lenguaje empleado deja traslucir el énfasis en una u otra visión: *"Obtener la solución de un problema"* o *"enfrentarse a un problema"*, *"organizar los datos del enunciado"* o *"analizar la situación planteada"*, *"comprobar el resultado"* o *"explorar situaciones semejantes"*.

En cuanto a la visión de la resolución de problemas, se puede supeditar a la aplicación e ilustración de contenidos matemáticos o, por el contrario, considerarla como un medio de favorecer el pensamiento matemático del alumno.

En principio cabría esperar una relación causa-efecto entre las creencias del profesor y sus prácticas, pero esta relación es dialéctica: en las investigaciones se han constatado diversos grados de consistencia (Thompson, 1992) e incluso discrepancias, que se pueden explicar por la influencia del contexto (expectativas de los estudiantes, los padres, los compañeros, los directivos...; el currículo normativo, los libros de texto, el sistema de evaluación...) y por el nivel de conciencia del profesorado de las propias creencias y de su alcance en su práctica, pues puede haber creencias no conscientes que entran en conflicto con otras. Los profesores que reflexionan sobre su propia práctica, suelen tener consciencia de la distancia y la coherencia entre sus creencias y sus prácticas.

Los sistemas de creencias del profesorado sobre la idea de problema y el papel de éstos en la educación matemática, les lleva a tomar decisiones, en algunos casos de forma inconsciente, sobre la tipología de problemas que proponen. Un estudio de cuatro casos realizado en Cataluña (Vila, 1995) mostró que tres profesores (A, B y C) que consideraban la resolución de problemas como una forma de ilustrar y aplicar contenidos, proponían problemas que tenían referentes en los enunciados que permitían a los alumnos identificar fácilmente los procedimientos matemáticos adecuados para la resolución o el nivel de respuesta esperado, de modo que éstos debían dirigir sus esfuerzos a identificar y aplicar el procedimiento o patrón esperado. Además, los enunciados eran precisos, hacían referencia a una situación concreta, ni sobraba ni faltaba información y pedían el cálculo o la obtención de un resultado numérico. En cambio, el cuarto profesor que denominamos D, consideraba la resolución de problemas como un recurso para favorecer el pensamiento matemático de los alumnos y proponía, además de los problemas estandarizados (en un porcentaje de un 55%), problemas abiertos u otros que planteaban situaciones generales o incoherentes o en las que sobraba o faltaba información, cuestiones que pedían demostrar, explorar, ejemplificar, obtener pautas, tomar decisiones... aunque reconocía que raramente proponía este tipo de problemas en pruebas escritas.

El estudio mostró las influencias de estas creencias y prácticas del profesorado en el alumnado. Por ejemplo, tanto la creencia de que un problema es una pregunta con enunciado verbal donde se espera encontrar pistas para hallar la solución, como la creencia de que un método para resolver problemas se podrá dominar en la medida en que también se dominen los conocimientos matemáticos, están más arraigadas en los alumnos de los profesores A, B y C que en los del profesor D. Éstos últimos se refieren a la idea de problema en términos de situación y señalan las características que lo diferencian de una simple ejercitación o aplicación de conocimientos.

Estas creencias manifestadas por los alumnos de los profesores A, B y C tienen repercusiones en la forma en que abordan los problemas y afrontan las dificultades que les surgen. El análisis cualitativo de las acciones llevadas a cabo mostró que ante tales situaciones, las acciones más frecuentes eran: no responder, efectuar cálculos sin sentido, hacer anotaciones sin continuidad, no asumir que están delante de un problema de matemáticas y responder a partir de experiencia o creencias que no tienen relación con esta ciencia, o variar el propósito del enunciado; esto se puede explicar por la falta de referentes en el enunciado que les indiquen lo que deben hacer. Nos parece importante añadir que estos comportamientos no tienen una clara relación con las calificaciones escolares.

Son los alumnos del profesor D los que realizaron acciones más satisfactorias, aunque no de una manera significativa, lo que parece mostrar que la mejora de la capacidad de resolución de problemas es lenta y no basta con encontrarse de forma aislada con un profesor que centre en ella la actividad matemática.

Algunas sugerencias para ayudar a los alumnos a desarrollar creencias adecuadas sobre la resolución de problemas son las siguientes:

- Comenzar pronto a proponer problemas.
- Asegurarse de que se proponen verdaderos problemas.

- Presentarse ante los alumnos como resolutores de problemas que no conocen todas las respuestas.
- Centrarse en los procesos de resolución, no sólo en los resultados.
- Poner a trabajar a menudo a los alumnos en pequeños grupos, animándoles a discutir y a dar soluciones alternativas.
- Ayudar a los alumnos a reconocer sus propios bloqueos cuando se enfrentan con problemas difíciles y a superarlos, así como la satisfacción y placer que experimentan cuando encuentran la solución.
- Valorar los procesos, las explicaciones y estrategias de los alumnos, además de sus respuestas, y animarles a dar cuenta de su trabajo.
- No enfatizar el cálculo.

Otros agentes

Las creencias de los alumnos en torno a la resolución de problemas no se modelan sólo en el ámbito escolar, sino también en otros espacios o medios de socialización en los que se comparte una visión de la matemática, por ejemplo, en la familia, en algunos lugares de ocio y tiempo libre, en los grupos de iguales, en los medios de comunicación, etc.

En la familia se comparte una o más imágenes de la matemática, de forma explícita o implícita, heredera de una experiencia escolar más o menos satisfactoria, de una formación, y a veces reflejo de algunos de los mitos sociales sobre esta ciencia (su importancia, su relación con la inteligencia, etc.). Se puede trasmitir una visión reduccionista, centrada sólo en algunos aspectos como la abstracción, la racionalidad, el formalismo, la objetividad, la justificación, lo general, lo teórico... o una visión más amplia, complementaria de la anterior, que contempla también lo concreto, la emotividad, lo informal, la subjetividad, el descubrimiento, la intuición, lo particular, lo utilitario, la experimentación... así como sus dimensiones estética, lúdica o cultural.

En algunos casos en que algún miembro de la familia tiene especial inclinación y gusto por las matemáticas, e introduce a los más jóvenes en aspectos que normalmente no forman parte del currículo escolar, como puede ser la contemplación de la belleza o las actividades recreativas, se crea a veces en ellos una visión dualista de esta ciencia con relación tanto al grado de satisfacción que le produce la actividad matemática como a la importancia de una y otra, a tenor de la evaluación escolar.

Una excesiva valoración de esta ciencia por parte de la familia o la asociación entre capacidad para las matemáticas e inteligencia general, son a veces contraproducentes pues, por reacción, genera en algunos niños y jóvenes bloqueos de tipo afectivo.

En cuanto a la visibilidad de las matemáticas en la sociedad, a juicio de Miguel de Guzmán (1997) sigue siendo escasa, pues la cultura se identifica más con la literatura, el cine, el teatro, la música y otras manifestaciones artísticas, que con las ciencias. Nuestros medios de comunicación apenas si se hacen eco, salvo honrosas excepciones, de acontecimientos relacionados con el mundo de las matemáticas y en ocasiones el tratamiento de la noticia carece de rigor.

Los temas que suelen ocupar los titulares tienen que ver más con el bajo nivel que demuestran nuestros estudiantes en las comparaciones internacionales (TIMSS, PISA/OCDE...) dando la voz de alarma, o con las dificultades de esta ciencia, que con su presencia en nuestro mundo, su relevancia en la sociedad actual, su utilidad, su relación con el arte, etc.

Por otra parte, en nuestro país, tener una formación matemática básica para comprender el mundo que nos rodea, no se considera en general como parte del bagaje necesario para ser una persona cultivada; ello explica que a veces personajes de la vida pública confiesen sin rubor su desconocimiento, aversión o poca capacidad para las matemáticas. Sin embargo, no suelen reconocer que leen poco o que no saben disfrutar con una pieza de música clásica.

En el año 2000, año mundial de las matemáticas, se ha hecho un gran esfuerzo de popularización de las matemáticas a través de ciclos de conferencias, exposiciones, edición de libros, etc., dirigidos a un público más amplio que el de los matemáticos. Cabe destacar la traducción y publicación en castellano de dos excelentes novelas escritas por matemáticos actuales, que se pueden leer sin tener un conocimiento profundo de esta ciencia: *El tío Petros y la conjetura de Goldbach*, de Apostolos Doxiadis (2000) y *El teorema del loro*, de Denis Guedj (2000). Afortunadamente no son casos aislados, pues a lo largo de la historia de la matemática se han hecho numerosas contribuciones a la literatura (cf. Guzmán, 2000), entre ellas *Alicia en el país de las maravillas*, de Lewis Carroll, seudónimo del matemático británico Charles Lutdwig Dogson (1828-1905).

También las matemáticas recreativas han acercado a muchas personas a la matemática, les han ayudado a descubrirla como reto, aventura, belleza y juego. Hay libros clásicos y autores consagrados como X.W.R. Ball, H.S.M. Coxeter, H.E. Dudeney, S. Loyd, E. Lucas, M. Gardner, Y. Perelman o R. Smullyan. Sus obras se pueden adquirir a precio módico.

También el cine convierte de vez en cuando a las matemáticas y los matemáticos en protagonistas. Es el caso de *El indomable Will Huntig* (1998, dirigida por Gus Van Sant), que narra la historia de un joven prodigio autodidacta, rebelde y carismático, que tiene problemas con la justicia y que trabaja en los servicios de limpieza de un Instituto; allí, un profesor de matemáticas descubre sus capacidades e intenta reconducir su vida. *Una mente maravillosa* (2001, dirigida por Ron Howard), es una película basada en la historia real de

John Forbes Nash, Nobel de Economía en 1994 por sus aportaciones a la teoría de juegos, que narra la paradoja de una mente brillante y privilegiada que padece esquizofrenia y es capaz de superar la enfermedad.

En general, más allá de las obras que se centran en esta ciencia y en sus artífices, se encuentran referencias sobre ella en la literatura, el cine, el teatro, la publicidad, el humor, etc. lo que difunde imágenes de esta ciencia, de los matemáticos y de la actividad matemática.

SISTEMAS DE CREENCIAS DE ALUMNOS DE PRIMERO DE EDUCACIÓN SECUNDARIA OBLIGATORIA

Una vez que hemos presentado una panorámica general sobre algunas creencias de estudiantes de distintos lugares, edades y capacidades, sus consecuencias y algunos elementos que influyen en el origen y formación de las mismas, nos acercamos a alumnos concretos, de Primer curso de Secundaria Obligatoria, procedentes de distintos centros de Primaria, que han comenzado esta etapa educativa en un Instituto. Describiremos su sistema de creencias y lo relacionaremos con la forma en que abordan problemas. También expondremos cuál es su origen y cómo se formaron[6].

Comenzaremos presentando tres casos que son paradigmáticos de las tendencias que se detectan en el grupo.

Estudio de tres casos

José, Marina y Laia son tres estudiantes de Primer curso de Educación Secundaria Obligatoria, del mismo centro, a los que les gusta las matemáticas, especialmente la resolución de problemas, pero cuyo sistema de creencias presenta diferencias importantes.

El caso de José

José es un alumno con nivel de rendimiento académico medio, tanto en matemáticas como en el resto de materias.

En el cuadro 3.7 se ha sintetizado su sistema de creencias, los aspectos que inciden en su origen y formación y finalmente sus esquemas de actuación cuando aborda problemas no estándar.

[6] Presentamos un extracto del trabajo de investigación sobre las creencias de estos estudiantes. Vila (2001).

Cuadro 3.7
Síntesis del sistema de creencias de José. Aspectos que inciden en su origen y formación. Consecuencias identificadas

Carácter solitario, experiencia personal desagradable

Personalización del ideal de profesor; reclama atención, reclama rutina

Consejos y mitos sobre la importancia del esfuerzo
Reivindicación de la acreditación del esfuerzo como elemento de evaluación

"Problema" entendido como *ejercicio aritmético* con enunciado verbal

- problema =*pregunta* con texto y datos numéricos
- problema =*ejercicio* de mayor complejidad
- papel del enunciado: *relación de mandatos* a seguir
- problema: objeto exclusivamente escolar, no necesariamente verosímil; la necesidad matemática del entorno, trivial
- por otra parte, a veces en clase, existen los *"juegos de pensamiento"*, pero no son de matemáticas

Finalidad exclusivamente *ilustrativa* y *acreditativa* de la RP

- *"buena clase"* = muy estructurada, muycontextualizada en cada tema
- papel normativo y de necesaria ayuda del profesorado

Se trata de obtener un resultado correcto siguiendo el camino esperado por el profesorado

Se trata de demostrar que se ha hecho un esfuerzo

- debe y puede mecanizarse el proceso, atendiendo a las explicaciones del profesorado, practicando mucho y *"sabiendo leer"* los enunciados
- para los *"buenos alumnos"*, el proceso es lineal

Basta con saber técnicas y tener conceptos claros, lo cual no es fácil sin la ayuda del profesorado

- tan sólo *"estudiando matemáticas"* se sabrá cuándo y cómo utilizarlas
- no hace falta nada más para aprender y mejorar en RP

RP = proceso de descifrado de un enunciado y ejecución de los mandatos

- hay que *"buscar"* la operación adecuada para resolver un problema
- *"entender el problema"* = saber identificar las *"pistas"* del enunciado
- solución de un problema: respuesta estricta a la pregunta formulada

No aborda de forma efectiva los problemas que no identifica como "de matemáticas" (sin embargo, se trata de verdaderos problemas, no rutinarios)

No aborda de forma efectiva algunos de los problemas que identifica como tales (de hecho, se trata de problemas no estándar)

Del conjunto de aspectos y agentes identificados que han ejercido influencia sobre el proceso de origen y formación de sus creencias, cabe destacar tres, con una estrecha interrelación entre ellos. En primer lugar, su carácter consciente y pretendidamente solitario, le lleva a manifestar rechazo a determinados planteamientos participativos en el aula: discusiones, trabajos en grupo; sin embargo, cabe pensar que se trata de un «escudo protector», ya que en otros momentos manifiesta placer cuando consigue relacionarse de igual a igual con sus compañeros. Con este carácter solitario cabe relacionar una experiencia desagradable cuando era muy niño (una agresión por parte de sus compañeros de clase, ante la inhibición de la maestra).

En segundo lugar, sus descripciones y argumentaciones con relación al profesorado y al planteamiento de clases «ideales» (estructura, rutina, ayuda, seguridad), que se personalizan en un profesor de Secundaria concreto. Bajo este modelo de referencia (lo que es deseado, y a la vez lo que es percibido como posible) se puede entender el sistema de creencias identificado y descrito en el esquema anterior. Finalmente, y en estrecha relación a este modelo de referencia concebido, se identificó en José la influencia de mitos sociales como «ser una persona de provecho», «la importancia de las matemáticas cuando seas grande y trabajes», «no regalan nada»... que inciden por una parte en la convicción de que «hay que hacer caso del profesorado» (papel normativo de éste), y por otra parte en la supravaloración de la necesidad de acreditar el esfuerzo ante el profesorado, dado que es o debiera ser un elemento muy importante en la evaluación/valoración.

En cuanto a las consecuencias de este sistema de creencias, ya hemos mencionado en el capítulo 2 su papel regulador en el proceso de resolución de problemas. En el marco concreto de estos casos estudiados (Vila, 2001), se analizó el papel que jugaban en la fase de abordaje de los problemas. En cuanto a José, las consecuencias son desgraciadamente muy simples: enfrentado a 6 problemas no rutinarios y/o no estándares (cuadro 3.8) , tan solo aborda de forma efectiva uno de ellos. Sin embargo nos interesa, como decíamos, saber cuál es el papel regulador que han jugado las creencias en ello.

Cuadro 3.8. Problemas propuestos

- (A) Imagínate una tira larga de papel. Dóblala por la mitad haciendo coincidir los dos extremos uno sobre otro. Cuando la vuelvas a abrir verás una marca de pliegue en medio. Si en lugar de doblarla una sola vez, lo haces dos veces, siempre por la mitad y en el mismo sentido, al volverla a abrir observarás 3 marcas de pliegue. ¿Cuántos pliegues verás en medio si en total doblas la tira 10 veces, cada vez por su mitad?
- (B) Xavier es un agricultor que tiene una finca de pasto cuadrada, de 30 m de lado. Dentro quiere atar una cabra mediante una cuerda también de 30 m de longitud. ¿Es lo bastante larga esta cuerda como para que llegue a poder comerse toda la hierba? Analiza bien todas las posibilidades.

- (C) Tengo 8 cubos de colores; dos de ellos pintados de rojo, dos de azul, dos de blanco y dos de amarillo; no se distinguen entre ellos por ningún aspecto más.
Quiero unirlos apilándolos, con el fin de formar un cubo mayor, en el que aparezcan en cada cara todos los colores. ¿Cómo lo harías?
- (D) Alberto, Ricardo, Jaime y Tomás han ido de pesca y estan contando los peces que han capturado. Tomás ha pescado más que Jaime. Alberto y Ricardo han pescado, entre los dos, la misma cantidad que Jaime y Tomás. Alberto y Tomás no han pescado tantos, entre los dos, como Ricardo y Jaime. ¿Quién ha pescado más, quién ha sido el segundo, el tercero y el cuarto?
- (E) El otro día compré unos muebles que valían 480 €. El sistema de pago que tienen en esa tienda es el siguiente: la mitad lo pagas en el momento de la entrega de los muebles; la mitad de la cantidad restante, al cabo de un mes; y el resto lo pagas en tres plazos, en cada uno de los cuales te cargan 12 € en concepto de intereses de financiación. Al final, cuando hayas acabado de pagar los muebles ¿cuánto habrás pagado en total?
- (F) Con la finalidad de hacer un "record Guinness" queremos organizar una gran merienda para la fiesta mayor, invitando a todos los 2604 alumnos de 1º de ESO de la comarca. Cada 24 alumnos irán acompañados por un profesor, que también invitaremos a la fiesta. Es la hora de hacer el montaje de las mesas. En cada mesa caben 16 personas. ¿Cuántas mesas necesitaremos como mínimo para hacer caber a todos los alumnos y profesores?

Por una parte, el rígido sistema de creencias de José provoca que en cuatro de los problemas propuestos no identifique (y así lo manifiesta) los elementos que lo llevarían a reconocerlos como «problemas de matemáticas», con lo cual ya considera un poco absurda la petición de «resolverlos»: no hay datos (o los hay insuficientes), en algunos ni tan siquiera hay una estructura aritmética, no piden cálculos...; sin embargo, el papel normativo que juega el profesorado le lleva a intentar adaptaciones de sus «procesos habituales a seguir», y para ello su sistema de creencias continúa «en acción». Por ejemplo, dado que cree que el enunciado es «la relación de mandatos a seguir», encaminados a «buscar la operación adecuada», y dado también que los enunciados de (A) y (B) del cuadro adjunto contienen algún dato numérico, José hace un «descifrado» absolutamente ingenuo e incluso absurdo de estas órdenes que cree reconocer en los enunciados, y da sendas respuestas completamente absurdas, pero obtenidas a partir de cálculos; en cuanto a los problemas (C) y (D), en los que ya ni tan siquiera puede identificar datos numéricos que le permitan las acciones anteriores, su sistema de creencias lo lleva a otra manera de proceder: dado que se trata imperativamente «de buscar y dar la respuesta estricta a la pregunta formulada», lo hace sin considerar que es una respuesta, no tan sólo incorrecta, sino incluso irreflexiva y sin sentido.

Por otra parte, el mismo sistema de creencias conduce a José a identificar los otros dos problemas (E y F) como «problemas de matemáticas», por su aspecto aparentemente muy estandarizado. Así pues, siguiendo sus creencias, toma como punto de partida de la resolución los datos del enunciado (todos, a pesar de que en el enunciado (E) la mayoría son redundantes y por lo tanto completamente innecesarios para la resolución, y por ello no consideramos este abordaje como *efectivo*), y el proceso de resolución se basa «en la búsqueda de la operación adecuada» (operaciones que aparecen claramente en los referentes de los enunciados). Tan solo el problema (F) es abordado de forma efectiva.

El caso de Marina

Marina es una alumna con muy alto y a la vez muy irregular nivel de rendimiento académico, tanto en matemáticas como en el resto de materias.

En el cuadro 3.9 se ha sintetizado también su sistema de creencias, los aspectos que inciden en su origen y formación y las consecuencias. En cuanto a los aspectos identificados en Marina con relación al origen de sus creencias, podemos distinguir uno, con una enorme complejidad y amplitud, que englobaría el resto de aspectos relevantes: la percepción y el recuerdo que tiene de las tareas desarrolladas en la clase de matemáticas durante la Educación Primaria, tareas que tienen una naturaleza muy singular (ricas, creativas, individualizadas), muy distinta de las percibidas en la Educación Secundaria (ver cuadro 3.9).

En cualquier caso, estas percepciones e inferencias han modelado en ella un sistema de creencias flexible, en el que distingue claramente momentos y situaciones de clase distintos, con finalidades diversas, quizás aparentemente contradictorias, pero que no le producen ninguna situación incoherente ni visiones dualistas.

Esta flexibilidad la lleva precisamente a entender que los seis problemas propuestos eran todos ellos «de matemáticas», a pesar de que distingue su distinta naturaleza y finalidades y consecuentemente sus distintos procesos de resolución. En cualquier caso, aborda de forma efectiva la resolución de los seis.

Por ejemplo, en el problema (A) del cuadro 3.8 desarrolla y logra un proceso de búsqueda de pautas generales, a partir de representaciones sencillas, de organización de los datos y de búsqueda de relaciones entre éstos. En el problema (B) centra su esquema de actuación en el análisis del conjunto de posibilidades, a partir de representaciones de distintas situaciones posibles de la cuerda, del análisis de las diferencias entre ellas y del intento de optimización de la solución. En el problema (D) su esquema de actuación se centra en el análisis de las relaciones facilitadas, probando ejemplos sencillos y buscando distintas soluciones. En el (C), a partir del análisis reflexivo que se constata que desarrolla, representa una solución concreta.

Cuadro 3.9
Síntesis del sistema de creencias de Marina. Aspectos que inciden en su origen y formación. Consecuencias identificadas

Experiencia de la educación Primaria

- tareas creativas e investigativas
- modelos participativos
- *"planes de trabajo"* personalizados
- percepción de resolver muchos problemas
- actividades de popularización, reflejo del trabajo habitual del aula

Concesión de papel relevante al profesorado, en particular la maestra de Primaria como modelo y referencia

Carácter amante de los retos

Choque de esta percepción con la estructura y organización en Secundaria:

- rutina, repaso
- tareas diversificadas según sean matemáticas comunes u opcionales

RP entendida como naturaleza de actividades que dan componente de razonamiento a las matemáticas

RP entendida como proceso de acreditación y aplicación de los conocimientos

Una visión amplia de la idea de problema

- por supuesto los problemas matemáticos contienen *referentes matemáticos*, pero no es esto lo que les da naturaleza
- la estructura matemática no es el *invariante* de un problema sino la situación a la que hacen referencia
- los problemas tienen carácter escolar, pero no se trata tan sólo de situaciones académicas

El proceso se inicia con el análisis de la situación

Se trata de explorar y razonar, pero cuando el profesorado lo requiera, hay que mecanizar procesos para aprender a obtener resultados

- la RP da a las matemáticas un carácter fuertemente creativo
- en RP es más importante el *proceso* (asociado a razonamiento) que el *producto*
- el *éxito* en RP no tan sólo se produce cuando se obtiene el resultado correcto, ni se produce tan solo por este hecho

- la RP puede ser también la *aplicación* de las técnicas
- es frecuente que las clases de matemáticas estén estructuradas como *"explicación / práctica"*
- en los problemas *"de operaciones"* el profesor pide un resultado, y entonces el aspecto clave es su obtención

Inciden aspectos y recursos de naturaleza diversa y compleja

- los buenos alumnos necesitan tiempo para poder resolver los problemas y no avanzan directamente
- tienen mucha importancia los aspectos afectivos, el conocer y aprender estrategias, el control de los conocimientos (no se considera inherente a éstos)

Aborda de forma efectiva y rica todos los problemas no rutinarios y no estándar propuestos

En cuanto a los dos problemas de tipo aritmético no estándar (E y F), los aborda de forma efectiva, excluyendo la información redundante en uno y distinguiendo claramente el resultado de los cálculos y la solución (incluso en pasos intermedios) en el otro.

El caso de Laia

Laia es una alumna con muy alto nivel de rendimiento académico, tanto en matemáticas como en el resto de materias.

Nuevamente en el esquema adjunto (cuadro 3.10) hemos sintetizado el caso. En particular, y en relación a los aspectos y agentes identificados como relevantes en el proceso de formación de sus creencias, queremos destacar cuatro, todos ellos remontándose a su época de Educación Primaria, y sin que este orden suponga necesariamente una priorización. En primer lugar el papel jugado por el hermano y el padre de Laia, que consiste en «compartir» retos y experiencias con relación a las matemáticas; cabría buscar aquí el origen de muchas de sus creencias, así como la componente lúdica que otorga en muchos momentos a las matemáticas. Cabe relacionar también con este aspecto, su carácter curioso y amante de los retos.

En tercer lugar, se puede destacar también el fuerte papel normativo que Laia ha otorgado al profesorado y los exámenes, ambos principalmente desde una perspectiva sancionadora. Finalmente, también cabe considerar la naturaleza rutinaria y de poca dificultad que ha percibido en la mayoría de las tareas de clase.

Esta doble naturaleza de aspectos y agentes, la llevan precisamente a una visión dualista de las matemáticas y de la RP. Por una parte una visión moderadamente rígida de la naturaleza de los «problemas habituales» y de la manera de proceder en su resolución; por otra parte una visión rica en cuanto a la manera de proceder en los problemas que ella asume como retos (los que denomina «problemas de ingenio»), una visión creativa alternativa de las matemáticas. Sin embargo, la primera se antepone a la segunda: estamos hablando de las «matemáticas importantes», las habituales, las de clase, y aparte están los «problemas de ingenio», sin finalidad escolar clara, y por supuesto sin finalidad de «adiestramiento», a los cuales concede suma importancia.

Y precisamente la consecuencia con relación a esta dualidad es la doble manera de proceder en tanto en cuanto distingue varias naturalezas de tarea, no siendo sin embargo lo suficientemente flexible como para proceder de forma creativa en todos los problemas no estandarizados. Así, por una parte, en aquellos problemas no rutinarios que Laia fácilmente identifica como tales, desarrolla en el abordaje esquemas de actuación efectivos (y creativos), aunque limitados. Por ejemplo, en el problema (A) probando casos sencillos y organizando los datos, busca pautas recurrentes; sin embargo posteriormente, en el ataque al problema, no valida sus propuestas. Asimismo en el (D),

Cuadro 3.10
Síntesis del sistema de creencias de Laia. Aspectos que inciden en su origen y formación. Consecuencias identificadas

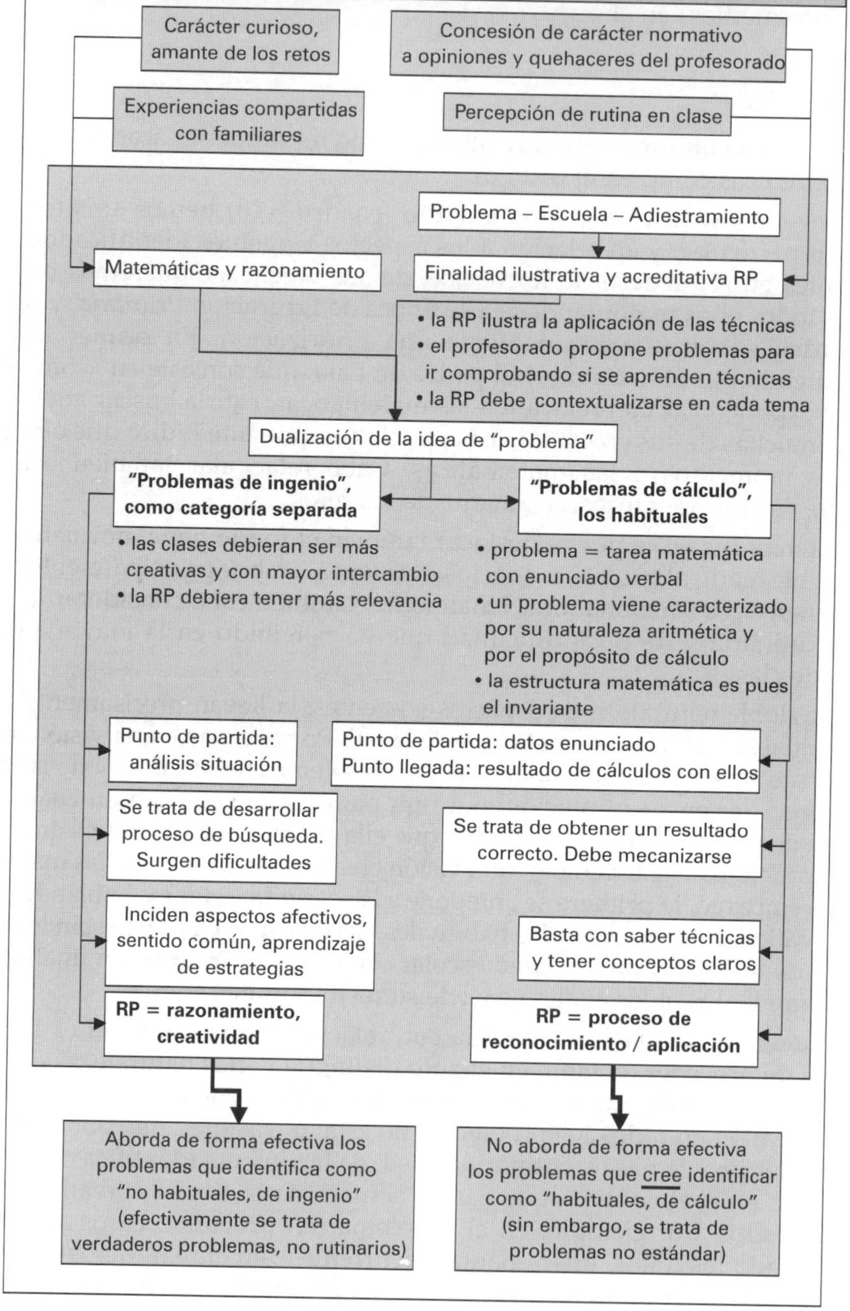

tras un proceso de análisis de las relaciones y la utilización de un sistema de codificación propia, la solución es pobre. En el problema (B), presenta distintas posibilidades y analiza las diferencias entre ellas. En el (C), tras un análisis global de la situación, presenta una solución concreta al problema.

Sin embargo, por otra parte, ante problemas que ella cree identificar como «los habituales, de cálculo» (nos referimos a E y F, que sin embargo contienen elementos que los convierten en no estandarizados), aparece el componente normativo de su sistema de creencias: dedica sus esfuerzos a identificar la estructura matemática de estos problemas y toma los datos numéricos como punto de partida del proceso de resolución, convirtiendo ésta en un proceso mecánico, ciego, que no responde al nivel de reflexión que Laia es capaz de mantener en otro tipo de tareas escolares.

Estudio de un grupo

En el marco del mismo estudio (Vila, 2001) se identificaron los sistemas de creencias predominantes sobre un conjunto de alumnos de 1° de ESO de un centro educativo (que denominaremos Grupo; son 61 alumnos con una capacidad y voluntad de aprendizaje como mínimo en la media) y el papel que estos sistemas de creencias juegan en la fase de abordaje de problemas no estándar.

Como elementos descriptores de estos **sistemas de creencias**, se utilizaron los siguientes:

a) la caracterización predominante de la idea de «problema de matemáticas», de la naturaleza de la *actividad de RP* y de los aspectos que inciden en el aprendizaje y mejora de RP;

b) un análisis detallado de cada una de las categorías de creencias estudiadas, en función del objeto de la creencia;

c) la identificación de la estructura de estos sistemas de creencias, identificando en particular:

   - conjuntos (*clusters*) que delimitaban creencias estrechamente relacionadas entre ellas,
   - creencias primarias y creencias derivadas, estas últimas establecidas o mantenidas como consecuencia de las primeras,
   - creencias centrales y periféricas, las primeras mantenidas con mayor potencia o fuerza,
   - incoherencias o contradicciones internas del sistema de creencias.

Atendiendo a la finalidad de este apartado y remitiéndonos en cualquier caso al mencionado estudio, nos limitaremos en las presentes páginas a las principales conclusiones únicamente en cuanto al apartado (a).

Así, la tendencia que predomina en el Grupo es la de identificar un «problema de matemáticas» como una categoría de pregunta escolar, de naturaleza aritmética, que viene caracterizada por aspectos formales como la presentación, formato, etc. y cuya respuesta es el resultado de los cálculos que preceptivamente se supone que propone el enunciado. En particular, la diferencia entre problema y ejercicio no se percibe en los conocimientos del resolutor sino en esas características formales que mencionábamos. Otro aspecto identificado de forma relevante en el Grupo es el que hace referencia a cuál es el papel del enunciado: se trata de una relación de mandatos que hay que saber «descifrar» (consideran que en eso consiste «entender» el problema) para a continuación saber ejecutar; es ésa la dificultad «añadida» al problema, con relación al ejercicio: la explicitación o no de lo que se espera que se haga. Una parte importante del alumnado del Grupo mantiene fuertemente creencias en torno a la existencia de una categoría diferenciada de tareas, con denominaciones anecdóticas del estilo de *«problemas de ingenio, de lógica...»;* el acuerdo ya no es unánime con relación a si se trata de «tareas matemáticas» o se trata de tareas que «a veces se plantean en clase de matemáticas». En cualquier caso, se les niega mayoritariamente la categoría de *«matemáticas importantes»*.

En consecuencia, la tendencia predominante también es la de caracterizar la RP como una actividad de *reconocimiento/aplicación* de las técnicas trabajadas en clase, y a la vez como una actividad de *acreditación* de las técnicas aprendidas. Así, más concretamente, resolver un problema consistiría en la actividad de averiguar cuáles son las operaciones adecuadas para obtener el resultado pedido, resultado que es meritorio obtener a partir del método trabajado recientemente en clase, y sin mostrar dificultades ni bloqueos, mediante un proceso que avance directamente de los datos al resultado final. A pesar de ser la tendencia predominante en el Grupo, los tres casos presentados anteriormente nos ilustrarían el rango identificado: en un extremo las creencias rígidas de José, en el otro extremo las creencias flexibles y con una amplia visión de Marina, y en medio una gran casuística, como por ejemplo el sistema dualista de Laia.

En cuanto al aprendizaje y mejora de la actividad de RP, la tendencia predominante también en el Grupo es a centrar en dos aspectos las claves que mejoran el *éxito* (reduciendo el significado de éste a la obtención del resultado correcto): el aprendizaje de técnicas y conceptos matemáticos y la mecanización de métodos-tipo de resolución. En particular se supravalora la importancia de la «buena lectura» del enunciado, en tanto en cuanto ésta se cree que permite identificar claramente qué es lo que se tiene que aplicar.

Una conclusión muy importante del estudio (Vila, 2001) es que el rendimiento académico en matemáticas no es una variable que determine diferencias relevantes en el conjunto de los sistemas de creencias identificados.

Por otra parte, con relación a los aspectos y *agentes* identificados relativos **al origen y formación de las creencias** del Grupo, distinguiremos los más relevantes agrupados en tres grandes categorías: los agentes que inciden o tienen lugar en el propio entorno escolar, los que inciden fuera de él y algunos aspectos afectivos sobre los cuales es importante centrar la atención.

En la primera de ellas, los *agentes internos al entorno escolar*, se han identificado con especial relevancia aspectos relacionados con la naturaleza de las tareas desarrolladas y el papel del profesorado; y con una menor incidencia, pero en absoluto obviable, aspectos relacionados con el papel que juega la evaluación, las actividades de *popularización* de las matemáticas y finalmente los propios compañeros de clase.

En cuanto a la *naturaleza de las tareas desarrolladas*, el estudio nos permitió distinguir a su vez dos grandes aspectos:

– Los que podríamos englobar bajo el denominador de las experiencias vividas en cursos anteriores: se puede tratar de experiencias ricas y personalizadas, con abundancia de tareas de resolución de problemas, con metodologías centradas en trabajos en grupos y actitudes interrogativas, que inciden en la formación de sistemas de creencias muy flexibles y de un amplio rango de visiones (recordamos el caso de Marina anteriormente descrito), o se puede tratar también de experiencias rutinarias y compartimentadas, y de escaso contenido en resolución de problemas, las cuales inciden en la formación de sistemas de creencias rígidos y mecanicistas, de visiones acreditativas e ilustrativas del papel de la RP. En general, estas experiencias las relacionamos con procesos de formación de creencias con relación al papel y principales componentes de la actividad de resolución de problemas, y con relación a las características que definen el objeto "problemas de matemáticas".

– Los que pueden relacionarse con distintas tipologías y naturalezas de trabajo en clase, en función de que se desarrollen en horas de materias comunes (rutinarias, explicación-práctica...) u optativas (participativas, investigativas...) o del profesorado que la proponga, o al menos con la percepción de que ello es así. El estudio permitió asociar esta dualidad a la formación a su vez de sistemas de creencias dualistas, con creencias que conviven contrapuestas, llegando a dicotomizar la actividad de resolución de problemas según el contexto en el que se plantee (puede verse el caso de Laia). Un efecto a añadir es el de que habitualmente una de estas visiones (la rutinaria, acreditativa) es la que acaba considerándose la "importante", o incluso llegándose a negar el carácter matemático de la otra.

En cuanto al *papel del profesorado*, el estudio identificó una relación poco frecuente pero sí importante entre el hecho de otorgar un papel *normativo* a la conducta matemática del profesorado (principalmente desde la perspectiva *sancionadora*) y un proceso de formación de creencias relacionado con el papel acreditativo de la resolución de problemas, normalmente originado en autoimposiciones por parte del propio alumnado. Por otra parte, las experiencias (agradables y desagradables) vividas con relación a determinados profesores «especiales», acaban siendo a menudo modeladoras de creencias de naturaleza muy diversa.

Finalmente, en cuanto al resto de *aspectos del entorno escolar* antes mencionados, la evaluación tiene una incidencia derivada principalmente del papel normativo de los exámenes (las tareas son relevantes en función de si pueden ser susceptibles de formar parte de un examen) y de la componente *sancionadora* de éstos (por la generación de incertidumbre, frustración y en algunos casos de competitividad); las actividades de *popularización* de las matemáticas tienen una incidencia que cabe relacionar parcialmente con un aspecto ya antes mencionado: la distinta naturaleza de tareas en situaciones escolares distintas; la incidencia de los compañeros de clase cabe relacionarla con aspectos como la competitividad, espíritu de superación, cooperación, individualismo, etc.

En la segunda de las grandes categorías, *los agentes externos al entorno escolar*, se identificaron con especial relevancia el papel que juegan los padres y familiares y el papel de los denominados mitos sociales. Con relación al primero de ellos, quisiéramos destacar dos aspectos:

- El estudio estableció que el trabajo con resolución de problemas fuera del entorno escolar, con familiares directos, se constituye en un agente muy importante, principalmente del proceso que lleva a establecer una visión dualista relacionada con la coexistencia de dos naturalezas de actividad matemática, y las inconsistencias en el sistema de creencias que se derivan de ellos y que han sido ya comentadas (puede verse nuevamente el caso de Laia).
- Por otra parte, la presión familiar a la cual pueda estar sometido un alumno puede suponer un agente importante en el proceso de formación de las creencias, especialmente las relacionadas con un papel principalmente acreditativo y mecanicista de la RP. Sin embargo, el grado de presión puede ir ligado con respuestas afectivas, o canalizaciones del estímulo, relacionadas con creencias que se presentan de forma simultánea y contrapuesta a las anteriores.

Con relación a los *mitos sociales*, se identificaron dos de incidencia especial, jugando el papel de reforzadores de otros agentes que pueden considerarse más relevantes: la importancia social de las matemáticas y la asociación entre matemáticas e inteligencia.

La tercera gran categoría identificada, hace referencia a *aspectos afectivos* que tienen relación con características de la personalidad del alumnado; estos aspectos no pueden considerarse de forma estricta agentes, aunque en cualquier caso están estrechamente relacionados con otros anteriormente mencionados, jugando un papel capital en el proceso de formación de las creencias.

Y finalmente, en cuanto a las **consecuencias** que pueden establecerse con relación a los esquemas de actuación desarrollados cuando se abordan problemas no estándar y al papel que en ellos han jugado los correspondientes sistemas de creencias, por una parte podemos mencionar que principalmente el Grupo desarrolla *esquemas ingenuos, impulsivos o irreflexivos* o bien esquemas (aunque no pueda llamárseles así) que se limitan a dar una *respuesta rápida* a la pregunta for-

Cuadro 3.11
Conexión entre los esquemas de actuación identificados en los problemas no estándar y no rutinarios que contienen referentes numéricos (A y B del cuadro 3.8) y las creencias identificadas en el alumnado de alto rendimiento académico

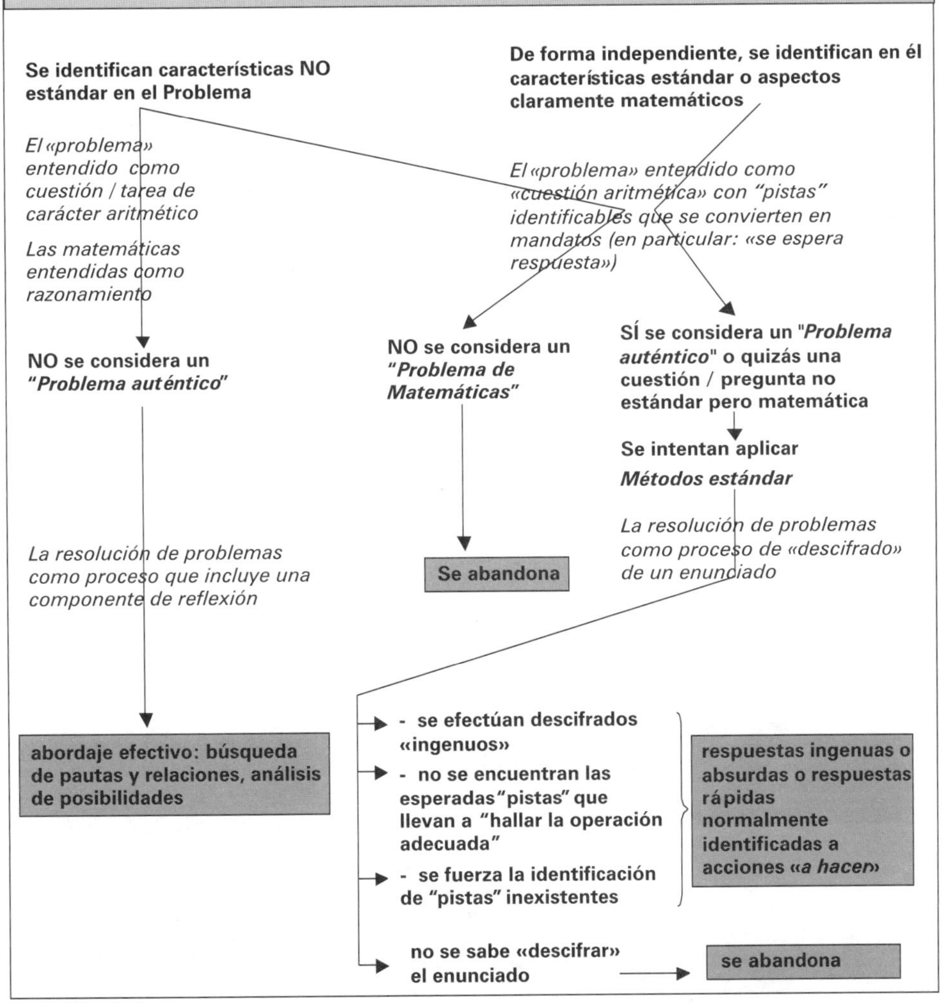

mulada en el enunciado. La práctica totalidad de los esquemas de actuación observados toman como punto de partida la manipulación (a menudo ciega) de los datos del enunciado o de aspectos parciales de éste; son minoritarios los esquemas centrados en un análisis global de la situación planteada. Es importante destacar que estas conclusiones pueden establecerse también si centramos el análisis en el alumnado de mayor rendimiento académico en matemáticas.

Por otra parte, quizás sea más relevante constatar relaciones importantes entre estos esquemas de actuación y los sistemas de creencias identificados, en los términos de que se observan maneras de proceder menos efectivas entre el alumnado con sistemas de creencias más rígidos o «menos adecuados».

Paralelamente, es importante establecer también qué papel regulador de la manera de proceder juegan estos sistemas de creencias; en tanto en cuanto los

Cuadro 3.12
Conexión entre los esquemas de actuación identificados en los problemas que responden a situaciones cotidianas aritméticas sólo aparentemente estándar (E y F del cuadro 3.8) y las creencias identificadas en el alumnado de alto rendimiento académico

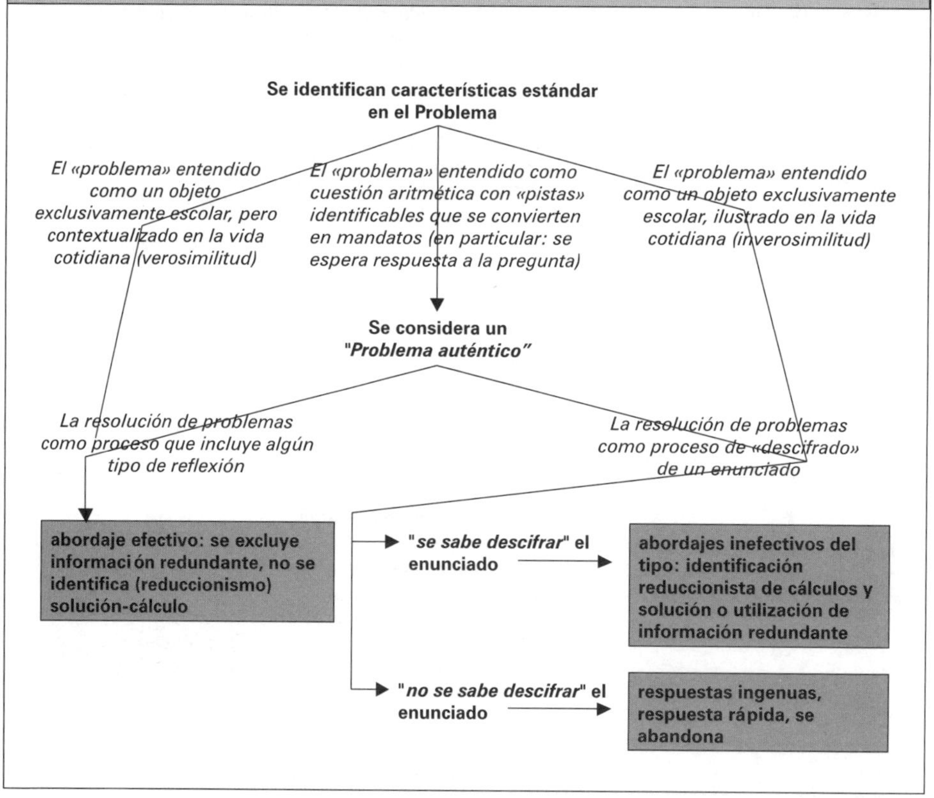

problemas que se propusieron al grupo respondían a características y finalidades distintas. Distinguiremos en tres esquemas (cuadros 3.11, 3.12 y 3.13) las inferencias efectuadas: en **negrita**, la *toma de decisiones inferidas*; en cursiva, las *creencias en acción*; y sobre fondo gris, los *esquemas de actuación* desarrollados.

Cuadro 3.13
Conexión entre los esquemas de actuación identificados en los problemas no estándar, no aritméticos y no rutinarios (C y D del cuadro 3.8) y las creencias identificadas en el alumnado de alto rendimiento académico

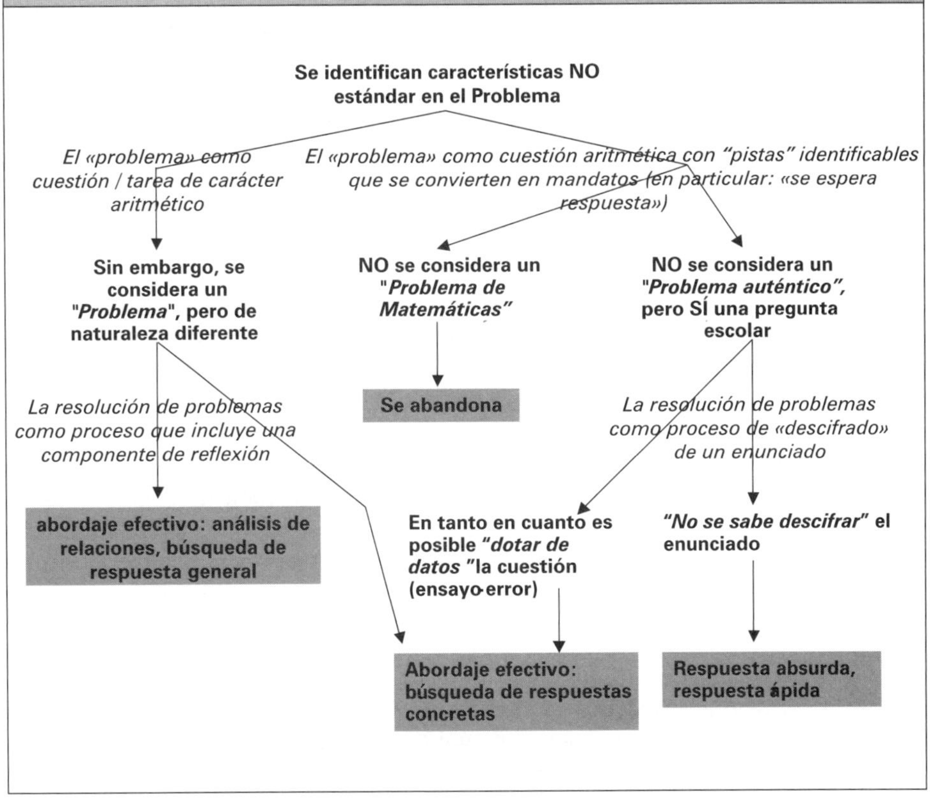

CREENCIAS ADECUADAS

Para concluir este capítulo, enumeramos seis creencias que consideramos adecuadas para resolver problemas. En el capítulo 5 veremos cómo podemos hacer evolucionar las creencias de los alumnos que son inadecuadas hacia estas otras, de modo que no les bloqueen en el proceso de resolución sino que, por el contrario, les ayuden a abordarlos, a desarrollar estrategias y a sacar provecho de su trabajo gracias a la revisión del mismo.

La resolución de problemas es un acto creativo

Como hemos indicado, algunas de las creencias enunciadas en el primer apartado serían adecuadas para la resolución de ejercicios, pero no lo son para la resolución de problemas.

La resolución de un problema es un *acto creativo* y por tanto *el proceso de resolución no es lineal, la inspiración no es automática, el tiempo necesario* para resolverlo *no se puede prever* y *la afectividad está fuertemente implicada*. Veamos cada uno de estos puntos.

Fases del acto creativo

Como sabemos, la creación, en cualquier dominio, comporta distintas fases: Familiarización, inspiración, incubación y verificación.

Se empieza con la *familiarización* con la situación, con la idea que se quiere desarrollar, con la cuestión que se quiere abordar, con el problema que se pretende resolver... Esto supone un esfuerzo por comprender, desentrañar, pensar en situaciones parecidas, introducir algunas variaciones, etc. y lleva consigo dificultades y bloqueos. Con suerte, la familiarización puede ir seguida de la *inspiración*. Si no es así, y se interrumpe el trabajo para volverlo a retomar en otro momento, la mente no se olvida del problema cuando se centra en otra cosa; según Poincaré (1974) las ideas y los conocimientos que se han activado siguen "combinándose" y se produce un fenómeno en el inconsciente o semiconsciente que llamamos *incubación*. A veces la *inspiración* puede sorprendernos mientras realizamos otra actividad, como relataba Poincaré (1974:16) cuando trabajaba con las funciones fuchsianas:

> "Me fui a Caen, donde vivía entonces, para formar parte de una excursión geológica organizada por la Escuela de Minas. Las peripecias del viaje me hicieron olvidar mis trabajos matemáticos; al llegar a Coutances nos subimos en un autobús, para no sé qué paseo. En el momento en que ponía el pie en el escalón, me vino la idea, sin que tuviese relación, me pareció, con lo que había estado pensando, de que las transformaciones que yo había utilizado para definir las funciones fuchsianas son idénticas a las de la geometría no euclídea. No lo comprobé, no tuve tiempo; después, apenas me senté en el autobús, reanudé la conversación, pero de pronto tuve una completa seguridad. Al volver a Caen comprobé el resultado con la mente descansada para tranquilidad de mi conciencia".

Experiencias de este tipo atestiguan la existencia de este fenómeno del que sabemos muy poco.

Pero mientras llega la inspiración hay que seguir trabajando. Y una vez que creemos tener la idea que nos conducirá a la solución del problema, o sea, cuando se ha producido la inspiración, hay que *verificarla*. Es la última etapa del proceso de creación. En el caso de la creación matemática, los elementos para este contraste y validación son objetivos, al contrario de lo que sucede con la creación de tipo artístico en la que los parámetros de validez son más subjetivos.

Esto tiene consecuencias en el tiempo que hay que dedicar, en la implicación de la afectividad y en las estrategias de resolución que hay que aplicar.

Tiempo

El tiempo que requiere la resolución de un ejercicio se puede prever de antemano, no así cuando se trata de un problema, puesto que la inspiración no se puede controlar, no se ajusta a leyes. Los procesos de creación se pueden favorecer pero nunca asegurar.

En la resolución de problemas G. Polya (1969) distingue dos tipos de razonamiento: uno se sitúa en el contexto del descubrimiento, esto es, ayuda a la intuición a encontrar alguna idea para llegar a la solución, es el *razonamiento plausible*, o "digno de aplauso"; el otro se sitúa en el contexto de justificación, es el *razonamiento demostrativo*. Las diferencias entre uno y otro las resumimos a continuación:

Cuadro 3.14

Razonamiento plausible	Razonamiento demostrativo
• Provisional • Azaroso • Discutible	• Más allá de toda controversia • Definitivo • Seguro

El razonamiento plausible se puede enseñar, pero como no sigue las reglas de la lógica formal, pues es provisional, azaroso y discutible, *el tiempo que se emplee en la resolución de un problema, no se puede controlar.*

Afectividad

Soportar la tensión que supone la falta de certeza en que se alcanzará el objetivo a pesar del esfuerzo invertido, supera la competencia cognitiva del resolutor. Esta tensión, propia de la creatividad, está cargada de emociones positivas y negativas, todas ellas necesarias para llevar la empresa a buen puerto. Sin embargo en la resolución de un ejercicio la afectividad no suele estar implicada de esta manera.

La resolución de problemas supone una fuerte implicación afectiva. Se experimentan sentimientos de ansiedad, confianza, entusiasmo, frustración, alegría, tristeza... y se ponen en juego actitudes y creencias.

Para desarrollar la creatividad a través de la resolución de problemas hay que proponer a los alumnos verdaderos problemas, que sean variados y motivadores, sabiendo que el tiempo a emplear no se puede prever de antemano y que está implicada la afectividad.

Todo el mundo puede abordar la resolución de problemas

Resolver un ejercicio está al alcance de cualquier persona que quiera hacerlo y disponga de los conocimientos necesarios. Pero quizá no todo el mundo se sienta capaz de abordar una situación que llamamos «problema», a la que no se sabe dar una respuesta inmediata, porque presenta un obstáculo que no se sabe cómo superar, o porque exige diseñar una estrategia que es nueva para quien lo aborda. Nosotros pensamos que sí, que todo el mundo es capaz de abordar la resolución de un problema, siempre que tenga confianza en sí mismo, que piense que puede, que disponga de los conocimientos necesarios, que el grado de dificultad sea el adecuado y que le resulte motivador. Para ello hace falta disponer de herramientas que permiten superar bloqueos y saber qué hacer cuando la mente o la hoja de papel están en blanco.

Sabemos que el concepto de problema es relativo: una situación puede ser un problema para una persona y no para otra, depende de sus conocimientos o de su experiencia de haber resuelto una situación semejante. También depende del contexto en que se proponga, pues una situación planteada como aplicación tras el estudio de un tema, con la intención de que el alumno aplique más o menos directamente lo que acaba de aprender, o sea, un ejercicio de aplicación, se puede convertir en un verdadero problema si no se ofrecen referentes sobre los conocimientos que hay que utilizar para resolverlo. A pesar de ello, hay situaciones que pueden ser problemas verdaderos y asequibles, o sea situaciones no triviales que plantean un reto que está al alcance de la persona que lo aborda.

Es importante que el resolutor se sienta motivado por la tarea, para embarcarse en ella. Como señala J. Mason (1991:16):

> "Las cuestiones y problemas matemáticos son simplemente «negro sobre blanco»; no son interesantes o dejan de serlo, estimulantes o aburridos. Estas cualidades sólo se dan si hay personas: los estudiantes pueden sentirse aburridos o estimulados según sus actitudes y la atmósfera creada en clase por los problemas".

Como un problema es una situación abierta, en el sentido de que aunque el enunciado en sí sea cerrado porque contenga todos los datos necesarios para obtener la solución, se puede modificar particularizando, eliminando alguna condición, traduciéndolo a otro lenguaje, etc. Si el resolutor sabe jugar con la situación, quizá no resuelva la situación propuesta, pero puede resolver al menos otra más sencilla. Se trata pues de un proceso abierto a la iniciativa personal del resolutor. La actitud básica necesaria es la confianza, creer que "yo puedo".

«Yo puedo» preguntar, desafiar y reflexionar, que se concreta en (Mason, Burton y Stacey 1988:162):

PREGUNTAR

Yo puedo:	Identificar problemas para investigar Poner en duda mis afirmaciones Preocuparme por el significado de los términos

DESAFIAR

Yo puedo:	Hacer conjeturas Buscar argumentos que las justifiquen o refuten Comprobar, modificar, alterar

REFLEXIONAR

Yo puedo:	Ser autocrítico Suponer y evaluar distintos enfoques Variar, definir, cambiar de dirección

Al abordar un problema hay que adoptar una actitud abierta, dedicar tiempo a familiarizarse y buscar varias estrategias

Si al abordar la RP se tiene una visión rígida de la tarea que hay que realizar, por ejemplo, pensando que sólo hay una forma de resolver un problema, y por tanto se busca «la» estrategia correcta, las posibilidades de éxito disminuyen. Por el contrario, si se buscan varias ideas, de la cantidad puede surgir la calidad. Además, si la estrategia elegida no funciona, la resistencia a abandonar el esfuerzo realizado es menor y se emprende otro camino, pues se tienen otras ideas en reserva. Por último, si sólo se tiene una idea, cuesta más modificarla: la falta de ideas conduce a la rigidez.

Se ha constatado que los buenos resolutores de problemas dedican bastante tiempo al abordaje del problema y tratan de enfocar la situación desde distintos puntos de vista. No pasan a la fase siguiente hasta que no han «jugado» un tiempo suficiente con la situación, por ejemplo, examinando casos particulares, considerando un problema más sencillo, buscando analogías, representando la situación con otros lenguajes, etc.

Para luchar contra una visión estrecha y rígida del problema en la fase de abordaje, contra la poca dedicación de tiempo y contra la escasez de ideas en esta etapa, conviene proponer problemas que se puedan abordar de distintas maneras, pedir a los alumnos que piensen en más de una forma de resolverlos, hacer una lluvia de ideas sobre los posibles acercamientos y poner en común las diversas estrategias de resolución. Por ejemplo, los problemas de recuento, entre otros, son asequibles y se pueden resolver con distintas estrategias.

Si en la resolución de problemas se comparten las ideas, se pone en crisis la creencia de que *la actividad matemática es obra de individuos aislados*, si bien es cierto que exige concentración y esfuerzo personal.

Cuando se lleva adelante el plan se sigue un proceso de búsqueda, de tanteos, guiado por la intuición

Si durante el proceso se considera que *cada paso que se dé debe acercar más a la solución*, que el proceso *es lineal*, se tendrán muchas dificultades en la toma de decisiones, pues no hay certezas sobre «el» camino correcto, sólo intuiciones apoyadas en la experiencia. En este proceso puede quedarse la mente en blanco, lo cual es una situación «muy digna», que entra dentro de la normalidad. En el camino se siente que se avanza y se retrocede; puede suceder que al cabo de un cierto tiempo sintamos que estamos más lejos de la solución que al comienzo.

El proceso de resolución de un problema nos lo podemos imaginar como un camino con muchas ramificaciones, donde en cada cruce hay que tomar una decisión acerca del camino a seguir, incluso a veces se debe reconsiderar si se abandona la ruta emprendida. Esta toma de decisiones forma parte de la autorregulación o toma de conciencia de qué se está haciendo, para qué se hace y a dónde puede llevar. Está guiada por la intuición, el buen olfato, que no se puede provocar intencionadamente, pero sí favorecer con el trabajo previo.

Este trabajo previo consiste en examinar casos particulares, resolver una situación más sencilla, eliminar una condición, hacer una representación gráfica, etc. Esto puede llevar el problema a un terreno conocido que inspire confianza. La particularización se puede hacer aleatoria, sistemática o ingeniosamente.

Los resolutores expertos se caracterizan, entre otras cosas, por valorar su trabajo no sólo globalmente, al final, sino también puntualmente, mientras lo realizan. Para ayudar a los alumnos a regular sus propios procesos, el profesor puede trasparentar los suyos, o cuestionar a los estudiantes sobre lo que hacen, o pedirles que lo hagan ellos mismos autoevaluando su trabajo cada cierto tiempo, de manera que poco a poco vayan interiorizando un «monitor interno» (Schoenfeld, 1985).

El proceso de revisión es importante

Los alumnos suelen valorar más el producto que el proceso, porque los profesores también lo hacen. Si el profesor considera que *una vez que se tiene la solución ya se ha concluido* y no intenta sacar provecho al trabajo realizado, los alumnos pierden la oportunidad de aprender de la propia experiencia, de conocerse a sí mismos con relación a esta tarea (la tendencia de su pensamiento: visual, analítico..., cómo avanzan, qué tipo de decisiones toman, cómo reaccionan ante las dificultades, qué tipos de bloqueos son más frecuentes, qué recursos tienen para superarlos...), de encontrar otros procedimientos de resolución, de generalizar a otras situaciones, de resolver problemas análogos, etc.

Algunos profesores piensan que se puede aprender mucho más de un intento de resolución fallido que de una cuestión resuelta con toda rapidez y sin dificultades, siempre que se piense seriamente sobre ella, se haga uso de algunas técnicas como las que hemos sugerido anteriormente y se reflexione sobre lo que se ha hecho (Mason, Burton y Stacey, 1988).

Para sacar provecho del proceso de revisión, además de pensar sobre lo que se ha hecho y de verificar la justificación de la solución, se puede considerar si hay otras formas de obtener la solución y generalizar el problema a partir de la pregunta: *¿Qué pasaría si... se cambian los datos, las condiciones, la pregunta?*

Mejorar la capacidad de resolver problemas es un proceso que exige esfuerzo y perseverancia

Las dificultades que se encuentran durante el proceso de resolución de problemas crean en los alumnos sentimiento de fracaso. Pero cuando tienen la oportunidad de contrastar con alguien, de conocer las dificultades que experimentan otras personas, las integran con normalidad.

La resolución de un problema es un trabajo arduo, que si se realiza en solitario y con pocas expectativas de éxito se abandona, porque el esfuerzo y la perseverancia son costosos. Pero cuando el reto resulta motivador y el alumno considera que está a su alcance, es capaz de invertir tiempo y energía en perseguir su objetivo.

Junto a proponer problemas motivadores, es bueno enseñar a los alumnos técnicas de desbloqueo y reforzar su autoestima y autoconfianza. El pensamiento matemático se puede mejorar paulatinamente con una práctica reflexiva, como veremos en el capítulo 5 y señalan J. Mason, L. Burton y K. Stacey (1988:158).

> "La técnica de mejorar tu razonamiento mediante la unión de la práctica y la reflexión es muy sencilla, pero requiere tiempo. La fórmula de las preguntas y respuestas rápidas de muchas clases de matemáticas es la antítesis del tiempo y del espacio de los que depende el desarrollo del razonamiento matemático; lo mismo ocurre con la idea de que el razonamiento matemático es el resultado de practicar con ejemplos matemáticos repetitivos, haciéndolo cada vez más deprisa. Por el contrario, la práctica requiere bastante tiempo para atacar

cada problema de forma independiente, y la calidad de la reflexión depende del tiempo que se tome en una revisión en profundidad para considerar las posibles alternativas y seguir las diversas generalizaciones del problema".

Resumiendo, en este capítulo hemos examinado las creencias de algunos alumnos acerca de la resolución de problemas, hemos analizado sus consecuencias y explicado cómo se formaron. Algunas de ellas eran más adecuadas para la resolución de ejercicios que de verdaderos problemas. También nos hemos acercado a los sistemas de creencias de tres alumnos que son representativos del alumnado de primer curso de Educación Secundaria Obligatoria de un centro y hemos estudiado estos casos en su globalidad: el origen de sus creencias y sus consecuencias en la forma de abordar los problemas. Por último, hemos señalado seis creencias que consideramos adecuadas para resolver problemas.

La pregunta que surge es: *¿Cómo modificar las creencias de los estudiantes cuando no son las apropiadas?* Sabemos que la intervención educativa tiene que ver, aunque no exclusivamente, con su formación y cambio, por ello es importante conocer cómo se pueden detectar y qué experiencias se pueden proporcionar a los alumnos para desestabilizar aquellas creencias que no son deseables y que a veces están muy arraigadas. Estos temas serán objeto de los capítulos que siguen.

4

Evaluación de las creencias

EN CAPÍTULOS ANTERIORES hemos reflejado la complejidad de la tarea de resolver problemas y, paralelamente, el papel que en ella juegan las creencias del alumnado. Si entendemos que la resolución de problemas es el corazón mismo de la matemática, y que en ella (mediante ella) debería centrarse la educación matemática, consecuentemente la evaluación de los aprendizajes del alumnado debería enfocarse a esa finalidad con un planteamiento global (no compartimentando) e inevitablemente a partir de metodologías e instrumentos complejos, término que no queremos asociar al de «complicado» sino al de «naturaleza diversa» y en cualquier caso no tradicional.

Concretando, y como con cualquier otro objeto de evaluación, debemos plantearnos las siguientes preguntas: *¿Por qué evaluar las creencias?;* en concreto: *¿Qué evaluar?, ¿quién debe hacerlo?, ¿cómo?, ¿cuándo?*

¿POR QUÉ EVALUAR LAS CREENCIAS?

Antes de responder a la pregunta formulada, queremos abordar otra más genérica en torno a *¿por qué evaluar?* En César Coll (1986), una respuesta adecuada debe contemplar dos aspectos estrechamente relacionados, pero también diferenciados:

- la evaluación designa un conjunto de actuaciones mediante las cuales es posible ajustar progresivamente la intervención educativa a las características y necesidades del alumnado;

- pero también es posible determinar si se han cumplido o no, y hasta qué punto, las intenciones educativas que hay en la base de esta intervención.

Con relación a esta idea, quisiéramos remarcar algunos aspectos. En primer lugar, como ya hemos reflejado en capítulos anteriores, aprender no es sólo «acumular» conocimientos y destrezas, sino cambiar cualitativamente (mejorar) en relación a una manera de proceder, de pensar, de razonar, de comunicarse, de resolver problemas, de valorar y autovalorarse. En segundo lugar, la evaluación no responde exclusivamente a la necesidad de que el alumno *acredite* qué sabe, sino que consiste en un análisis continuo, con la finalidad de tomar decisiones.

Finalmente, queremos remarcar que estamos haciendo mención a intenciones educativas o finalidades más que a objetivos concretos, contenidos o programas. Así pues, se deben delimitar las intenciones educativas que se evaluarán[1]; en este sentido, y retomando los cinco fines generales de la educación matemática propuestos por el NCTM y relacionados en el primer capítulo, proponemos los siguientes objetos de evaluación (Callejo, 1994, basándose en Charles, Lester y O'Daffer, 1987) con relación al aprendizaje del alumnado:

- El desarrollo de destrezas de pensamiento para resolver problemas. Nos referimos a aspectos como la comprensión de la cuestión, las condiciones, los datos de un problema; la formulación de preguntas que conduzcan a la solución; evaluar la pertinencia y adecuación de la respuesta dada.
- El desarrollo de habilidades para seleccionar y utilizar estrategias de resolución de problemas, refiriéndonos a habilidades mencionadas en el capítulo 1 como por ejemplo hacer un esquema, buscar pautas, regularidad, etc. o razonar por reducción al absurdo.
- La consolidación de hábitos y actitudes adecuados: confianza, flexibilidad de pensamiento, apertura en la forma de percibir los problemas, perseverancia, espíritu reflexivo y crítico, etc.
- El desarrollo de la capacidad de utilizar los propios conocimientos matemáticos.
- El desarrollo de la capacidad de controlar y evaluar los procesos de pensamiento.
- El desarrollo de la capacidad para encontrar la solución correcta a problemas de naturaleza muy distinta: distintos tipos de contexto, distintas naturalezas de solución, distinta tipología y naturaleza de la información y de las condiciones del enunciado, distintas vías, abiertos/cerrados...
- El desarrollo de formas propias de pensamiento.

[1] Sin embargo cabe precisar que realmente no todas podrán evaluarse: porque no se puede, porque no se sabe, etc.

– Por supuesto, nos gustaría que en este contexto quedase suficientemente justificada, la interiorización de creencias adecuadas.

En el cuadro 4.1 queremos resaltar el papel relevante que juega la evaluación de las creencias en este marco de evaluación general del alumnado.

Cuadro 4.1. Objetos de evaluación y su relación con objetivos de la educación matemática

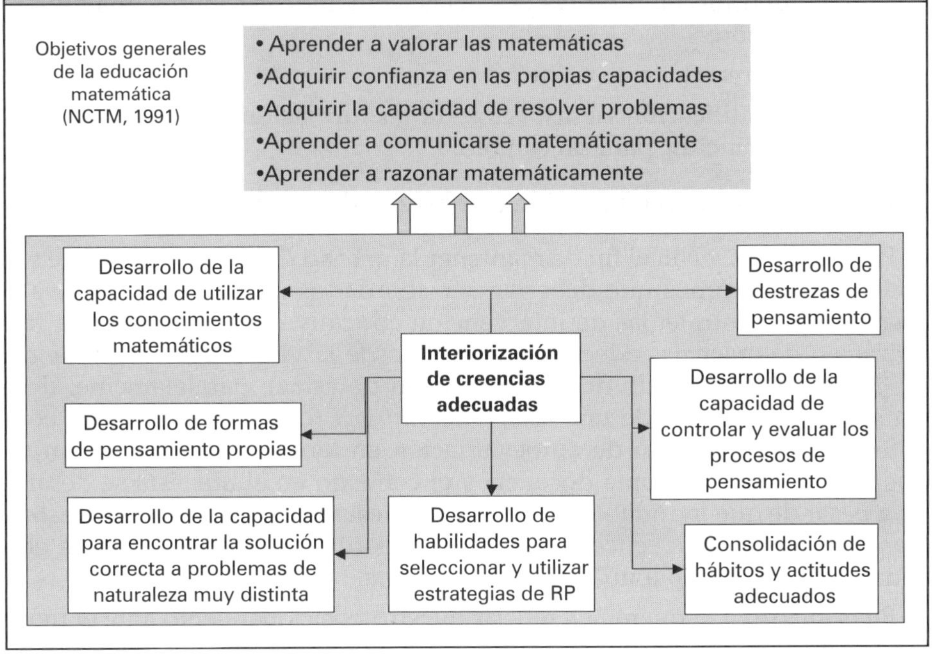

A pesar de que no haremos hincapié en ello en este apartado, no podemos olvidar que la evaluación, si quiere ser efectiva y global, debe hacer referencia también a la coherencia del currículo (NCTM, 1991), al análisis de la docencia y al entorno en el que se desarrolla, no sólo enfatizando el contenido matemático y su tratamiento, sino también los procesos y sus interrelaciones, las oportunidades de aprendizaje, los recursos docentes y el clima del aula, los métodos e instrumentos de evaluación del aprendizaje del alumnado y la estructura de la docencia entre distintos niveles.

En el cuadro 4.1 hemos hecho referencia como objeto de evaluación a la «interiorización de creencias adecuadas», objeto del que debemos ser conscientes tanto de su alcance (el propio esquema nos da idea de su magnitud y relevancia) como de sus limitaciones en cuanto a qué es posible evaluar, cómo, quiénes y por qué, aspectos que iremos desarrollando en las próximas páginas.

¿QUÉ SE DEBE Y SE PUEDE EVALUAR CON RELACIÓN A LAS CREENCIAS? ¿QUIÉN DEBE HACERLO?

Con el fin de avanzar en la operativización de este objeto de evaluación (¿qué se debe evaluar?) sería conveniente desglosarlo en otros dos:

- 1: La identificación/inferencia de la estructura del sistema de creencias y su relación con posibles procesos de formación. En particular:
  - la identificación de las creencias: contenido/atributos, magnitud y dirección;
  - la inferencia de su estructura;
  - la identificación de aspectos de su formación sobre los cuales se pueda incidir para un cambio.
- 2: El proceso de modificación (evolución) de las creencias.

Por supuesto, y con el fin de mantener la unidad de ambos objetos de evaluación, consideramos que deberían ser abordados desde la perspectiva de *mejora* (diseñar estrategias de intervención educativa que incidan en la interiorización de creencias adecuadas), y no desde la visión puramente de *control* (la medida del grado de interiorización de éstas); paralelamente, deberían ser abordados desde una *perspectiva interna* (estamos implicados como profesores en el proceso de autoevaluación en tanto en cuanto podemos y debemos analizar la propia docencia y el contexto en el que ésta se desarrolla), a pesar de que indudablemente la identificación e inferencia de las estructuras del sistema de creencias deberán ser abordadas también desde la objetividad que nos permita una *perspectiva externa.*

En el cuadro 4.2[2] queremos reflejar nuestro posicionamiento ante el modelo a seguir. Por una parte nos ilustra la dicotomía que hemos planteado en cuanto a la perspectiva que asume quien evalúa (interna/externa) y la naturaleza y finalidad de su tarea (mejora/control), sin que sobre ello presupongamos ningún juicio de valor, dado que ambas perspectivas y finalidades cumplen papeles complementarios e igualmente necesarios en el conjunto del proceso de evaluación. Por otra parte, nos enmarca la propuesta en cuatro grandes modelos de evaluación que vienen definidos por los propios ejes.

En primer lugar, enmarcaríamos parcialmente la identificación de los sistemas de creencias del alumnado (objeto 1) en un modelo de *evaluación diagnóstica*, respondiendo a una necesidad descriptiva (el qué junto al quién y al con qué fuerza se mantiene); por lo tanto el uso de la información recogida y

---

[2] Basado en un esquema de Joan Subirats presentado en la conferencia "L'autoavaluació i el canvi a l'escola de secundària" en el marco del Seminario de Formación de Formadores para la evaluación interna de centros (2001).

Cuadro 4.2. Relación entre las perspectivas, finalidades y objetos de evaluación de las creencias

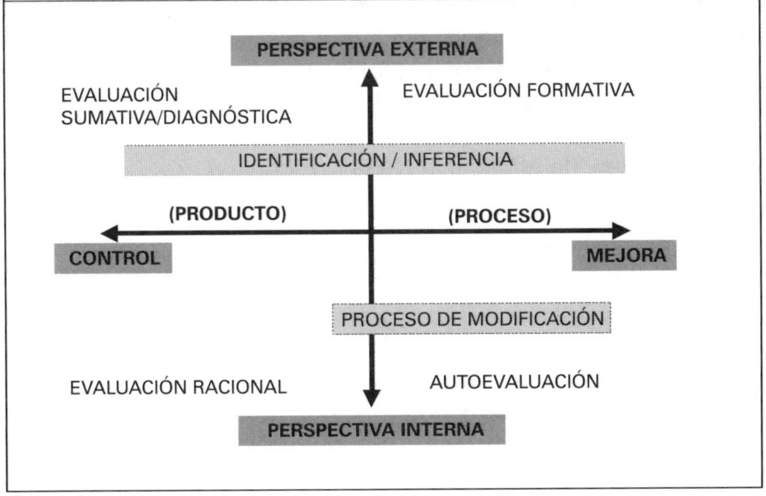

analizada/elaborada se ciñe tanto a la *segmentación*[3] del alumnado como obviamente a la hipotética identificación de aspectos posiblemente desconocidos por nosotros de los sistemas de creencias de ese alumnado.

Pero por otra parte, esta necesidad de describir debiera ir acompañada de una voluntad de explicar, con el fin de reorientar el proceso, de «mejorarlo». Por ello, en algunas fases cabrá enmarcar también la identificación de las creencias en el modelo de *evaluación formativa.* Y en este modelo es donde vuelven a converger los dos objetos de evaluación: la identificación y el análisis del proceso de modificación. Sin embargo, y sin ánimo de repetir lo ya mencionado en párrafos anteriores, consideramos que precisamente este análisis debe ser abordado en distintos momentos desde una perspectiva interna y por lo tanto en el marco de la *autoevaluación.*

Finalmente, cabe precisar que la necesidad de autocontrol (cuadro 4.2) nos llevaría a implicar en el proceso una nueva componente cuyos descriptores podrían ser la *racionalidad* (¿es «lograble» lo que pretendemos?), la *profesionalidad* (la búsqueda de un crecimiento profesional a través del trabajo en equipo), la *planificación* y la *responsabilidad.* En resumen, el modelo general que adoptásemos debiera describir con precisión quién evalúa (todo el profesorado en algunos momentos, algunos en otros) y a su vez debiera contemplar momentos e instrumentos de reflexión conjunta.

[3] Tomamos la licencia de utilizar este término propio de las teorías de marketing para dar un sentido «en positivo» a la hipotética «clasificación» que puede derivarse del análisis de los datos, distinguiéndolo y desmarcándonos claramente del término «segregación».

Abordada la pregunta crucial de «qué se puede evaluar», no podemos sumergirnos en posteriores concreciones sin afrontar el «qué es posible evaluar», o sea las limitaciones de las que hemos de ser conscientes.

En primer lugar, hay que ser conscientes de que este proceso lleva mucho tiempo: al profesorado en aplicar instrumentos de evaluación e interpretar la información obtenida (la necesidad del trabajo en equipo), y al alumnado en evidenciar las pequeñas modificaciones que se van produciendo en su manera de pensar y «creer» (la *estabilidad* de las creencias).

En segundo lugar, hay que recordar el carácter no consensuado, episódico, asistémico, abierto... de las creencias (nos remitimos al capítulo 2) y su fuerte naturaleza afectiva, lo que dificulta su evaluación a partir de métodos tradicionales.

Y la tercera de estas limitaciones hace referencia a que hay aspectos de las creencias (o creencias mismas) que no sabemos evaluar y otros de los que tan sólo podemos llegar a tener indicios. De forma más precisa nos referimos a las dificultades que entraña el conocimiento de las creencias, o sea el acceso a los significados, por su naturaleza misma. Como nos dice Llinares (1992), el conocimiento que posiblemente sea relevante para explicar una acción puede no ser conscientemente presente ni verbalizable. Más aún, apoyándose en Huber y Mandl, Llinares considera que nunca se llega a conocer las cogniciones por ellas mismas, sino que sólo podemos llegar a acceder a "palabras sobre las cogniciones". Por lo tanto, consideramos especialmente necesario planificar distintas fuentes de recogida de información, distinta naturaleza de datos y en general distintos métodos y enfoques de evaluación con el fin de poder contrastar los datos, eliminar algunos sesgos y superar parcialmente las limitaciones anteriormente mencionadas.

¿CÓMO EVALUAR LAS CREENCIAS? PLANTEAMIENTO GENERAL

Con el fin de concretar las reflexiones anteriores e ir avanzando hacia un procedimiento operativo, debemos abordar el *cómo*, o sea la estructura y la finalidad de los instrumentos. Así pues, cabría diseñar un sistema que contemplase unos *instrumentos*, unos *momentos* y unos *criterios*. Por supuesto estos instrumentos deberán hacer referencia a tres necesidades distintas:

- instrumentos de recogida de información con relación a los objetos de evaluación;
- instrumentos de categorización, registro e interpretación de la información;
- instrumentos de «devolución» de esta información ya elaborada.

Queremos relacionar muy especialmente estos últimos instrumentos de «devolución», en su conjunto, con las estrategias de intervención educativa a las que haremos referencia en el capítulo siguiente, por lo cual será retomado implícitamente pero de forma muy relevante como elemento de retroalimentación en relación a los aspectos que en el capítulo 5 se comentarán.

Instrumentos de recogida de información

En cuanto a estos instrumentos, el sistema debería contemplar:

- Instrumentos que permitan generalizar la recogida de información, principalmente en la fase diagnóstica; pero también hacer un seguimiento generalizado en posteriores fases en relación a posibles modificaciones. Nos referiríamos principalmente a *cuestionarios* dirigidos a la totalidad del alumnado.
- Instrumentos que permitan profundizar en esta información, principalmente en aquellos casos en los que se considere más necesario o con finalidades más formativas. Nos referiríamos principalmente a *entrevistas* dirigidas a algunos de los alumnos.
- Instrumentos que permitan contrastar la información: *pruebas de problemas* con cuestionarios retrospectivos, sistemas de observación sistemática, entrevistas retrospectivas, etc.

Entremos a considerar un poco más en detalle algunos de estos instrumentos.

Cuadro 4.3. Ejemplos de preguntas abiertas en un cuestionario para identificar creencias

Preguntas abiertas directas:

- Si tuvieses que explicar QUÉ ES UN PROBLEMA DE MATEMÁTICAS a alguien que no lo sabe, ¿cómo se lo explicarías para que te entendiese fácilmente?
- ¿Qué tienen de distinto los PROBLEMAS DE MATEMÁTICAS de clase y las SITUACIONES DE FUERA DE CLASE en las que tienes que utilizar matemáticas?

Preguntas abiertas indirectas:

- Pon dos ejemplos de PROBLEMAS DE MATEMÁTICAS
- Pon dos ejemplos de EJERCICIOS DE MATEMÁTICAS
- Pon un ejemplo de PROBLEMA DE MATEMÁTICAS DE LA VIDA COTIDIANA con el que te hayas encontrado recientemente FUERA DE CLASE

Cuestionarios

Con relación a los cuestionarios, y debido a la dificultad de acceso a las creencias a través de manifestaciones, anteriormente comentada, dos aspectos adquieren especial importancia: la tipología de las preguntas y el papel del alumnado.

En cuanto a la tipología de las preguntas, el cuestionario debería incluir preguntas abiertas, directas e indirectas (ver ejemplos en el cuadro 4.3), de opción cerrada (cuadro 4.4), de asociación (cuadro 4.5), baterías de ítems con opción escalar (cuadro 4.6) y preguntas de situación (cuadro 4.7), entre otras.

En cuanto al papel que se pide que juegue el alumnado en las distintas preguntas del cuestionario, las posibilidades son múltiples y debieran ser conscientemente diversificadas: preguntas de opinión/percepción/visión propia, preguntas para responder en el papel del profesorado, preguntas sobre la opinión/percepción/expectativas que ellos suponen que tienen el profesorado o los padres.

En cualquier caso, se pueden utilizar cuestionarios ya elaborados, algunos de ellos muy sencillos de aplicar y con una gran riqueza de información, como por ejemplo el que se presenta en el cuadro 4.8 (extraído de Callejo, 1994); otros, más complejos y por lo tanto de más difícil utilización, a pesar de facilitar mayor información (extraído de Vila, 2001, presentado en forma de anexo 2).

Entrevistas

En cuanto a las entrevistas, dada su finalidad de profundizar pero sin perder de vista la visión conjunta de todo el alumnado, consideramos que el planteamiento más adecuado es el de entrevistas semiestructuradas y presecuencializadas. Este planteamiento tiene como ventajas con relación a una entrevista informal el hecho de que sistematiza más la recogida de datos y pueden preverse y corregirse más los «vacíos»; pero tienen el inconveniente de que pueden ser omitidos aspectos relevantes. Con relación a la entrevista completamente estructurada, tiene la ventaja de ganar flexibilidad en cuanto al abordaje de circunstancias inesperadas debido a la no estandarización de las cuestiones, pero tiene el inconveniente de producir con mayor facilidad un sesgo debido al propio entrevistador.

En cuanto al contenido, podría plantearse con tres bloques complementarios de preguntas. Uno de ellos, genérico y dirigido por igual a todos los alumnos, podría plantearse tanto en forma de preguntas amplias, que «den juego» (al estilo de "¿qué es lo que más te gusta de las matemáticas? ¿y lo que menos?" o bien "¿cuál es el tipo de problemas que más te gustan? ¿a qué es debido?", o "¿qué es lo que diferencia los problemas de las actividades que no lo son?") como en torno al pronunciamiento con relación a parejas de frases de creencias contrapuestas, pidiendo que se argumente ese posicionamiento.

Cuadro 4.4. Ejemplos de preguntas de opción cerrada de un cuestionario para identificar creencias

Preguntas indirectas de opción cerrada:

En cada uno de los siguientes ejemplos di si crees que se trata o no de un problema de matemáticas:

☐ Sí ☐ No Al comprar un objeto que cuesta 120€ ¿qué porcentaje de descuento deberán hacerte para que puedas pagarlo si tan solo tienes 100€?
☐ Sí ☐ No Al comprar un objeto tienes que pagar un porcentaje de impuesto, y a su vez te aplican también un porcentaje de descuento. ¿En qué orden prefieres que te hagan los cálculos?
☐ Sí ☐ No ¿Qué cuesta más barato: ir de Reus a Tarragona en moto o en autobús?
☐ Sí ☐ No ¿Qué fracciones son equivalentes a las que se obtienen de ellas mismas sumando 1 al numerador y 2 al denominador?
☐ Sí ☐ No Tenemos dos cuadrados iguales ¿cómo hay que recortarlos y engancharlos para obtener un solo cuadrado de superficie doble a la anterior?
☐ Sí ☐ No Cuáles son los distintos tipos de triángulos que conoces?
☐ Sí ☐ No Si yo tengo 35€ y tú tienes 20€, ¿cuántos tengo yo más que tú?
☐ Sí ☐ No Resuelve $3x - 2 = 7$
☐ Sí ☐ No Efectúa $\frac{1}{2} + \frac{2}{3} - \frac{3}{4}$
☐ Sí ☐ No

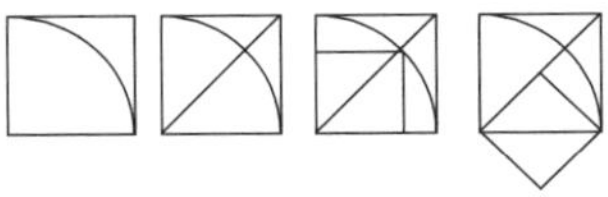

Cuadro 4.5. Ejemplos de preguntas de asociación en un cuestionario para identificar creencias

Preguntas de asociación:

- De las seis palabras que a continuación te mostramos, ¿con cuáles relacionas más las MATEMÁTICAS? (señala un máximo de tres)

  ☐ Reglas ☐ Ejercicios ☐ Problemas
  ☐ Exactitud ☐ Razonamiento ☐ Intuición

- Y los profesores de matemáticas ¿qué palabras señalarían?

- De las seis palabras que a continuación te mostramos, ¿con cuáles relacionas más las CLASES DE MATEMÁTICAS? (señala un máximo de tres)

  ☐ Practicar ☐ Memoria ☐ Pensar
  ☐ Explicación ☐ Investigar ☐ Discusión

- Y los profesores de matemáticas ¿qué palabras señalarían?

Otro bloque podría centrarse en finalidades más individualizadas y con relación a esclarecer o ratificar posibles contradicciones en los cuestionarios, o tener indicios de las razones que sustentan esas manifestaciones.

Cuadro 4.6. Ejemplos de baterías de ítems con opción escalar en un cuestionario para identificar creencias

- En la resolución de un problema ¿cuánta importancia crees que dan los profesores a...?

	Poca		Lo que más	
– obtener el resultado correcto	1	2	3	4
– haber seguido el camino que esperaban	1	2	3	4
– haber utilizado lo que se acaba de explicar	1	2	3	4
– ir justificando los pasos	1	2	3	4
– al acabar, ver si había otros caminos	1	2	3	4

- Si fueses un profesor y estuvieses mirando cómo resuelven los alumnos un problema, darías importancia a que:

	Poca		Lo que más	
– desde el principio fuesen por "el buen camino"	1	2	3	4
– lo resuelvan de cabeza antes de escribir nada	1	2	3	4
– no se queden bloqueados	1	2	3	4
– lo resuelvan en poco tiempo	1	2	3	4

- En cada una de las siguientes frases dí si estás muy, bastante, poco o nada de acuerdo:
  - cuando los expertos resuelven problemas, avanzan directamente sin errores hacia la solución
  - cuando empiezo a ver que me estoy equivocando, abandono
  - los profesores quieren que leamos bien el enunciado para ver qué es lo que hay que aplicar
  - es perfectamente correcto aplicar el sentido común para resolver problemas
  - si no he sabido resolver un problema, tengo que aprender más matemáticas
  - si se puede utilizar una técnica matemática para resolver un problema, es mejor eso que no utilizar el sentido común

Cuadro 4.7. Ejemplos de preguntas de "situación" en un cuestionario para identificar creencias

- Si fueses un profesor de matemáticas y estuvieses corrigiendo problemas de tus alumnos, ¿qué nota pondrías a cada uno de los siguientes?

☐ Alberto	☐ Begoña	☐ Carlos
☐ Dora	☐ Esteban	☐ Fina

  - Alberto ha resuelto bien el problema, pero no ha escrito nada, lo ha hecho todo de cabeza
  - Begoña ha resuelto el problema de la manera que el profesor esperaba, pero dado que ha copiado mal los datos, el resultado es incorrecto, a pesar de haber efectuado correctamente los cálculos
  - Carlos lo ha hecho todo bien, pero una vez acabados los cálculos ha escrito como resultado final 23 cm en lugar de 23 km
  - Dora lo ha hecho todo bien, pero una vez acabados los cálculos, no ha puesto unidades en el resultado
  - Esteban ha dado el resultado correcto, pero no se entiende muy bien cómo lo ha conseguido, porque se ha equivocado en los cálculos un par de veces
  - Fina ha resuelto el problema de la manera que el profesor esperaba, pero se ha equivocado en los cálculos un par de veces

Cuadro 4.8. Ejemplo de cuestionario sobre creencias de los alumnos

Lee atentamente las siguientes frases y rodea con un círculo el número de las frases con las que más te identifiques, tacha los números de las frases con las que estés más en desacuerdo y deja sin marcar aquéllas con las que no sientas ni una cosa ni la otra

1. Tengo que ser bueno/a en clase de matemáticas para ser bueno resolviendo problemas
2. Si tengo dificultades con las matemáticas entonces tendré dificultades resolviendo problemas
3. La gente que no es buena en matemáticas no tiene que gastar tiempo pensando cómo resolver un problema
4. Tras leer por primera vez el enunciado de un problema mi profesor/a de matemáticas es capaz de comprender inmediatamente lo que tiene que hacer para resolverlo
5. Cada paso que dé en la resolución de un problema tiene que ser correcto. No hay lugar para hacer "ensayo y error" o para jugar un poco con la situación
6. Normalmente no es necesario usar la intuición para resolver problemas
7. Si cambio el problema por otro semejante más sencillo puedo encontrar más fácilmente la solución del que me proponen
8. Hay sólo una forma de resolver un problema
9. Un problema sólo tiene una respuesta correcta
10. Las destrezas que utilizo para resolver problemas en clase de matemáticas no tienen nada que ver con las que uso para resolver problemas de la vida cotidiana
11. Estar atascado o bloqueado en un problema es una situación muy digna
12. Se puede aprender más de un intento fallido que de una cuestión resuelta con toda rapidez y sin dificultades, siempre que se piense seriamente en ello
13. Mejorar las habilidades para resolver problemas es fácil
14. La resolución de un problema exige paciencia y perseverancia
15. Si me quedo en blanco mientras intento resolver un problema tengo la sensación de perder el tiempo
16. Todo el mundo que encuentra la solución de un problema lo ha resuelto de la misma manera
17. Los "expertos" en matemáticas encuentran fácilmente la estrategia para resolver cualquier problema
18. Si soy capaz de resolver algunos tipos de problemas, seré un buen resolutor de problemas
19. Si domino los contenidos de matemáticas del curso, entonces puedo resolver todos los problemas relacionados con los temas que he estudiado
20. Puedo adquirir la capacidad de resolver problemas observando cómo lo hace mi profesor/a de matemáticas u otras personas a las que se les den bien las matemáticas
21. La resolución de un problema termina cuando encuentro la solución
22. El resultado al que llego tras intentar resolver un problema es más importante que el proceso que he seguido
23. Si no encuentro la solución de un problema tengo la sensación de haber fracasado
24. Si no encuentro la solución de un problema tengo la sensación de haber perdido el tiempo
25. Da un ejemplo de una situación que sea un problema para ti
26. ¿Cómo le explicarías a un extraterrestre lo que es un problema?

Finalmente, un tercer bloque debiera dar indicios del origen y proceso de formación de las creencias, intentando que el alumnado entrevistado opinase o simplemente explicase experiencias personales con relación a la clase de matemáticas, a las tareas que se le proponen, a su profesorado, a si trabaja o no con la ayuda de compañeros o de familiares, o que explicase comentarios que oye de la gente, posicionándose él mismo. Ejemplos de preguntas genéricas de este bloque podrían ser: "¿Qué diferencias observas entre las clases de matemáticas de primaria y las de secundaria?", "¿hablas de matemáticas con tus padres o hermanos? ¿recuerdas momentos especialmente buenos o malos en clase de matemáticas?".

Pruebas de problemas

Finalmente, el tercer instrumento al que nos hemos referido, las pruebas de problemas y los cuestionarios retrospectivos elaborados con ellas, serían diseñados no en función de evaluar el grado de competencia del alumnado sino como elemento de contraste de la información obtenida de los cuestionarios y de las entrevistas y como elemento de análisis del papel regulador de las creencias. El cuadro 4.9 nos definiría el papel de estos instrumentos.

Cuadro 4.9. Papel que jugarían las distintas fuentes de información / instrumentos en el conjunto de la evaluación de las creencias

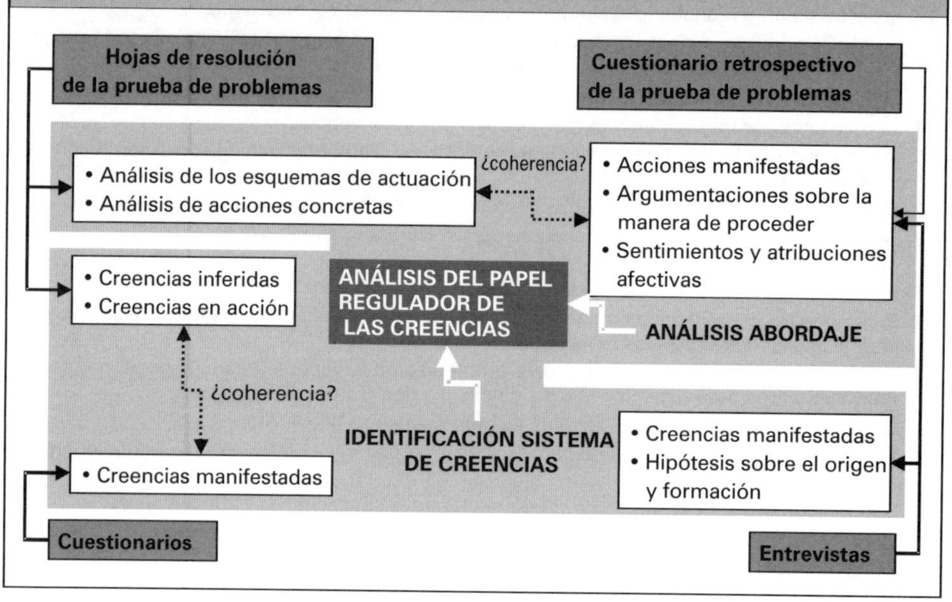

En tanto en cuanto previsiblemente el alumnado no esté excesivamente acostumbrado a la confección de *protocolos de resolución* o incluso ni tan siquiera a explicar con suficiente exhaustividad el proceso seguido, es necesario complementar la hoja de resolución con alguna otra técnica o instrumento de evaluación. En este sentido consideramos especialmente adecuado el *cuestionario retrospectivo*, por la riqueza de información que puede aportar como instrumento para reflejar la percepción que el propio alumnado tiene sobre sus procesos de resolución de problemas, para conocer su capacidad para controlar y evaluar su pensamiento después de haberse enfrentado a un problema y para conocer sus actitudes y creencias. En el cuadro 4.10 mostramos un ejemplo de cuestionario para realizar un informe retrospectivo[4].

En referencia a qué características debe tener esta prueba de problemas (como ejemplo nos remitimos a la prueba de problemas mencionada y detallada en el apartado "Sistemas de creencias de alumnos de primero de ESO", (págs. 81 ss.), consideramos que básicamente debiera responder a los siguientes tres criterios:

1. Debe tratarse de problemas no rutinarios y no estandarizados.
2. Debe tratarse de problemas *ricos*, que admitan distintos enfoques, lo cual nos puede permitir observar un buen abanico de *esquemas de actuación* y de *creencias en acción.*

Cuadro 4.10. Ejemplo de cuestionario para realizar un informe retrospectivo

Reflexiona sobre el proceso que has seguido

LA SOLUCIÓN
¿Has llegado a encontrar la solución del problema? ¿Cuál es? Justifícala

LA COMPROBACIÓN DE LA SOLUCIÓN
Si has llegado a algún resultado...
a. ¿Has verificado el planteamiento del problema, los razonamientos, los cálculos, etc. para comprobar que tu solución es correcta?
b. ¿Entiendes bien tu solución? ¿Entiendes por qué marcha? ¿Tiene sentido esta solución o es absurda?

EL CAMINO
¿Cómo ha sido el camino?
¿Dónde te atascaste? ¿En qué momento y cómo has salido de los atascos?
¿Cuáles han sido los momentos del cambio de rumbo? ¿Han sido acertados?
¿Qué dificultades has tenido a lo largo del proceso?

OTROS PROBLEMAS SEMEJANTES
¿Sabes resolver ahora el problema de manera más sencilla?
¿Sabes aplicar el método empleado a casos más generales?
¿Puedes resolver otras situaciones relacionadas con el problema?

TUS SENTIMIENTOS
Expresa cuáles han sido tus sentimientos mientras resolvías el problema

[4] Extraído de Callejo (1994).

3. Debe tratarse de problemas que nos permitan distinguir claramente si en el esquema de actuación en la fase de abordaje:

- ha considerado la situación global del problema como punto de partida, desarrollando acciones que permitan:
  - esclarecer la información del enunciado (comprensión global de la situación, familiarización, particularización sobre la información, organización de ideas relevantes, descarte de ideas irrelevantes, búsqueda de analogías...);
  - esclarecer el propósito del enunciado (búsqueda y acotación de ambigüedades, particularización para descubrir el propósito real, clasificar la información...);
  - tomar las primeras decisiones (asunción de la situación problemática, hacer diagramas, esquemas o tablas organizadas, representaciones gráficas, introducir notaciones, traducir o codificar la situación planteada...).
- o bien ha tomado aspectos parciales del enunciado como punto de partida:
  - no asumir que es un problema de matemáticas, respuesta rápida, respuesta ingenua...
  - lectura repetida,
  - comprensión estrictamente semántica,
  - búsqueda de «pistas» en el enunciado,
  - búsqueda de datos clave en el enunciado,
  - ensayo-error, manipulación ciega,
  - ensayo de las últimas técnicas aprendidas,
  - búsqueda de analogías a partir de «pistas», ...

El cuadro 4.11 muestra el análisis de dos posibles problemas que podrían asumir el papel mencionado.

¿Qué es lo que «observaremos» en estos problemas? ¿Cuáles serán los criterios de análisis? Por una parte se analizarán las hojas de resolución (en contraste con los cuestionarios retrospectivos) con el fin de analizar los esquemas de actuación en la fase de abordaje (fase en la que creemos que da mayor riqueza una evaluación de la naturaleza de la aquí presentada); para ello, las características anteriores pueden jugar el papel de categorías o criterios de análisis. Por otra parte, puede ser muy importante analizar la coherencia entre las acciones manifestadas y las realmente deducidas de la hoja de resolución. Finalmente hay dos aspectos que de forma indirecta pueden ayudar a dar luz a la inferencia de algunas creencias: se trata del nivel de explicación observado (y con relación a qué y cómo) y el análisis de las respuestas y atribuciones de tipo afectivo inferidas o manifestadas por el propio alumnado.

Cuadro 4.11. Ejemplo de análisis de problemas susceptibles de ser utilizados en la evaluación de las creencias

Imagínate una tira larga de papel. Dóblala por la mitad haciendo coincidir los dos extremos uno sobre otro. Cuando la vuelvas a abrir verás una marca de pliegue en medio. Si en lugar de doblarla una sola vez, lo haces dos veces, siempre por la mitad y en el mismo sentido, al volverla a abrir observarás 3 marcas de pliegue.

¿Cuántos pliegues verás en medio si en total doblas la tira 10 veces, cada vez por su mitad?

Tipo de enunciado	Verbal
Propósito del problema	Inferir
Datos	Precisos
Condiciones	Precisas
Hechos, conceptos, algoritmos, procedimientos generales implicados	Potencias de 2, generalización, término general, buscar pautas Fracciones, representación de fracciones
Ejemplos de posibles acciones y/o estrategias efectivas/inefectivas para el abordaje	Efectivas: Explorar, experimentar, probar casos simples, buscar regularidades, organizar información, conjeturar, efectuar representaciones, utilizar modelos manipulativos Inefectivas: Razonamientos ingenuos, impulsivos, utilizar modelos de proporcionalidad
Tipología del problema	De procesos

Alberto, Ricardo, Jaime y Tomás han ido de pesca y están contando los peces que han capturado. Tomás ha pescado más que Jaime. Alberto y Ricardo han pescado, entre los dos, la misma cantidad que Jaime y Tomás. Alberto y Tomás no han pescado tantos, entre los dos, como Ricardo y Jaime.

¿Quién ha pescado más, quién ha sido el segundo, el tercero y el cuarto?

Tipo de enunciado	Verbal
Propósito del problema	Ordenar
Datos	Inexistentes, pero innecesarios
Condiciones	Precisas pero cualitativas
Hechos, conceptos, algoritmos, procedimientos generales implicados	Comparación, sistemas de codificación
Ejemplos de posibles acciones y/o estrategias efectivas/inefectivas para el abordaje	Efectivas: Ensayo / error sistemático, buscar sistemas de representación/ codificación, ejemplificaciones, organizar la información Inefectivas: Percepción borrosa del enunciado, excesivo apoyo en razonamientos verbales o en ejemplos numéricos concretos
Tipología del problema	De procesos

Instrumentos de categorización, registro y síntesis

Queremos enfatizar el papel clave que juegan en el proceso de evaluación: en una primera fase nos definen los criterios que seguiremos para decidir lo que «vamos a mirar» (en particular, sobre qué creencias nos centraremos); pero en una segunda fase deben estar preparados para poder registrar de forma organizada y sintética el gran volumen de información que previsiblemente iremos recopilando (tanto con relación a un alumno como con relación a cada conjunto de creencias); finalmente, en una tercera fase, estos propios criterios deben ser útiles para poder interpretar de la forma más simple posible tanto los sistemas de creencias identificados como su posible proceso de modificación (es materialmente imposible analizar creencia a creencia y a la vez conceptualmente improcedente pensar que una creencia puede evolucionar de forma independiente a las demás).

Así pues, el sistema diseñado debería contemplar los siguientes elementos, que serán desarrollados a continuación.

- Una categorización de las creencias desde una *perspectiva dinámica* que permita tanto una identificación puntual como un análisis de la evolución.
- Un sistema de síntesis e interpretación de la información.

¿A qué nos referimos con el término *perspectiva dinámica*? En tanto en cuanto un sistema de creencias de un alumno no es un elemento estático, y está en continuo proceso de evolución (aunque lento), una categorización que permita su análisis inicial pero también permanente no puede ser una lista organizada de creencias, por muy exhaustiva que ésta sea, dado que el seguimiento de esta evolución comportaría un análisis microscópico sobre el que nos acabamos de pronunciar negativamente. Así pues, en esta categorización deben coincidir de forma operativa dos elementos:

- La descripción en sí misma de creencias, organizadas por objetos de creencia, interrelacionadas internamente. Este elemento ha sido exhaustivamente desarrollado en el capítulo 3.
- La asignación de un juicio de valor a cada creencia en términos de «adecuada/no adecuada».

Creemos que precisamente la manera de operativizar ambos elementos en una categorización puede ser la siguiente (a pesar de ser conscientes de que en todo proceso de simplificación se corre el riesgo de pérdida de riqueza):

- Contemplar como grandes categorías las seis *creencias adecuadas* presentadas en el capítulo anterior. Cada una de estas creencias se constituye en sí misma en un conjunto de creencias más concretas en cuanto a su objeto, que la definen por extensión.

– Identificar en cada uno de estos conjuntos de creencias los *rangos*, que vendrían dados por los sentidos contrapuestos de la creencia: (+) indicaría el sentido hacia las creencias adecuadas y (-) indicaría el sentido hacia las creencias inadecuadas.

Cuadro 4.12. Propuesta de categorización de creencias	
Objeto	**La matemática y los problemas**
Categoría	**La resolución de problemas y la creatividad**
Creencias-tipo	*(+) La resolución de problemas es un acto creativo* *(-) El objetivo de aprender matemáticas es exclusivamente el de «obtener respuestas correctas», únicas y a partir de procesos estandarizados*
Objeto	**Los resolutores**
Categoría	**Todo el mundo puede abordar problemas**
Creencias-tipo	*(+) Todo el mundo puede abordar la resolución de problemas* *(-) Solo los genios son capaces de descubrir o crear matemáticas*
Objeto	**El proceso de resolución de problemas**
Categoría	**El abordaje a un problema como actitud**
Creencias-tipo	*(+) Al abordar un problema hay que adoptar una actitud abierta, dedicar tiempo a familiarizarse y buscar varias estrategias* *(-) Para resolver un problema hay que saber leer en el enunciado las palabras clave o referentes que te llevan al camino de resolución*
Objeto	**El proceso de resolución de problemas**
Categoría	**El ataque guiado por la intuición**
Creencias-tipo	*(+) Cuando se lleva adelante el plan se sigue un proceso de búsqueda, de tanteos, guiado por la intuición* *(-) Para resolver un problema hay que aplicar las técnicas aprendidas en clase, sin dar cabida a ningún error y en el mínimo tiempo posible*
Objeto	**El proceso de resolución de problemas**
Categoría	**El proceso de revisión es importante**
Creencias-tipo	*(+) El proceso de revisión es importante* *(-) La obtención del resultado correcto por la vía esperada es el aspecto clave de la resolución de un problema*
Objeto	**Aprendizaje y mejora de la resolución de problemas**
Categoría	**Mejorar la capacidad de resolver problemas es un proceso que exige esfuerzo y perseverancia**
Creencias-tipo	*(+) Mejorar la capacidad de resolver problemas es un proceso que exige esfuerzo y perseverancia, y en ello inciden aspectos complejos y de naturaleza diversa* *(-) Para mejorar la capacidad de resolver problemas hay dos aspectos clave: el aprendizaje de técnicas matemáticas y la mecanización de unos métodos-tipo*

– Identificar cada una de estas seis categorías mediante dos creencias, en cierta manera contrapuestas, que nos caracterizarían los dos extremos de la creencia (adecuada/inadecuada); es lo que denominaremos *creencias-tipo.*
– Definir cada conjunto de creencias por extensión, mediante la asignación de creencias en relación a objetos más simples, aspecto que implícitamente ya ha sido desarrollado en el capítulo 3.

El cuadro 4.12 nos presenta esta categorización en términos de propuesta; por supuesto no pretendemos que la redacción de las creencias-tipo sea una frase verbalizable (quizás ni tan siquiera comprensible) para el alumnado; en aras de la precisión hemos preferido utilizar un lenguaje más propio del profesorado.

Como requeríamos anteriormente, paralelamente a esta organización de criterios, debemos diseñar un sistema y unos instrumentos que nos permitan sintetizar e interpretar el gran volumen de información que recopilaremos con relación al grupo. Básicamente, la información recogida para la identificación de las creencias de naturaleza cualitativa puede ser fácilmente sintetizada y organizada en *redes sistémicas* (Bliss y Ogborn, 1983); la información cuantitativa puede serlo en las que denominaremos *potencias,* que a continuación describiremos; y el conjunto de la información y su posterior interpretación puede ser sintetizado en los que denominamos *mapas de creencias.*

Redes sistémicas

Las redes sistémicas nos permitirán en un proceso paralelo, sintetizar e interpretar el gran volumen de información de tipo cualitativo que podemos haber obtenido de la aplicación de los instrumentos antes descritos; en particular, esta información puede provenir de las preguntas abiertas del cuestionario, de las entrevistas en tanto en cuanto se generalicen a un número importante de alumnado, o del análisis de las hojas de resolución de problemas y de los cuestionarios retrospectivos.

El cuadro 4.13 nos presenta un ejemplo de red sistémica utilizado para sintetizar y organizar la información proveniente de una pregunta abierta en torno a «qué es un problema de matemáticas» (Vila, 2001). Las distintas *clases* fueron establecidas en función de la finalidad que se pretendía en la obtención de la información (pueden establecerse con anterioridad a la recogida de la información) y las posteriores *categorías* se establecen a partir del propio análisis de las respuestas obtenidas.

Otro ejemplo de red sistémica podría ser el presentado en el cuadro 4.14 (en este caso enormemente simple, incluso podría negársele el nombre): en él se presenta de forma sintética y organizada una variable de contenido analizada sobre los ejemplos de problemas que un grupo de alumnos dieron (Vila, 2001). En particular, nos referimos a la estructura matemática a la que hace referencia el ejemplo propuesto.

Cuadro 4.13. Ejemplo de red sistémica: Organización de las respuestas obtenidas a la pregunta *¿Qué es un problema de matemáticas?* (n=56 alumnos)[5]

Un problema de matemáticas se identifica en primera instancia con...	un enunciado verbal	36	• pregunta, cuestión	16
			• explicación, texto,...	15
			• ejercicio, prueba,...	5
	una situación, un enigma,...	13		
	un proceso de resolución	7		
Un problema de matemáticas pide / tiene por propósito...	obtener una solución / respuesta	44	• sin más comentarios	8
			• a partir de los datos	6
			• efectuando cálculos de forma preceptiva	22
			• efectuando cálculos a partir de los datos / los cálculos que "pone en el problema"	6
			• utilizando matemáticas, en general	2
	aplicar conocimientos	7		
	hacer pensar	2		
	no hace referencia al propósito	3		
Su enunciado se caracteriza por...	contener datos o términos matemáticos	19		
	contener referencias al entorno	7		
	otras características	3		
	no hacen referencia a características del enunciado	28		

Cuadro 4.14. Ejemplo de red sistémica: Estructura matemática observada en los ejemplos de *problema* aportados por los alumnos (n = 61 y 120 cuestiones para los problemas)

Reconocimiento	3		
Ejercicios de repetición	1		
Traducción simple	114	De una operación	58
		De dos o más operaciones	53
		Proporcionalidad/proporciones	3
Investigación	2		

Potencias

Las potencias son un parámetro diseñado específicamente (Vila, 1995, 2001) para evaluar la magnitud y la dirección de las creencias. Al igual que las redes sistémicas, pretenden «reducir» a formatos «manejables» el gran volu-

[5] Los números corresponden a la frecuencia con que cada categoría de respuesta ha sido identificada entre los 56 alumnos que dieron respuesta.

men de información que previsiblemente se obtendrá. Al contrario de las redes sistémicas, sin embargo, las potencias nos serán de utilidad para sintetizar la información de tipo cuantitativo.

Son el resultado del proceso operativo que puede venir descrito sucintamente por los siguientes pasos:

- Partimos en primer lugar de la hipótesis que el cuestionario diseñado para identificar el sistema de creencias del alumnado tiene una correspondencia precisa, aunque no unívoca, entre las seis grandes categorías y los ítems de naturaleza cuantitativa (opción cerrada, opción escalar, asociación de términos...). En el cuadro 4.15, se ejemplifica la asignación de ítems a una categoría de creencias de las descritas en el cuadro 4.12.
- En cada ítem se realiza un proceso de asociación de rango a las opciones de respuesta, entendiendo éste en los términos descritos anteriormente (-/+); cabe la posibilidad de que en algunos ítems (por ejemplo una escala con cuatro opciones de respuesta) pueda asociarse una cierta intensidad de este rango: simplificando la notación, --/-/+/++. Este rango puede matematizarse asignándole un valor numérico (p.e. -1, 0, 1, o bien -2, -1, 0, 1, 2). En el cuadro 4.16 seguimos el ejemplo anterior, ahora con la asignación de rangos.
- En cada uno de los alumnos y en cada una de las categorías, se procede a sumar la cuantificación de las puntuaciones anteriores y dividirlas por el valor máximo positivo que podría obtenerse en este proceso, lo cual nos da indefectiblemente un valor en el intervalo [-1,1]. Este valor es el que denominaremos *potencia* del alumno X con relación a la categoría C_n.

Por una parte, en la medida que este valor de la *potencia* lo utilicemos como cualquier otra variable continua, disponemos de una distribución sobre el conjunto del alumnado que admite cualquier tipo de tratamiento estadístico, lo cual puede ayudarnos a:

Cuadro 4.15a. Ejemplo de asignación de ítems de un cuestionario a una categoría: *Mejorar la capacidad de resolver problemas es un proceso que exige esfuerzo y perseverancia*

F1. *Para aprender a resolver problemas creo que debo aprender...*	No es demasiado necesario			Lo que más
• muchas matemáticas	1	2	3	4
• a ser intuitivo y utilizar el sentido común	1	2	3	4
• a dominar mi estado de ánimo	1	2	3	4
• a trabajar duro	1	2	3	4
• estrategias como por ejemplo hacer esquemas	1	2	3	4
• estrategias como por ejemplo probar con casos más sencillos o con ejemplos	1	2	3	4
• a prestar atención	1	2	3	4

F2. *En cada una de las siguientes frases di si estás muy de acuerdo (MA), de acuerdo (A), en desacuerdo (D) o muy en desacuerdo (MD)*

MA A D MD (a) Quien no sabe resolver problemas es porque no sabe matemáticas
MA A D MD (b) Si hemos estudiado, sabremos ver en los enunciados qué es lo que hay que aplicar para resolverlos
MA A D MD (c) Los profesores no dan métodos para resolver cada tipo de problemas
MA A D MD (d) No me basta con ser un buen alumno en matemáticas para encontrar fácilmente cómo resolver los problemas
MA A D MD (e) Quedarse en blanco resolviendo un problema no tiene nada de malo
MA A D MD (f) Si sé muchas matemáticas ya sabré cuándo y cómo debo utilizarlas
MA A D MD (g) Para resolver problemas es muy importante la paciencia y la perseverancia
MA A D MD (h) Es muy importante que cuando esté probando un camino para un problema, insista aunque me cueste y no abandone el problema
MA A D MD (i) Si domino un tema de matemáticas, normalmente ya sabré resolver los problemas del tema
MA A D MD (j) Si fuese un profesor clasificaría todos los problemas y daría un método para cada uno de ellos
MA A D MD (k) Podré adquirir la capacidad de resolver problemas sobretodo observando cómo lo han hecho mis profesores u otras personas que saben mucho

Cuadro 4.16. Ejemplo de asignación de rangos a las opciones de respuesta de los ítems (con relación al cuadro 4.15)

F1. *Para aprender a resolver problemas creo que debo aprender...*	No es demasiado necesario			Lo que más
• muchas matemáticas	++	+	-	--
• a ser intuitivo y utilizar el sentido común	--	-	+	++
• a dominar mi estado de ánimo	--	-	+	++
• a trabajar duro	++	+	-	--
• estrategias como por ejemplo hacer esquemas	--	-	+	++
• estrategias como por ejemplo probar con casos más sencillos o con ejemplos	--	-	+	++
• a prestar atención	++	+	-	--

F2. *En cada una de las siguientes frases di si estás muy de acuerdo (MA), de acuerdo (A), en desacuerdo (D) o muy en desacuerdo (MD)*

MA A D MD (a) -- - + ++
MA A D MD (b) -- - + ++
MA A D MD (c) -- - + ++
MA A D MD (d) ++ + - --
MA A D MD (e) ++ + - --
MA A D MD (g) ++ + - --
MA A D MD (h) ++ + - --
MA A D MD (i) -- - + ++
MA A D MD (j) -- - + ++
MA A D MD (k) -- - + ++
MA A D MD (f) -- - + ++

1. Describir cuantitativamente el sistema de creencias identificado sobre un grupo de alumnado.
2. Enmarcar cuantitativamente el sistema de creencias de un alumno con relación al grupo; por ejemplo puede hacerse mediante gráficos como el de la figura 4.1[6]
3. Segmentar el grupo de alumnos, con el fin de facilitar ayudas más individualizadas.

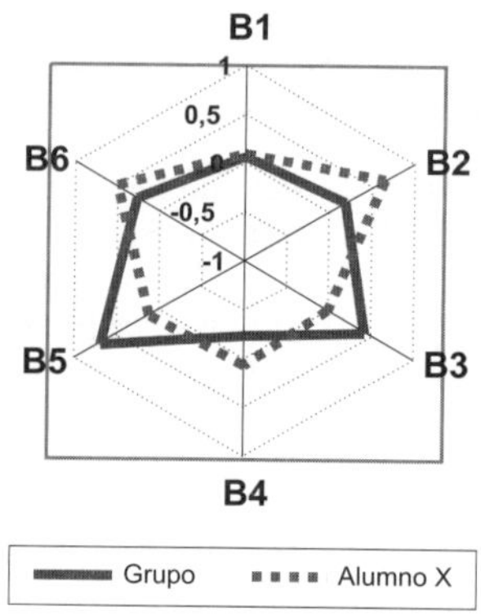

Figura 4.1

Pero muy especialmente, como parámetro de síntesis, permite efectuar comparaciones rápidas en distintos momentos del proceso de evaluación de la interiorización de las creencias adecuadas.

En cualquier caso, queremos insistir en que no pretendemos dar a este proceso de cuantificación de la potencia de unas creencias más valor del que tiene: un procedimiento operativo sencillo que admite comparación *longitudinal* y *transversal*, pero que en sí mismo no nos da «toda» la información (ni en su riqueza ni en su extensión) sobre el sistema de creencias del alumnado, apelando aquí a las otras fuentes de información mencionadas, e incluso a las preguntas de naturaleza cualitativa del propio cuestionario.

Mapas de creencias

La idea de diseñar un instrumento gráfico que permita ilustrar las conexiones entre las distintas creencias identificadas (en un alumno o en un grupo) surge del hecho de que una lista de creencias, sin más, no muestra la verdadera naturaleza de «la manera de pensar» de un alumno.

Así, estos mapas están constituidos por unas proposiciones (las creencias, algunas muy concretas, muy individualizadas; otras más genéricas), por unas conexiones entre ellas, que nos ilustran la relación casi-lógica de la que hablábamos en el capítulo 2; también por una organización en *clusters*, que encierran (como relación y como protección entre ellas a la vez) distintas creencias estrechamente relacionadas; finalmente, también pueden contener códigos (resaltados especiales en negrita, cursiva o colores; datos numéricos...) que indiquen las distintas fuerzas con que mantienen cada creencia distintos alumnos.

Así, por ejemplo, los cuadros 3.7, 3.9 y 3.10, podrían ser ejemplos muy sencillos (en los que faltan algunos de los aspectos antes mencionados) que ya nos ayudan a tener una visión global del sistema de creencias de esos tres

[6] Los datos reflejados son ficticios.

alumnos. En el otro extremo, pueden diseñarse mapas mucho más elaborados como los que presentamos en el anexo 3.

UN PROCEDIMIENTO OPERATIVO

Con el fin de concretar las reflexiones anteriores en el marco finalidad-tiempo, el cuadro 4.17 nos ilustra un posible planteamiento global en forma de procedimiento operativo, que incluye aspectos como el cuándo, el qué y el cómo, la finalidad y la individualización del análisis.

En ese cuadro queda reflejada, entre otras, la idea de que en función del «cuándo» y del «para qué», debiéramos plantearnos distintos «qué» y «cómo», valga el juego de palabras. En una primera fase, inicial y diagnóstica, ponemos el énfasis en la profundidad, la exhaustividad, la precisión y la fiabilidad, en cualquier caso con las limitaciones de nuestros esfuerzos y disponibilidad de recursos. Pero en una segunda fase, de seguimiento del proceso, debiéramos primar la operatividad y la eficacia. Estos dos planteamientos quedan reflejados en los distintos instrumentos de recogida de información y de análisis, interpretación y síntesis de la misma.

A la vez, el «sobre quién» queda delimitado por el propio proceso: si bien en un primer momento nos interesa centrarnos sobre cada uno de los alumnos, y paralelamente sobre el conjunto de la clase (como mucho más que una agregación de resultados individuales de una evaluación), a lo largo del proceso, y en la medida de nuestras posibilidades y del propio proceso en sí mismo, la tendencia a la individualización marcará el procedimiento.

La pregunta clave del cuadro 4.17 adquiere aquí su relevancia: ¿Para hacer qué?, pregunta con la cual retomamos las reflexiones iniciales del capítulo: ¿Por qué evaluar las creencias? Por una parte, los datos obtenidos nos deben permitir explicar situaciones o problemáticas difícilmente explicables según los parámetros tradicionales (nos remitimos al capítulo 1); pero simplemente eso quizás no justificaría el esfuerzo que representa, incluso en el mejor de los casos, añadir este objeto de evaluación a los planteamientos que podríamos calificar de más tradicionales. La información obtenida y las conclusiones individuales y grupales establecidas nos deben dar luz para diseñar o adecuar estrategias globales de intervención educativa que contemplen el papel central de las creencias (nos remitimos al cuadro 4.1). En este punto queremos retomar otro aspecto que nos habíamos propuesto: ¿Cómo podemos ayudar al alumnado en el proceso de interiorizar un sistema de creencias adecuado? En el capítulo 5 abordaremos esta cuestión que cerrará el círculo que hemos iniciado al plantear el relevante papel que juegan las creencias en el proceso de RP.

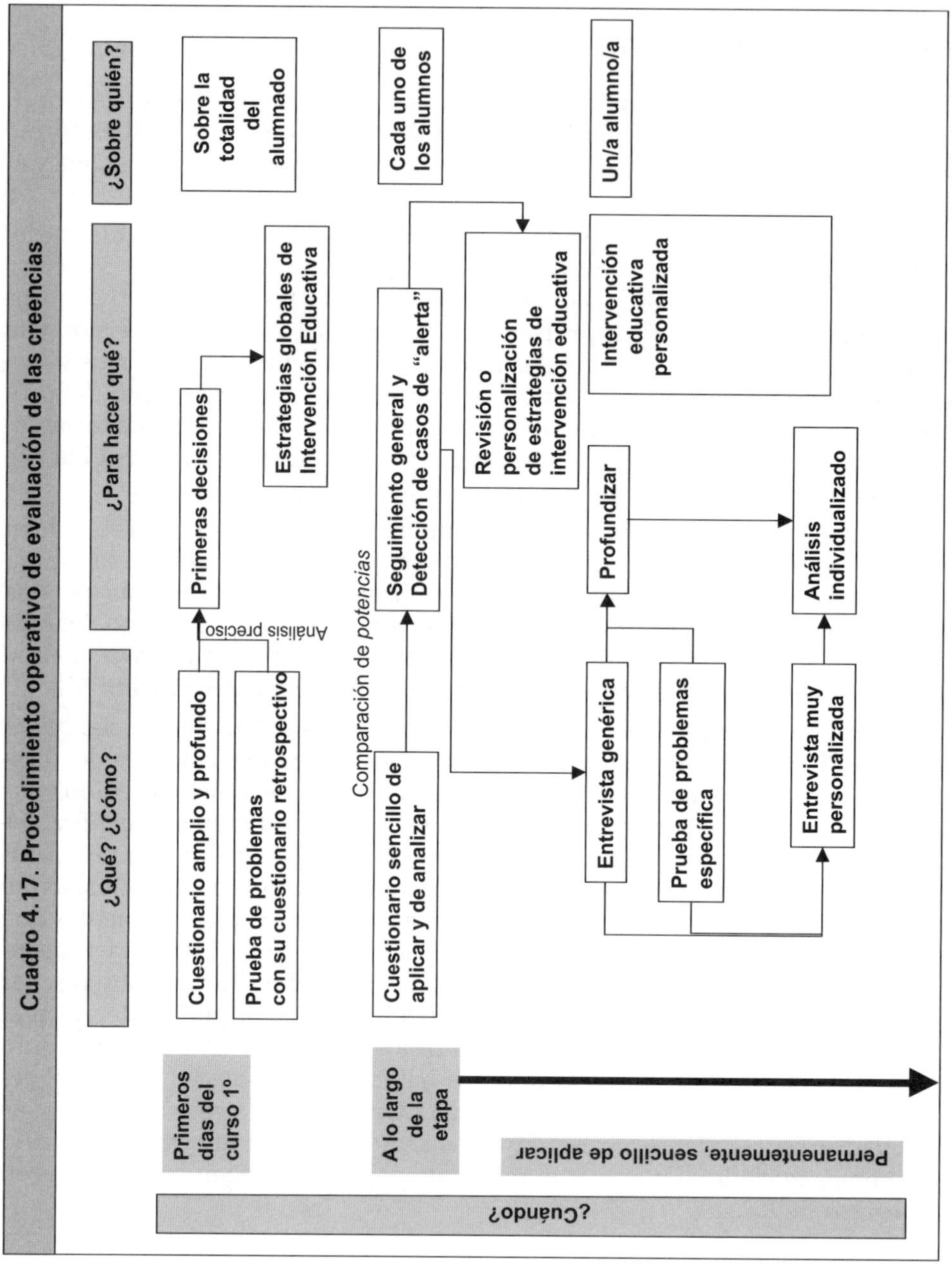

Cuadro 4.17. Procedimiento operativo de evaluación de las creencias

5

Modificación de creencias: Propuestas de intervención educativa

VISTA LA RELEVANCIA del papel regulador de las creencias en las conductas y maneras de proceder del alumnado cuando resuelven problemas y su influencia sobre los distintos aspectos que inciden en la eficiencia resolutora, y visto también cómo las prácticas van configurando y haciendo cristalizar las creencias, queremos abordar la posibilidad de diseñar propuestas de intervención educativa que puedan incidir en su proceso de modificación. A su vez quisiéramos no desligar estas intervenciones del proceso general de evaluación de las creencias.

Empezamos preguntándonos: ¿Qué modificaciones en los sistemas de creencias son posibles y deseables?

Caben dos reflexiones previas antes de abordar esta pregunta. En primer lugar, es importante admitir que, tras este planteamiento de modificación de las creencias ligado a su propio proceso de evaluación, hay al menos un filtro obvio para aceptarlo: el propio sistema de creencias del profesorado, que en cada caso quiere (o no) modificarlas, y ello bajo un determinado modelo de referencia (modelo docente, visión de la matemática, etc.). En cualquier caso, a lo largo del presente trabajo hemos explicitado cuál es este modelo que asumimos (o pretendemos asumir) y por lo tanto nuestro filtro es explícito y consecuentemente sujeto a discusión, interpretación o asunción/rechazo.

En segundo lugar, nos gustaría dedicar unas líneas a evitar planteamientos que consideramos simplistas, o cuando menos ineficaces. Nos referimos a que un análisis pormenorizado de las creencias detalladas en el capítulo 3, nos podría llevar a un listado de objetivos en cuanto a su modificación; pues bien, consideramos que no es ésta la perspectiva adecuada, y no lo es por al menos tres motivos.

Por una parte porque la compleja estructura de los sistemas de creencias de un individuo, con las complejas interrelaciones que se producen, jugaría un papel inercial contrarrestando esfuerzos puntuales, por fuertes e intensivos que fuesen, si nos centrásemos en la intervención sobre creencias concretas, incluso sobre las que hemos denominado *creencias primarias* o *creencias centrales*. Por otra parte, porque muchos de los esfuerzos deberían ir en la línea de evidenciar aspectos relacionados con las creencias, acciones de las que ya hemos mencionado su ineficacia debido a la propia estructura del sistema de creencias. Y finalmente porque el papel que juegan estas creencias sobre la conducta en el proceso de resolución se ha constatado (Vila, 2001) que no es una relación causa-efecto claramente delimitada, ni se produce en forma de influencias de creencias concretas más o menos separadamente.

Así pues, no es adecuado centrar esfuerzos en intervenciones didácticas pensadas para el cambio o modificación de creencias concretas, esfuerzos que acabarían siendo ineficaces o incluso imposibles. Bien al contrario, creemos que la propuesta de intervención para la modificación de creencias debe ser global, constante y a largo plazo. El cuadro 5.1 sintetiza la mencionada propuesta, que en páginas posteriores desarrollaremos.

Cuadro 5.1. Síntesis de las finalidades de la propuesta de intervención y objetos sobre los cuales se centra

Finalidades de la intervención (incidir en la modificación de las creencias en torno a...)				
	las matemáticas			selección de contenidos
	las finalidades de la RP y los aspectos que inciden		toma de conciencia del papel de la RP, del aprendizaje RP, del ambiente RP	secuenciación no temática naturaleza matemática
	el resolutor	características de la tarea		
	el problema y el proceso de resolver problemas	organización de la tarea papel del profesorado		
		resolver «un» problema	**la RP como objeto e instrumento de aprendizaje**	**planificación general**
		Objetos sobre los cuales centraremos la intervención		

En horizontal hemos situado los objetos sobre los cuales centramos la intervención educativa:

- la resolución de «un» problema, de forma incluso aislada;
- la resolución de problemas en el currículo de matemáticas, considerándola tanto objeto como instrumento de aprendizaje;
- la planificación general del área de matemáticas en la etapa de secundaria obligatoria.

En vertical hemos situado los objetos de las creencias genéricas sobre las que centramos nuestros esfuerzos de modificación. Estos objetos, a su vez, están estrechamente relacionados con las creencias adecuadas que hemos analizado en el capítulo 3:

- creencias en torno a las matemáticas, en particular en relación a que "la resolución de problemas es un acto creativo";
- creencias en torno a las finalidades de la resolución de problemas y los aspectos que inciden en su mejora, en particular y entre otras en relación a que "mejorar la capacidad de resolver problemas es un proceso que exige esfuerzo y perseverancia";
- creencias en torno al resolutor, en particular en relación a que "todo el mundo puede abordar la resolución de problemas";
- creencias en torno al problema y al proceso de resolución de problemas, en relación a que "al abordar un problema hay que adoptar una actitud abierta, dedicar tiempo a familiarizarse y buscar varias estrategias", a que "cuando se lleva adelante el plan, se sigue un proceso de búsqueda, de tanteos, guiados por la intuición", y a que "el proceso de revisión es importante".

Este esquema nos delimita a su vez la estructura de las siguientes páginas que hay que entender más en línea de propuestas abiertas que como recomendaciones definitivamente elaboradas.

PROPUESTAS CENTRADAS EN LA INTERVENCIÓN SOBRE LA RESOLUCIÓN DE «UN» PROBLEMA

Este es el primer objeto, o escenario-marco, sobre el que se pueden diseñar unas primeras intervenciones, algunas quizás microscópicas, muy locales, pero a pesar de ello de naturaleza no menos compleja que otras más globales. Sobre el mismo queremos a su vez distinguir tres aspectos que hemos visto jugaban un importante papel en el proceso de formación de las creencias: las características de los problemas, la organización de la tarea y el papel del profesorado.

Características de los problemas

El primer nivel de decisión del profesorado hace referencia a la selección o diseño de los problemas propuestos. Por supuesto, una característica redundante que cabría pedir a este problema es que fuese realmente «un buen problema». ¿Cuáles son las características que diferencian pues los buenos problemas de los que no lo son?

Sin abordar aún la respuesta a la pregunta anterior, y en términos muy generales, podríamos apuntar dos observaciones:

- Recordemos que la naturaleza de problema (y por lo tanto de «un buen problema») no es intrínseca: depende por supuesto de los elementos del problema/tarea, pero también del resolutor (y del nivel de dificultad e implicación de conocimientos, metaconocimientos y afectos), del profesorado (y del papel que le otorga) y finalmente depende del contexto en el que es propuesto (del nivel educativo, del momento, de la situación en relación al aprendizaje de conceptos y procedimientos, del tiempo disponible, de las características de la propuesta de trabajo...). Sin embargo, posiblemente haya problemas que se presten más que otros a convertirse finalmente en «buenos problemas», y problemas que difícilmente podrán acabar siéndolo.
- Un problema se convertirá en «mejor problema» cuanto más amplio sea el rango de finalidades instructivas que pueda abarcar y con mayor riqueza pueda ser utilizado en cada una de ellas.

Así pues es difícil dar una relación genérica de características que definan «el buen problema». Sin embargo creemos que es posible aportar algunos aspectos concretos que consideramos que, en conjunto, caracterizan una «buena selección o diseño de problemas», teniendo en cuenta siempre la visión global antes mencionada. Consideramos de especial relevancia esta reflexión en tanto en cuanto estaríamos incidiendo en la caracterización que hace el alumnado en torno a su idea de «problema de matemáticas»[1].

Así pues, mencionaremos en este apartado aquellas características más relacionadas con la tarea y con el resolutor, y será en los apartados "Organización de la tarea" y "Papel del profesorado" (págs. 140 y 150), donde mencionaremos las relacionadas exclusivamente con el profesorado y con la organización.

- En cuanto al enunciado y/o a la situación planteada, el conjunto de problemas debería responder a *tipologías diversas*.

[1] Sin embargo, queremos insistir en que consideramos ineficaz una intervención que contemplase únicamente el hecho de variar características de los problemas, de forma aislada de una intervención global; algunos estudios (p.e. Vila, 2001) aportan datos en relación a que el propio sistema de creencias del alumnado podría crear una nueva creencia, a manera de «escudo protector», que diese cabida a esta nueva naturaleza de tarea en el conjunto de la estructura, pero cambiando lo mínimo.

Por tipologías diversas nos referimos en primer lugar a que deben moverse en campos diversos de las matemáticas, no exclusivamente aritméticos, y por supuesto evitar la curiosa identificación de que en otros campos de la matemática se "hacen actividades", pero no problemas[2].

1 Ejemplos de problemas fuera del campo de la aritmética y los recuentos

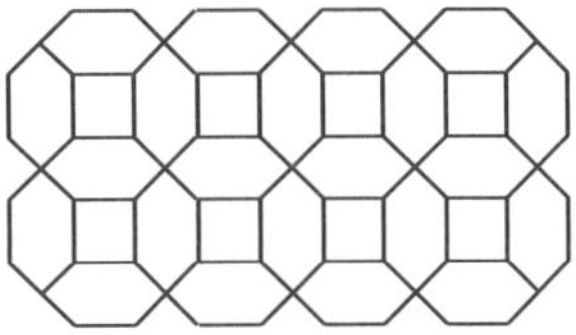

- El suelo de una terraza está recubierto por baldosas formando el siguiente trazado. ¿Qué relación hay entre la superficie de las distintas baldosas? Se quiere diseñar una nueva baldosa uniendo varias de las anteriores por lados comunes de manera que se pueda recubrir el mismo espacio pero con un modelo único. Diseña varias posibilidades y elige la que ocupe menor superficie por baldosa.
- A las 12 del mediodía un ermitaño ascendió por un camino hasta la cueva de la montaña sagrada, no sabemos ni la velocidad que llevó en cada momento, ni el perfil de la montaña, ni tan siquiera a qué hora llegó. Tan solo sabemos que lo hizo antes de medianoche. A las 12 del mediodía del día siguiente inició el recorrido a la inversa, y nuevamente tan solo sabemos que llegó al pie de la montaña antes de medianoche. ¿Crees que en algún momento del recorrido de descenso ha pasado por algún lugar a la misma hora que lo hizo el día anterior? ¿Por qué?

- Los tres ángulos del vértice A parecen iguales ¿realmente lo son? Queremos que seas convincente.
- Cinco chicos se están jugando quien paga la merienda: uno de ellos coloca en su mano cuatro bastoncillos de igual longitud y uno más corto, de manera que aparentemente se vean todos iguales. Por turno, cada uno va cogiendo un bastoncillo; y finalmente él se quedará con el restante. Paga quien se quede con el más corto. Pero el que los sostiene opina que no es un juego justo, que él tiene mayor probabilidad de perder ¿Tú que opinas?

También nos referimos a que deben abarcar distintos formatos del enunciado, por ejemplo verbales, gráficos, icónicos, esquemáticos, etc., con el fin de evitar la asociación «problema de matemáticas–cualquier enunciado verbal».

Los problemas deben ir ligados también a situaciones, no exclusivamente a su estructura matemática[3]; así, a partir de una situación planteada, se debería poder trabajar la posibilidad de formular distintos enunciados equivalentes, incluso propósitos diferentes, de manera que el invariante fuese la situación y no la estructura matemática que subyace; a este respecto se pueden observar los ejemplos del cuadro adjunto.

---

[2] Los problemas que proponemos en el presente capítulo, en su formulación actual, están adaptados principalmente de trabajos propios anteriores, pero también de colecciones como Barba, D., Segarra, LL. (1997), Deulofeu, J. (2001), Guzmán (1995), Mason, Burton, Stacey (1988), Shell Centre (1993) y las colecciones del Fem Matemàtiques, entre otros.

[3] Con ello no queremos negar que tras los problemas que deberán ser planteados con finalidades instructivas concretas el invariante pueda y deba ser también la estructura matemática.

2 Ejemplos de problemas con formato de enunciado no verbal

- ¿Qué nos demuestra esta secuencia de gráficos?

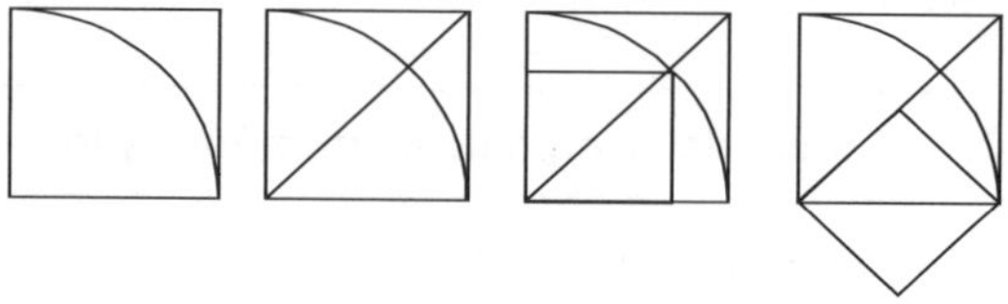

- 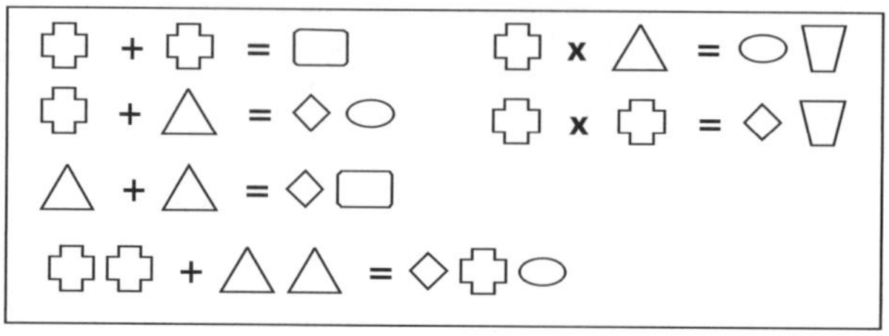

3 Ejemplos de situaciones que pueden ser propuestas al alumnado para que generen problemas (de forma independiente a una estructura matemática concreta)

- En el telesilla de la estación alpina de La Mussara, las sillas están numeradas de forma correlativa (1, 2, 3, .., 107, 108, 109, ...) y después de la silla numerada con el último número, lógicamente nos volvemos a encontrar la silla con el 1.
  A su vez, dos sillas consecutivas están separadas por una distancia de 10 metros entre ellas.
  Mientras ascendemos a lo alto de la estación, observamos que cuando la silla número 88 se cruza con la silla 115, la número 225 se está cruzando con la 246.
  ¿PODRÍAS FORMULAR DISTINTOS PROBLEMAS A RAÍZ DE ESTA SITUACIÓN?
- Observa el siguiente dibujo y formula distintos problemas que te sugiera esta situación.
- Cada vez que lances un dado, la probabilidad de obtener un seis es 1/6. Repite los lanzamientos. ¿Qué preguntas nos sugiere?

Deben abarcar propósitos diversos, no tan solo el cálculo de un resultado, sino también, por ejemplo, la verificación de una idea, la optimización de un proceso, la obtención de una pauta, la toma de decisiones, la exploración, la construcción, etc. El cuadro adjunto nos muestra ejemplos de tareas matemáticas (a algunas de las cuales incluso se les podría negar la categoría de problemas) en las cuales puede fácilmente modificarse el propósito que persiguen, convirtiéndolas posiblemente entonces en problemas.

4	**Ejemplos de cambio de propósito en los problemas**

Problemas de *"cálculo de un resultado único"* que pueden convertirse en...

- Calcula cuántas diagonales tiene un polígono de 20 lados
  (... un problema de *"búsqueda de pautas y regularidades"*)
  - ➢ ¿Cuántas diagonales tienen los polígonos?
- ¿Qué dimensiones tiene un rectángulo de 70 m de perímetro y 250 m^2 de área?
  (... un problema de *"optimizar un resultado"*)
  - ➢ Si de forma pegada a una pared queremos construir un corral rectangular de 250 m^2 encerrándolo con una valla ¿hay varias posibilidades? ¿alguna de ellas tendrá el mínimo coste posible?
- Un objeto tiene un valor de 200€. Le aplicamos un descuento del 15%, y a continuación le aplicamos nuevamente un descuento del 15%. ¿Cuál será el precio final de venta?
  (... un problema de *"argumentar"*)
  - ➢ ¿Por qué aplicar dos veces consecutivas un descuento no es lo mismo que aplicar el doble de un descuento?

Deberían abarcar también diversas naturalezas de información, en cuanto a exhaustividad de datos, a concreción de la situación, a la existencia o no de información redundante o innecesaria, a coherencia interna, a precisión de los datos o las condiciones, etc.

5	**Ejemplos de tareas en las que la naturaleza de la información es la que les da la categoría de problemas**

- (Tarea en la que la información del enunciado hace referencia a un caso concreto). Al comprar un objeto de 120 € ¿tiene importancia que primero te apliquen el 20% de descuento para aplicarte a continuación el 16% de IVA? ¿o es preferible que lo hagan en orden inverso?
  (problema que surge de considerar el caso general)
  - ➢ Al comprar un objeto ¿tiene importancia que primero te apliquen un porcentaje de descuento y luego te carguen el IVA, o bien lo hagan en orden inverso?
- (Tarea en la que la información del enunciado es totalmente precisa en cuanto a la situación que plantea). Estás ante la Iglesia y observas con un ángulo de 35º que en la cima del campanario se alza un pararrayos, viendo su cima con un ángulo de 38º. Te alejas 14 m y ahora los observas con ángulos de 28º y 29º respectivamente. ¿Qué longitud tiene el pararrayos?
  (problema que surge de admitir ambigüedades)
  - ➢ ¿Cómo te las arreglarías, pudiendo usar algún goniómetro, para medir la longitud del pararrayos que está situado en la cima del campanario de la Iglesia?

Debe haber tanto problemas abiertos como cerrados. Este planteamiento sistemático de problemas abiertos, podría surgir de situaciones, no precisas, abiertas o ambiguas, no siempre formuladas por el profesorado, en las cuales sea necesaria la acotación y/o la reformulación del enunciado por parte del alumnado, y que éstas, que en el fondo son una simplificación de la situación abierta inicial, tuviesen necesariamente un «camino de retorno» a ella, que es la validación[4].

- En cuanto al *carácter escolar* de los problemas, creemos que en la Secundaria obligatoria no es posible romper esta identificación; sin embargo es posible debilitar los efectos de discontinuidad que se originan en algunas de las creencias mencionadas.

Así, ya desde cortas edades y sin interrupciones, los problemas deben originarse, desarrollarse y revisarse en contextos de la vida cotidiana; queremos enfatizar estos dos últimos aspectos, ya que la exclusiva consideración de la primera es un hecho que creemos que acaba retroalimentando las mencionadas discontinuidades y disfunciones. En esta línea, consideramos también que no debieran coexistir «procedimientos escolares» y «procedimientos cotidianos» de resolución de problemas, no debería haber diferentes niveles de verosimilitud, etc.

6 **Ejemplos de problemas escolares contextualizados en entornos cotidianos no triviales (I)**

- Pau y Pep son dos atletas que se entrenan para el "Iron Man" por la carretera de Alforja a Puigcerver. Pau corre la mitad del recorrido y hace andando la otra mitad. Pep corre durante la mitad del tiempo y camina durante el resto. Ambos van a la misma velocidad cuando caminan y a la misma cuando corren. ¿Quién ganará?
- Una casa de payés tiene una balsa cuadrada de 5 m x 5 m con igual profundidad en toda ella. El agua que normalmente pone el payés en ella es la que utiliza para el ganado durante la semana. Para poder entrar en la balsa más cómodamente cuando está vacía, el payés instala dos plataformas cuadradas de cemento, de 1m x 1m y 2m x 2m, ambas de 0,5m de altura en el lugar y forma que te indicamos en las vistas adjuntas. Estas plataformas quedan cubiertas de agua cuando el payés llena la balsa. Cuando ponga el volumen de agua de siempre, ¿a qué altura llegará el agua?

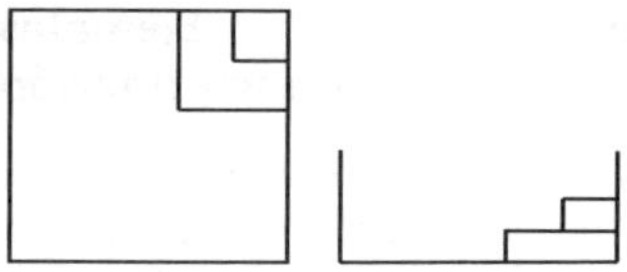

- Cada día, la señora Pérez espera a su marido en la estación de tren y le lleva a casa en coche. Un día el señor Pérez se adelanta en llegar a la estación una hora. Decide caminar hacia su casa por el camino que su mujer sigue. Ella lo encuentra en el camino y le lleva a casa el resto del trayecto. Si hubiera esperado en la estación, ella habría llegado exactamente a tiempo, como de ordinario. Tal como sucedió todo, el señor Pérez llegó a casa veinte minutos más temprano que de ordinario. ¿Cuánto tiempo caminó el marido?

[4] Sin embargo, estamos de acuerdo con Gil (1988) cuando afirma que los problemas abiertos son un recurso didáctico que, entre otros, cuestiona la orientación de proponer exclusivamente problemas cerrados, pero que no cuestiona el valor de éstos.

Sin embargo, la visión de «entorno cotidiano» debe irse ampliando progresivamente a escenarios diferentes de los más tradicionales: no sólo escenarios de ganancias-pérdidas, compra-venta, medidas, partir, repartir; también escenarios relacionados con el juego, el deporte, el riesgo de ganar-perder, con los medios de comunicación, con las ciencias sociales y las ciencias experimentales... y un larguísimo etcétera. Finalmente, en edades más avanzadas (por supuesto la Secundaria obligatoria), los problemas deben poderse originar en las propias matemáticas, en un afán de exploración y de investigación, de ampliar conocimientos, lejos del papel de ilustración que a menudo juegan.

7 Ejemplos de problemas escolares contextualizados en entornos cotidianos no triviales (II)

- Si queremos construir una caja de cerillas común (con sus dos partes: la caja y el envoltorio) con unas dimensiones de 2 cm, 5 cm y 8 cm, ¿qué superficie de cartón necesitamos?
- Las abejas macho nacen de huevos sin fecundar, y por lo tanto tienen madre pero no padre. Las abejas hembra nacen de huevos fecundados y por lo tanto tienen padre y madre. ¿Cuántos antepasados tendrá una abeja macho en la duodécima generación? ¿Cuántos de ellos serán machos?
- En una mesa de billar como la del dibujo, queremos conseguir que la bola A impacte en el punto B después de haber impactado en el lado L. ¿En qué punto de L tendremos que hacerla impactar? ¿Y si queremos que impacte en C después de haber impactado en todos los lados de la mesa?

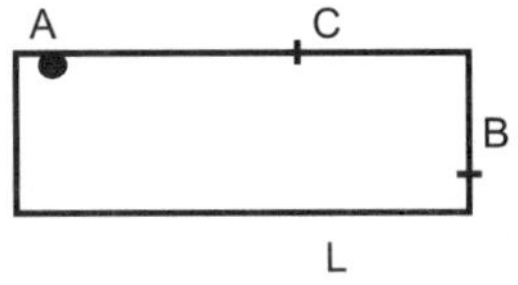

- En una bicicleta de montaña acostumbra haber 7 piñones y 3 platos. ¿Qué te dará mayor velocidad: pedalear con el plato mediano y el piñón más pequeño, o con el plato grande y el piñón mediano?

8 Ejemplos de problemas escolares contextualizados en las propias matemáticas

- ¿Qué números naturales se pueden obtener como suma de naturales consecutivos?
- ¿Qué es más probable: que al multiplicar dos números naturales se obtenga par o impar? ¿Múltiplo de 3 o no? ¿Y si en lugar de multiplicar sumas?
- Calcula la longitud de la línea que rodea tres círculos mutuamente tangentes. ¿Podrías generalizar el resultado a n círculos? Puede haber distintas posibilidades de tangencia, estúdialas.
- ¿Qué número es mayor: $(1+x^2)\cdot(1+y^2)$ o bien $4xy$?
- Observa la siguiente secuencia de figuras y explora las distintas superficies y perímetros

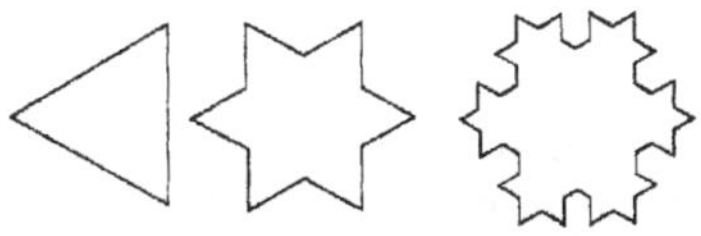

- Una característica muy importante de los problemas, aunque relacionada más con el resolutor que con la tarea en sí misma, es que creemos que los problemas deberían ser *tareas accesibles*.

De esta manera queremos incidir en las creencias de los resolutores sobre ellos mismos, sobre su capacidad para resolver problemas.

En particular, nos referimos a que las características de las situaciones debieran moverse en el campo (o no excesivamente lejos de él) de las experiencias conocidas por el alumnado, y por lo tanto debieran ser accesibles en este sentido. Pero también debieran serlo en otro sentido: el bagaje de conocimientos y estrategias necesarios para abordarlos[5] debiera estar al alcance del alumnado[6], pues cuando aborda problemas estima tanto su grado de dificultad como su propia capacidad para enfrentarse a los mismos, de modo que si la meta la considera inalcanzable, ceja en el empeño. Otro aspecto importante es el hecho de que no es conveniente que aparezcan todas las dificultades del problema simultáneamente: las situaciones planteadas no debieran bloquear de entrada; en resumen, los problemas debieran tener apariencia de «abordables».

- Desde una perspectiva tanto didáctica como epistemológica, los problemas deberían ser *tareas ricas*.

9 Ejemplos de problemas que plantean tareas ricas (I)

- El número que se obtendría de multiplicar 1 · 2 · 3 · 4 · .... · 99 · 100, ¿en cuántos ceros "acaba"? ¿Serías capaz de encontrar alguna pauta?
- Dadas dos paralelas, construye un hexágono regular que tenga dos vértices sobre cada una de las rectas.
- ¿Podrías construir un triángulo con sus dos bisectrices perpendiculares?
- Cada hora, desde las 6 de la mañana hasta las 10 de la noche, sale un tren de Gerona a Zaragoza, viaja 410 km a 80 km/h y sin paradas intermedias. A su vez, cada hora sale también un tren de Zaragoza a Gerona en las mismas condiciones.
  ¿El tren que sale de Gerona a las 14 h, con cuántos trenes se cruzará?
  ¿Cuántos km habrá recorrido hasta que se cruce con el segundo tren? ¿Y con el tren "n"?
- ¿Podrías construir una figura que tenga las siguientes vistas laterales?
  ¿Podrías conseguirlo con el mínimo de cubos posibles?

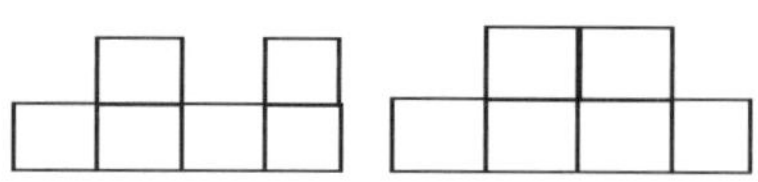

[5] Aquí insistimos en que nos referimos a esta fase de la resolución.

[6] Queremos precisar que estar «al alcance» incluye también los conocimientos que pueden ser aprehendidos a través/mediante el proceso de resolución de ese problema.

Entenderemos por tareas ricas desde una perspectiva didáctica aquellas que:

- son motivadoras,
- captan el interés del alumnado, facilitan su implicación,
- las distintas tentativas las convierten en retos para una mayoría del alumnado,
- se prestan a crear un ambiente de interrogación y razonamiento, de intercambio y discusión.

Desde una perspectiva más epistemológica, complementaria de la anterior, serán tareas ricas aquellas que:

- son relevantes desde la perspectiva curricular,
- permiten establecer conexiones entre distintas áreas del currículo,
- admiten distintos abordajes e incluso distintos procesos de resolución,
- pueden abrir la exploración de campos de problemas,
- admiten optimizaciones y/o generalizaciones de la resolución,
- se prestan a que el propio alumnado reformule, con pequeñas variaciones, las condiciones del problema o el propósito de la situación planteada,
- de forma natural, la propia situación planteada lleve a la necesidad de incorporar, modificar o elaborar nuevos conocimientos, nuevos procedimientos.

10 Ejemplos de problemas que plantean tareas ricas (II)

- Podrías calcular la longitud de la cuerda que se "enrosca" alrededor de un cilindro de 10 cm de diámetro y 10 cm de altura? ¿Sabrías calcular su longitud cuando ésta da un número determinado de vueltas?
- Una hormiga avanza 6 cm por minuto sobre una goma elástica que mide 24 cm. Al cabo de un minuto estiramos la goma alargándola 12 cm más. Al cabo de otro minuto estiramos nuevamente la goma alargándola 12 cm más. De hecho esta goma es tan "fantástica" que permite estos alargamientos cada minuto de forma indefinida.
  ¿La hormiga conseguirá llegar al otro extremo de la goma si continúa caminando mientras la goma continúa alargándose cada minuto de forma indefinida?
- Imagínate que pintas las caras exteriores de este gran cubo. Imagínate a continuación que desmontamos el cubo en los correspondientes minicubos.
  ¿Cuántos de ellos no tendrían ninguna cara pintada? ¿y una? y así sucesivamente hasta el máximo posible.
  Estudia qué pasaría en grandes cubos de mayores dimensiones (nxnxn)

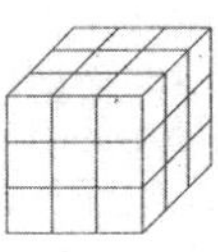

- Un parámetro concreto de esta riqueza es que admitan *distintos niveles de respuesta.*

Estos distintos niveles de respuesta pueden venir determinados en función de distintos niveles de capacidad e intereses del alumnado, o en función de que el proceso de resolución admita optimización, en función de que admitan reformulaciones a otros contextos o generalizaciones. Estos distintos niveles de respuesta, combinados con las distintas vías de solución, puestos en contraste los unos con los otros, debieran provocar un cierto ambiente de disputabilidad y por lo tanto originar discusiones productivas y ricas «en» los grupos y «entre» los grupos, y su reflejo debieran ser argumentaciones cada vez más elaboradas y convincentes.

11 Ejemplos de problemas que admiten distintos niveles de respuesta

- Coged una hoja de papel de forma cuadrada y dobladla por cada vértice de manera que se obtenga un sobre (sin superponer ninguna de las partes dobladas). Con una hoja rectangular observaréis que no es posible obtener un sobre; sin embargo si la hoja es cuadrada, sí. Investigad con qué cuadriláteros es posible obtener un sobre rectangular. Argumentadlo.
- Un ciclista asciende por una montaña a una velocidad que es la mitad de la que consigue alcanzar cuando desciende por la misma carretera, ¿cuál habrá sido su velocidad media?
- Una cabra se halla en medio de un prado atada mediante una cuerda de 10 metros en el ángulo exterior de un corral rectangular de 5 x 4 metros ¿Cuál es la superficie de hierba que podrá alcanzar?

De esta manera toda la clase puede trabajar el mismo problema o situación problemática, pero con distinto nivel de profundidad, que puede venir dada:

- por el grado de abstracción del lenguaje con que se trate (nivel experimental, figurativo o simbólico),
- por la forma en que se justifique el resultado (casos particulares, idea general aplicada a un caso particular, «demostraciones sin palabras», deducción formal),
- por la posibilidad de generalizar la situación (cambiando los datos, la condición, la pregunta).

Por ejemplo, los problemas de construcciones geométricas admiten diversos tratamientos, más aún si se utilizan programas de geometría interactiva como CABRI, que permite conjeturar propiedades, sin necesidad de experimentar repetidamente con los instrumentos de dibujo y medida tradicionales. Veamos el siguiente:

Depósito de agua

Supongamos que haya que buscar un emplazamiento para situar un depósito que suministre agua a tres ciudades ¿Dónde debería estar ubicado?

Lo que se busca es un punto cuya suma de distancias a las ciudades sea mínimo.

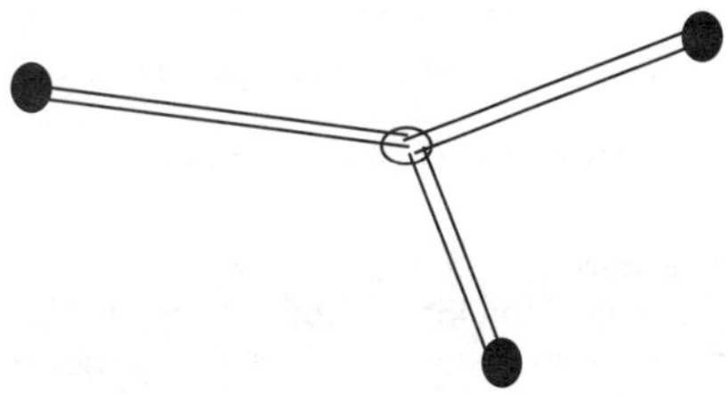

Figura 5.1

El problema se puede abordar físicamente utilizando un mapa, tres chinchetas, una pequeña argolla y una goma elástica. Las chinchetas se colocan en los emplazamientos de las ciudades y la goma se pasa por las chinchetas y la argolla, como indica la figura 5.1. La argolla se situará en el punto de equilibrio, donde la suma de distancias es mínima.

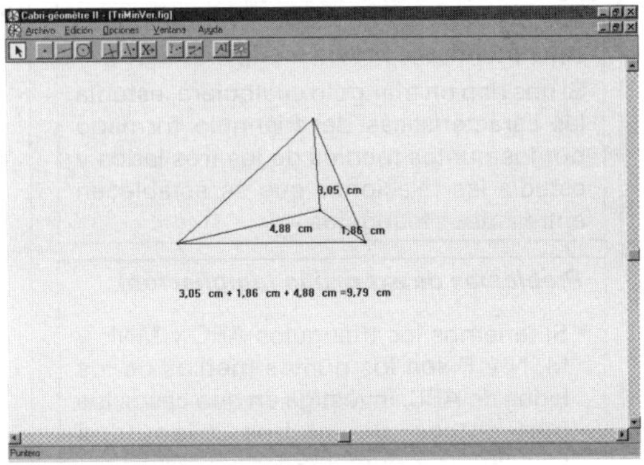

Figura 5.2

También mediante una sencilla construcción con CABRI (figura 5. 2). Si el punto interior al triángulo se mueve, cambian los valores de las distancias a los vértices y la suma. Experimentalmente se puede hallar el punto cuya distancia a los vértices sea mínima.

Por último, se puede encontrar el punto buscado mediante una transformación geométrica (giro de 60° de centro C del triángulo CPB) para formar una poligonal con los segmentos PA, PB y PC que unen el punto P buscado con los vértices, como muestra la figura 5.3.

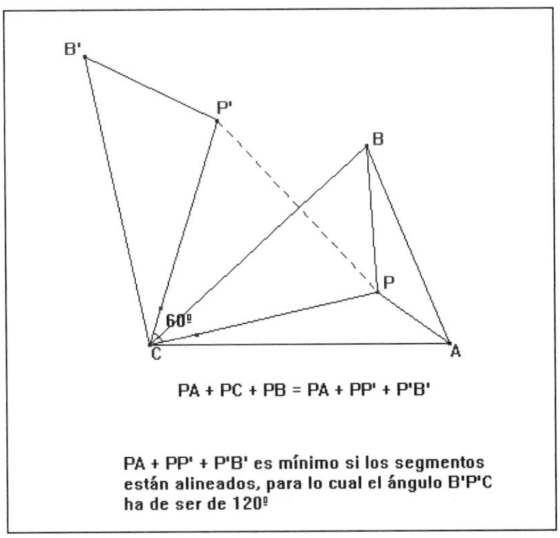

Figura 5.3

Estos modelos materiales, interactivos o con figuras invitan a relacionar la actividad manual, manipulativa e intelectual.

La consideración de estas características nos lleva a la necesidad de creación de archivos de problemas, que de forma sencilla y funcional nos permitan organizar colecciones desde múltiples perspectivas. Un ejemplo de entre los muchísimos que se podrían establecer es el de la ficha del cuadro 5.2.

Cuadro 5.2. Ejemplo de ficha de archivo de problemas

ENUNCIADO DEL PROBLEMA

Nos dan tres puntos cualesquiera y nos dicen que son los puntos medios de los lados de un triángulo. Explica un método claro y convincente que nos permita dibujar los vértices de este triángulo.

***Posible variante de menor complejidad* (que puede ser previa o sugerencia)**

Si nos dan un triángulo cualquiera, estudia las características del triángulo formado por los puntos medios de los tres lados y estudia las relaciones que se establecen entre ambos triángulos.

Problemas de extensión (ampliación)

- Si tenemos los triángulos ABC y MNP, y M, N y P son los puntos medios de los lados de ABC, investiga en qué casos los baricentros de ambos triángulos coinciden y argumenta tu respuesta.
- Tenemos un cuadrilátero ABCD, y trazamos un nuevo cuadrilátero MNPQ uniendo los cuatro puntos medios de los lados. Estudia las características de este nuevo cuadrilátero. ¿Depende de la forma de ABCD?
- Siempre que nos den cuatro puntos MNPQ no alineados, ¿es posible construir un nuevo cuadrilátero ABCD que tenga el mismo centro que el anterior y que sean semejantes?

CARACTERÍSTICAS DEL PROBLEMA

Posible nivel:	3º/4º ESO
Propósito problema:	construir, justificar
Finalidades instructivas:	dar significado a conocimientos matemáticos; usar procesos matemáticos.
Implicación de:	
Conceptos	medianas, baricentro, proporcionalidad, semejanza, razón
Hechos	teorema de Tales, suma ángulos interiores, partición de segmentos
Procedimientos	construcción figuras geom., análisis características, estimación y comparación, uso lenguaje algebraico
Estrategias	suponer problemas resuelto
Procesos matemáticos	conjeturar, generalizar, verificar, justificar, comunicar, estudiar casos límite, estudiar campo validez

Observaciones: Asequible a un primer nivel; la comprensión de la situación en sí misma ya tiene interés; para alumnos muy avanzados puede no suponer un problema (reconducir a extensiones); puede hacer falta alguna intervención inicial dirigida a la motivación; los distintos niveles de respuesta vienen determinados por distintos niveles de justificación.

Organización de la tarea

Por organización de la tarea, nos referimos en su sentido más amplio a todas las decisiones tomadas por el profesorado normalmente relacionadas con la gestión del trabajo en el aula, el clima que se genera en ella, las relaciones interpersonales que se establecen, etc. De entre el numeroso abanico de aspectos que envuelven este tipo de decisiones, destacaremos cuatro por su especial relevancia en el proceso de formación de las creencias y por su capacidad para modificarlas: el trabajo en pequeños grupos en un marco de discusión, la comunicación en general, el proceso de reflexión sobre la resolución del problema y el desarrollo de la creatividad a través de la resolución de problemas.

Trabajo en grupo

Así, y en primer lugar, consideramos que a pesar de las numerosas dificultades vale la pena apostar por un trabajo en pequeños grupos y por la discusión (Abrantes, 1994; Schoenfeld, 1985b), y consideramos que integrados adecuadamente con fases de trabajo individual pueden resultar una oportunidad única para «vivir» y «recrear» el proceso propio de la actividad de resolución de problemas. De esta manera se pueden poner en crisis algunas creencias inadecuadas sobre el proceso de resolución de problemas, que por falta de contraste están fuertemente arraigadas, relativas al abordaje, la planificación, el desarrollo y la revisión del trabajo.

En particular, proponemos un modelo de organización descrito por las siguientes fases:

- una fase inicial de trabajo individual de abordaje y familiarización con el problema, donde se adquiera interés por la tarea;
- una segunda fase de trabajo en pequeños grupos donde se provoca y produce el intercambio de ideas, se razona en términos de conjetura, donde se buscan los datos en función de las necesidades o las conjeturas[7], donde se toman decisiones, se produce el ataque, se llega a conclusiones, se efectúan revisiones y en la cual se elabora y se consensúa un primer informe de estas conclusiones; en esta fase nos remitiríamos a modelos de trabajo en resolución de problemas ya reseñados bibliográficamente[8];
- una siguiente fase de trabajo individual (principalmente en casa) de mejora/optimización del proceso de resolución, de elaboración de un informe retrospectivo que incluya el anterior y lo amplíe con la reflexión del proceso, la explicitación de los procedimientos y de los criterios seguidos para su elección, que plantee nuevos interrogantes, etc.;

---

[7] En vista de las potencias de las creencias identificadas en algunos estudios (p.e. Vila, 2001) con relación a la toma en consideración de los datos del enunciado como punto de partida del proceso de resolución, o la propia caracterización de la naturaleza de la actividad de resolución de problemas como actividad de reconocimiento/aplicación, consideramos especialmente relevante la potenciación de este modelo de conducta.

[8] Por ejemplo el modelo que plantea la actividad matemática en el aula como simulación de actividades de investigación (Gil y otros, 1988), o al modelo descrito por Abrantes (1996) o Guzmán (1995), Mason y otros (1988) o Callejo (1994), entre otros.

– una fase final de muy diversa naturaleza, que puede ser tanto de discusiones en gran grupo como, nuevamente, de trabajos en pequeños grupos para analizar-valorar el propio proceso o el proceso seguido por algunos compañeros.

Es obvio que esta manera de proceder en el aula es un modelo de trabajo «donde llegar» (largo recorrido de la intervención) y un marco de trabajo «a adecuar» a cada situación en concreto (flexibilidad de la intervención, sucesivas fases inclusivas) y no pretende ser una propuesta cerrada a implementar.

En este mismo marco de modelo de referencia, en una fase ya avanzada de implementación y de aprendizaje de trabajo en grupo, consideramos especialmente eficaz[9] la asunción de los papeles de moderador/a, que dirige y orienta la metodología de trabajo fijada, y de secretario/a que toma notas. En particular, el moderador/a debiera decidir el momento de cambiar de fase en el curso de la resolución (exposición de ideas, aplicación...), impedir la valoración de ideas antes de que llegase el momento de elegir una estrategia para trabajar ya con ella, moderar las intervenciones (interrupciones, monopolización...), utilizar estrategias para evitar silencios prolongados o desvíos de la cuestión planteada. En las primeras fases de implementación del modelo, este papel no solo difícilmente puede ser desarrollado por un alumno, sino que es especialmente difícil por el escaso hábito de los miembros de los pequeños grupos; por ello deberá ser asumido por el propio profesorado o (según modelos o planteamientos de clase) por su personal auxiliar[10].

El cuadro 5.3. sintetiza estas ideas:

Cuadro 5.3. Resolución de problemas. Pautas para el trabajo en grupo

- Las sesiones suelen durar entre 30 y 40 minutos. El número de participantes está comprendido entre 4 y 6 alumnos.
- El moderador/a ha de guiar la sesión sin controlarla ni dirigirla. Sus funciones son:
  - Impedir que se valoren y critiquen las ideas, sean de quien sean.
  - Evitar que más de una persona hable al mismo tiempo, que se interrumpa a otra o que alguien acapare la palabra.
  - Dar sugerencias cuando hay un prolongado silencio o solicitar del secretario que lea la lista de ideas.
  - Proponer el uso de alguna técnica concreta.
  - Proponer el problema al inicio de la sesión y recordarlo en caso de que la atención se desvíe.
- El secretario/a toma nota de la lista de las ideas emitidas durante la sesión.

[9] Nos remitimos a las experiencias reseñadas en Callejo (1994) y Vila (1998a).

[10] Nos remitimos al trabajo anteriormente mencionado (Callejo, 1994) para la reseña de ejemplos.

Desarrollo de la sesión:

Comienza la sesión planteando el moderador/a el problema. La sesión se desarrollará en dos partes:

1. Exposición de ideas.
2. Selección de ideas.

Durante la exposición de ideas no se hace ninguna valoración de las mismas. Debe omitirse cualquier juicio o punto de vista. Se evita todo tipo de comentarios. Puede darse cualquier criterio, cualquier idea. El moderador/a ha de impedir que se critiquen las ideas emitidas. Cuando el moderador/a considere que hay un número suficiente de ideas para seleccionarlas y valorarlas, pasará a la segunda parte de la sesión. La selección puede obedecer a distintos criterios de valoración:

- ideas de utilidad inmediata;
- áreas que requieren mayor exploración;
- nuevos enfoques del problema.

Comunicación

Un segundo aspecto al que nos hemos referido es el de la comunicación, aspecto por supuesto inseparable del anterior. Dos creencias muy extendidas, a su vez mitos sociales, son las que hacen referencia a que "las matemáticas no se hablan, se escriben" y a que "las matemáticas no se discuten, se aceptan". Una causa de estas creencias, que a su vez se convierte en efecto, retroalimentándose continuamente, es el predominio casi absoluto de las actividades de «lápiz y papel». Sin querer (ni poder) convertir estas líneas en un tratado sobre la comunicación en educación matemática, queremos argumentar la importancia de esta comunicación en un clima de libertad, una atmósfera de interrogación, para mejor conocer los procesos y dificultades ajenos, como fuente de aprendizaje y de autoestima, para mejorar en los procesos de razonamiento, etc.

Para favorecer esta comunicación es necesario ir introduciendo un vocabulario básico que permita hablar de forma precisa, clara y correcta sobre aspectos no tan sólo propios de los conocimientos matemáticos sino también del quehacer matemático y de los aspectos afectivos que envuelve. En el marco de una discusión en pequeños grupos[11], esta comunicación puede facilitarse animando progresivamente en la participación, impidiendo juicios rápidos, evitando que se desechen ideas, propiciando el análisis de bloqueos, pidiendo generalización, etc.

Reflexión sobre el proceso

El tercer aspecto que consideramos crucial es el de la reflexión sobre el proceso de resolución. Los instrumentos y estrategias más frecuentes son los

---

[11] Nos remitimos nuevamente a Callejo (1994) y a Vila (1998a) como experiencias.

protocolos escritos de resolución, los cuestionarios y entrevistas retrospectivos y las puestas en común. Los dos últimos, a pesar de su potencia como herramienta de investigación, son de difícil generalización en el quehacer diario del aula; así, a pesar de las muchas limitaciones de tiempo y de esfuerzos, abogamos por el primero. Sin entrar en detalles[12], queremos precisar que los protocolos debieran recoger dos tipos de información: el contenido del proceso y las observaciones sobre el mismo, entendiendo por éstas lo que se está realizando, lo que se está pensando, el parecer sobre lo que se está haciendo y los sentimientos por los que se está pasando.

Al hacer estas propuestas somos conscientes de que el alumnado, en general, está poco habituado a este modelo sistemático de trabajo en el aula, y que el trabajo de aprendizaje será arduo y prolongado en el tiempo. Más aún, diversos estudios[13] plantean mayores dificultades: hay alumnos que no se adaptan al trabajo en pequeños grupos. Pero esos mismos trabajos matizan y contextualizan esas inadaptaciones, a la vez que identifican aspectos que nos pueden permitir superarlas; a pesar de que ello suponga una excesiva simplificación, concluyen que quien más se inhibe o más rechaza el trabajo en pequeños grupos y la discusión, responde principalmente a dos perfiles muy diferenciados entre sí: por una parte el alumnado que más reclama un trabajo pautado, enormemente estructurado, y que paralelamente más tendencia tiene a idealizar al profesorado que les aporta esta seguridad que les falta (y simultáneamente a rechazar al profesorado que les hace trabajar en pequeños grupos); por otra parte el alumnado que, debido o no a un carácter altamente competitivo, tiene a su vez un carácter fuertemente individualista. En ambos casos, estos estudios nos constatan una cierta dependencia del profesorado: su ayuda y apoyo, su motivación y estimulación. Sería por lo tanto esta dependencia la que debería jugar el papel de motor para implicarlos en esta dinámica de trabajo. En cualquier caso, concluyen los estudios, este largo y dificultoso trabajo es globalmente exitoso, y vale la pena llevarlo a cabo.

Desarrollo de la creatividad

El hecho de que la resolución de un *verdadero problema* sea un acto creativo tiene importantes consecuencias de tipo didáctico, como hemos visto, relacionadas con la implicación afectiva y con el uso y la gestión del tiempo, ya que no se puede estimar de antemano la dedicación que puede exigir un problema y hay que prever espacios para que se produzca la incubación. En consecuencia, la evaluación se debe centrar en los procesos, más que en los resultados, y en los progresos de los alumnos tras un largo período de instrucción.

---

[12] Para los cuales nos remitiríamos principalmente a Callejo (1994) y a Guzmán (1995).
[13] Por ejemplo Abrantes (1994), Vila (2001).

Aparte de estas consideraciones sobre la naturaleza del acto creativo, vamos a ver cómo se pueden desarrollar las distintas componentes de la creatividad (fluidez, flexibilidad y originalidad) a través de la resolución y la formulación de problemas. Lo haremos con los ejemplos de tres problemas sencillos y conocidos: *Pedro y sus amigos*, *Cuadrados en un tablero* y *Triángulo equilátero*.

Nos planteamos las siguientes cuestiones:

- ¿De cuántas formas se puede resolver el problema dado?
- ¿Qué nuevos problemas se pueden formular a partir del original?

Pedro y sus amigos

Pedro y seis de sus amigos pasaron un día en el parque de atracciones. Al final del día decidieron emparejarse y subir a la montaña rusa. Cada amigo se montaría con los otros una y exactamente una vez. ¿Cuántos viajes deberían hacer?

¿Cuántos viajes harían si Pedro fuese al parque de atracciones con más amigos, por ejemplo con 7, con 8, con 9, con 10, etc.?

Nos planteamos resolverlo de distintas formas y formular nuevos problemas cambiando el contexto del enunciado

- Distintas formas de resolverlo

Este problema se puede abordar mediante distintas representaciones:

– Haciendo una interpretación geométrica de la situación (figura 5.4): los niños se representan por puntos y los viajes por segmentos de extremos estos puntos. Se puede hacer el recuento de distintas formas: multiplicando el número de segmentos con un extremo común por el número de puntos y luego dividiendo por dos, porque cada segmento se ha contado dos veces; sumando ordenadamente los segmentos que parten de cada punto teniendo en cuenta los que ya se han contado.

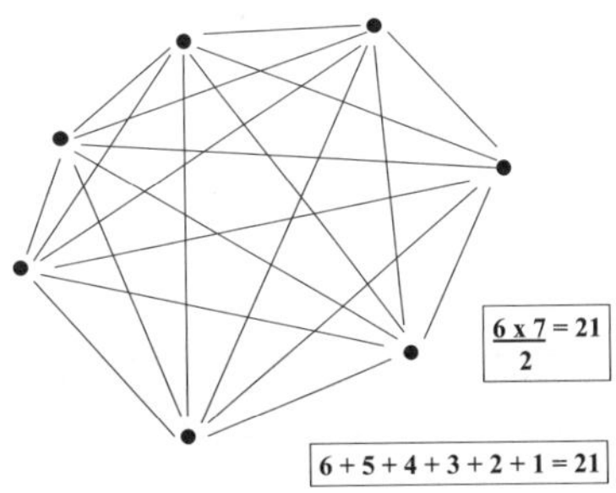

Figura 5.4

– Elaborando una tabla en la que se indica el número de niños y el de viajes y tratando de encontrar una pauta:

Niños	2	3	4	5
Viajes	1	3	6	10

La sucesión del número de viajes es la de los números triangulares (figura 5.5)

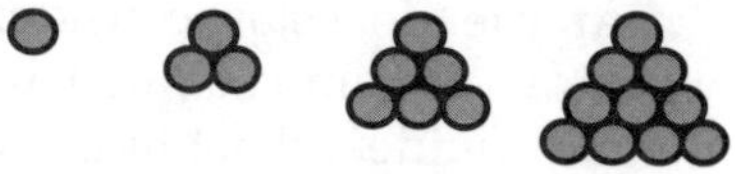

Figura 5.5

– Haciendo una tabla de doble entrada y designando a los niños por letras. Con esta representación el recuento es el número total de celdas, dividido entre dos.

	Ana	Beni	Carla	Daniel	Esther	Fran	Guille
Ana	-	A-B	A-C	A-D	A-E	A-F	A-G
Beni	-	-	B-C	B-D	B-E	B-F	B-G
Carla	-	-	-	C-D	C-E	C-F	C-G
Daniel	-	-	-	-	D-E	D-F	D-G
Esther	-	-	-	-	-	E-F	E-G
Fran	-	-	-	-	-	-	F-G

• Formulación de nuevos problemas cambiando el contexto

Cada una de estas representaciones del problema genera de forma natural nuevos problemas. Por ejemplo, la geométrica da lugar a la siguiente pregunta: ¿Cuál es el número de diagonales de un polígono? La tabla genera una sucesión de números ante la que podemos preguntarnos: ¿Cómo podemos determinar el número que ocupa el lugar 100? La tabla de doble entrada aparece semanalmente en la prensa deportiva presentando los resultados de la liga de fútbol hasta la fecha, podemos preguntarnos: ¿Cuántos partidos se juegan en una liga de 20 equipos si cada uno juega en casa y fuera con todos los demás? También se pueden enunciar otros problemas de emparejamiento.

Hemos visto cómo a partir de este problema se puede desarrollar la fluidez proponiendo que se resuelva de distintos modos, y la flexibilidad pidiendo que se formulen nuevos problemas cambiando sólo el contexto, lo que se puede esquematizar como sigue:

Cuadro 5.4. Fluidez y cambio de contexto.

Problema inicial	Varias resoluciones	Nuevos problemas
Pedro y sus amigos	Representación geométrica Tabla Tabla de doble entrada	Diagonales de un polígono Números triangulares Emparejamientos (liga)
	Fluidez	**Flexibilidad**

Cuadros en el tablero

¿Cuántos cuadrados hay en un tablero de ajedrez?

Este problema se puede proponer pidiendo a los alumnos que lo resuelvan de una forma y que formulen otros cambiando la pregunta.

• Resolución

Se puede hacer una nueva interpretación geométrica de la situación, representando los cuadrados por sus centros y sumando los que hay de cada tamaño. Se tiene así la suma de los cuadrados de los ocho primeros números naturales. En la figura 5.6 representamos tres recuentos.

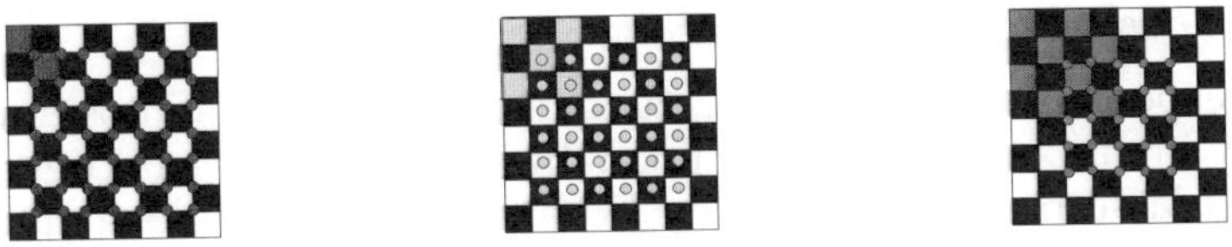

Cuadrados 2 x 2   Cuadrados 3 x 3   Cuadrados 4 x 4

Figura 5.6

En total: $8^2 + 7^2 + 6^2 + 5^2 + 4^2 + 3^2 + 2^2 + 1^2$

• Formulación de nuevos problemas cambiando la pregunta

Se pueden proponer las cuestiones siguientes:

– ¿Cuántos cuadrados hay en un tablero nxn?
– ¿Cuántos rectángulos hay en un tablero nxn?
– ¿Cuántos cubos hay en un cubo nxnxn?

Se puede esquematizar el trabajo con el problema de la siguiente forma:

Cuadro 5.5. Cambiar la pregunta

Problema inicial	Resolución	Nuevos problemas
Cuadrados en un tablero	Representación geométrica	Tablero cuadrado nxn Rectángulos tablero nxn Cubos "tablero" nxnxn
		Fluidez

La primera pregunta nos conduce al problema de la suma de los cuadrados de los n primeros números naturales. Se puede calcular representando los números por medio de números pirami-

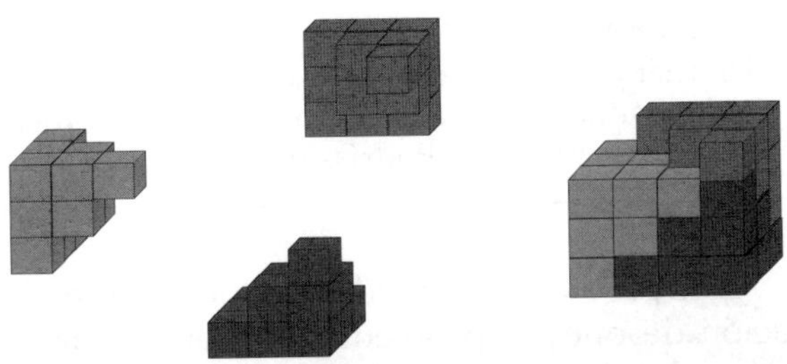

Figura 5.7

dales de base cuadrada. Al encajar tres iguales, a modo de rompecabezas, como indica la figura 5.7, se tiene:

$$3·(3^2 + 2^2 + 1^2) = 4·3 \tfrac{1}{2} · 3$$

Con lo cual se puede conjeturar que:

$$n^2 + (n - 1)^2 + ... + 3^2 + 2^2 + 1^2 = \frac{(n+1)·(n+1/2)·n}{3}$$

y demostrar esta fórmula por inducción.

Para responder a la segunda se pueden calcular los distintos tipos de rectángulos y organizar los datos en una tabla de doble entrada (figura 5.8). Se obtiene así la suma de los cubos de los n primeros números naturales, que también se pueden representar geométricamente, y conjeturar que es el cuadrado de la suma de los n primeros números naturales:

Conjetura: $n^3 + (n-1)^3 + ... + 3^3 + 2^3 + 1^3 = (1 + 2 + 3 + ... + n)^2$

	1	2	3	...	n-2	n-1	n
1	n x n						
2	2(n-1)n	(n-1)(n-1)					
3	2(n-2)n	2(n-2)(n-1)	(n-2)(n-2)				
...	...	..	..	...			
n-2	2x3n	2x3(n-1)	2x3(n-2)		3x3		
n-1	2x2n	2x2(n-1)	2x2(n-2)		2x2x3	2x2	
n	2n	2(n-1)	2(n-2)		2x3	2x2	1
NO Cuadr.	$n^2(n-1)$	$(n-1)^2(n-2)$	$(n-2)^2(n-3)$		3^2x 2	2^2	
TOTAL	n^3	$(n-1)^3$	$(n-2)^3$		3^3	2^3	1^3

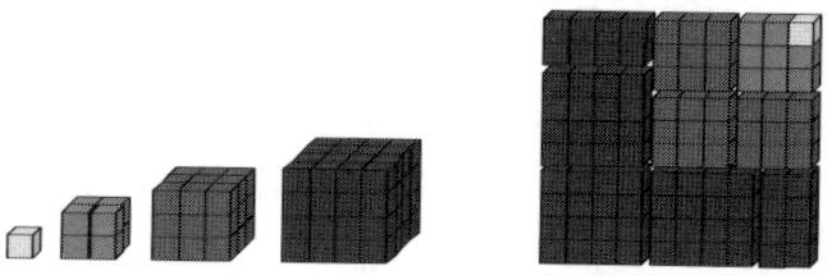

Figura 5.8

En cuanto a la tercera pregunta, el número de cubos en el cubo nxnxn se puede calcular haciendo un recuento sistemático y se obtiene la suma de los cuadrados de los n primeros números naturales.

Triángulo equilátero

Un triángulo equilátero tiene de altura 1. Si se toma un punto P interior al triángulo o situado sobre los lados, la suma de distancias de P a los tres lados, ¿es siempre la misma? ¿Podrías demostrar tu afirmación?

Este problema se puede proponer pidiendo distintas soluciones y la generación de nuevos problemas cambiando la situación inicial (punto interior, triángulo) de modo que la suma de distancias se mantenga constante.

• Distintas formas de resolverlo

Este problema se puede resolver de diversos modos:

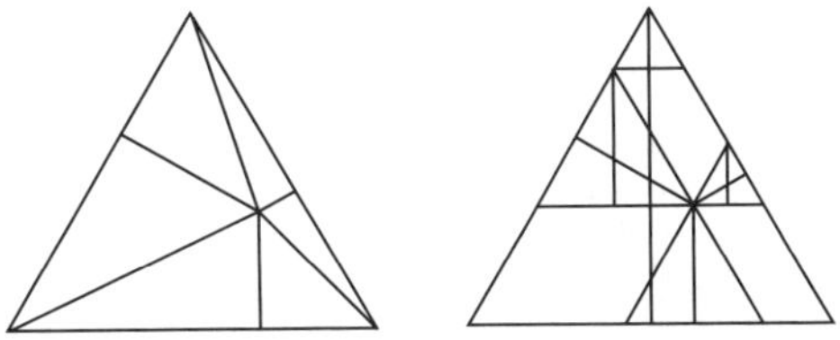

Figura 5.9

- Por geometría analítica y entonces se reduce a mero cálculo.
- Descomponiendo el triángulo en tres triángulos de vértice común P y lado opuesto un lado del triángulo dado y relacionando las áreas.
- Resolviendo primero casos más sencillos (vértices, puntos de los lados, centro, puntos de las alturas) y reduciendo el caso general al más sencillo.

Cada uno de estos procedimientos pone en evidencia que el hecho de ser un triángulo equilátero no es condición necesaria para que se cumpla esta propiedad, esto es, que el procedimiento empleado no exige que se trate de un triángulo, ni de un polígono regular, ni siquiera de un polígono; otros polígonos y cuerpos geométricos cumplen esta propiedad.

• Formulación de nuevos problemas: situaciones que cumplan la condición

Nos podemos plantear los problemas siguientes:

- Dado un punto exterior a un triángulo equilátero, ¿para qué otros puntos la suma de distancias a los lados es la misma?
- ¿Para qué polígonos la suma de distancias desde un punto interior a los lados es constante?
- ¿Para qué poliedros la suma de distancias desde un punto interior a las caras es constante?

Se puede esquematizar el proceso como sigue:

Cuadro 5.6. Generalización de la condición

Problema inicial	Varias resoluciones	Nuevos problemas
Triángulo equilátero	Geometría analítica Descomposición superficie Reducir casos sencillos	Punto exterior Polígonos y poliedros regulares Polígonos y poliedros no regulares
	Fluidez	**Flexibilidad**

A modo de resumen, el cuadro siguiente, adaptado de Silver (1997), presenta distintos tipos de tareas que se pueden proponer a los alumnos para desarrollar la creatividad. Algunas de ellas las hemos ilustrado en los tres ejemplos anteriores:

Cuadro 5.7. Desarrollo de la creatividad a través de la resolución de problemas (Silver, 1997)		
	CREATIVIDAD	
RESOLUCIÓN DE PROBLEMAS		FORMULACIÓN DE PROBLEMAS
• Abordar problemas con varias: - interpretaciones - estrategias de resolución - soluciones	FLUIDEZ	• Formular varios problemas a partir de una situación
• Resolver (o expresar o justificar) un problema de una forma y luego hacerlo de otras formas	FLEXIBILIDAD	• Formular problemas que se pueden resolver de diferentes maneras. • Formular nuevos problemas a partir de la cuestión: "¿Qué pasaría si ...?"
• Examinar varios métodos de resolución o respuestas (expresiones o justificaciones) y generar luego otros diferentes	ORIGINALIDAD	• Examinar algunos problemas ya formulados y luego proponer otros diferentes

La resolución de problemas se puede proponer a los alumnos para que desarrollen procesos del pensamiento matemático y para motivar y hacer significativa la introducción de una noción. Aquí nos hemos detenido en el desarrollo de la creatividad a través de la resolución de problemas. Hemos esbozado varios ejemplos que muestran el tratamiento que se les puede dar a estos problemas a lo largo de una secuencia de enseñanza.

La dinámica expuesta exige que los alumnos verbalicen su pensamiento, trabajen en grupo, discutan y pongan en común sus ideas para confrontarlas tanto entre ellos mismos como con el profesor. Se trata una vez más de romper con el individualismo y con la hegemonía del escrito en clase de matemáticas. Esta ruptura exige tanto del profesorado como del alumnado unos hábitos de trabajo que no son fáciles de improvisar, así como unas condiciones ambientales de espacio y aislamiento del aula que permitan el trabajo en grupo. Por otra parte se trata de metodologías activas que a largo plazo son más eficaces que otras más pasivas, pero que requieren más tiempo. Estas consideraciones, de mero realismo, ponen de relieve las condiciones necesarias para que la resolución de problemas pueda entrar en el currículum de matemáticas aportando un aire fresco, renovador.

Papel del profesorado

En cuanto al papel del profesorado, no podemos ignorar que los dos aspectos anteriores forman parte precisamente de su toma de decisiones diaria y de a medio–largo plazo en el momento que planifica sus clases, y de forma explícita e implícita ya hemos mencionado aspectos clave de su inter-

© narcea, s. a. de ediciones

vención. Sin embargo, queremos apuntar varios nuevos aspectos que complementen lo anteriormente dicho.

Por una parte, queremos hacer especial referencia a la incidencia que tiene este papel del profesorado en el proceso de formación de las creencias, y en particular por el papel tanto normativo ("si el profesor lo dice...", "lo cree así...", "lo espera así...") como de mediador de aprendizaje (los profesores «especiales») que se le otorga (Vila, 2001). Por lo tanto, intentando invertir la incidencia del primero y aprovechando la relación directa del segundo en el desarrollo de aspectos de tipo afectivo, creemos que el profesorado debería resultar un *modelo de conducta metacognitiva*[14]. Su papel debería ser:

- orientar y moderar más que «guiar por un camino»;
- preguntar, incitar y cuestionar para hacer reflexionar más que aportar respuestas;
- animar y propiciar más que exigir;
- dudar, reflexionar, explorar, experimentar, conjeturar... más que informar.

Así pues, su flexibilidad, persistencia, actitud interrogativa, gusto por el reto, capacidad de trabajo cooperativo, capacidad para explicitar sus procesos mentales y justificar sus decisiones, etc. son factores sin los cuales la organización y las características de la tarea anteriormente descritos pueden convertirse en ineficaces. Obviamente este modelo daría significado al componente de razonamiento que reclama la actividad de RP, incidiría directamente en creencias identificadas a menudo con mucha fuerza como son las que hacen referencia a que la dificultad de resolver un problema consiste en «descifrar el enunciado», a la mecanización de la actividad, al intento prioritario de reducción de los problemas a «no-problemas» o al poco peso que tienen los recursos no algorítmicos[15].

Por otra parte, debería vigilar no adoptar un lenguaje reduccionista y respuestas maximalistas en las recomendaciones al alumnado; nos referimos por ejemplo a aquellas recomendaciones dadas por el profesorado que, a pesar de ser estrictamente correctas y pertinentes, a menudo adquieren un significado preceptivo y exclusivo en otros modelos o situaciones: "Hay que leer bien el enunciado", "hay que identificar los datos", "hay que mirar qué pregunta", "los cuatro pasos a seguir cuando se resuelve un problema algebraico", etc.

---

14 Tomando el término de Schoenfeld (1987)

15 La profesora M.C. Pinilla (1997), en una investigación llevada a cabo con alumnos de 4° de Secundaria del IES Siete Colinas de Ceuta, en la asignatura Taller de Matemáticas enfocada desde la perspectiva de la resolución de problemas, ha distinguido diversas acciones de la profesora: proponer la tarea y el agrupamiento de los alumnos, animar, dar indicaciones, preguntar sobre el proceso, explicar, proponer una profundización, moderar una puesta en común. A lo largo del curso la intervención ha evolucionado siendo menos directiva y más orientativa, pues los alumnos han ido ganando en autonomía y en capacidad de autorregulación de sus propios procesos.

Paralelamente, queremos hacer mención de un tercer aspecto que, según se constata, muy a menudo juega un papel importante en la formación del sistema de creencias: nos referimos al «gusto por las matemáticas». Sin embargo no compartimos la adecuación del término en tanto en cuanto se puede basar en aspectos irrelevantes o incluso no compartidos por nosotros; en este sentido preferimos optar por el término «predisposición positiva hacia la matemática»[16], término que relacionamos estrechamente con aspectos afectivos que están contemplados en el sistema de creencias adecuado, y al cual dirigimos nuestros esfuerzos de modificación de las creencias del alumnado.

Llegados aquí, cabe preguntarse si estamos hablando de un profesor/a o de un ejemplar inusual de ser humano (y pedimos disculpas por la expresión) capaz de disponer y activar un amplio bagaje de recursos y procesos matemáticos propios y de reconocer y potenciar los valores de los ajenos (o sea un gran matemático), capaz de decidir el mejor momento de su intervención y el modo de hacerlo (un gran pedagogo) y capaz de motivar, dar confianza, y en general de canalizar la carga afectiva que con relación a la actividad matemática puede implicar al alumnado, aparte por supuesto de controlar su propia carga emocional (o sea un buen *coaching*[17]). Esperando comprensión por las licencias y por las posibles hipérboles que nos hemos tomado en el párrafo anterior, queremos dejar constancia de que ésa es precisamente la definición del profesorado, y que ese papel irrenunciable se va moldeando con la propia experiencia, con la adquisición de confianza y seguridad en sí mismo y en su profesión, con su propio proceso de formación continuada y con el intercambio día a día con el resto de docentes, muchos de los cuales son objetivamente un modelo a seguir.

Consideramos que bajo este modelo de trabajo en resolución de problemas podemos ayudar al alumnado a tomar conciencia de sus propios procesos y creencias y de los procesos y alternativas ajenos, a reproducir a pequeña escala atmósferas de interrogación, de desafío, de reflexión; a plantearse la propia formulación de problemas; a considerar la resolución de problemas desde perspectivas e intereses múltiples; pero en cualquier caso a planteársela como una actividad abierta a todos lo cual, en particular, también creará el conflicto deseado con mitos sociales a menudo con efectos negativos sobre el sistema de creencias.

Sin embargo, la frecuencia con la que se planteen tareas de estas características y la relevancia que se les dé, tendrán una fuerte incidencia en el proceso de formación de las creencias en torno a la resolución de problemas. Y es aquí donde cabe considerar el segundo escenario–marco: «la resolución de problemas en el currículum».

---

[16] O *actitud matemática* como también menciona el NCTM (1989), al cual nos remitimos en su lista de descriptores.

[17] Usamos este término propio de la psicología social y de los recursos humanos que parcialmente podría traducirse como «entrenador».

LA RESOLUCIÓN DE PROBLEMAS EN EL CURRÍCULO: COMO OBJETO Y COMO INSTRUMENTO DE APRENDIZAJE

Intentando avanzar algunos pasos más en la intervención educativa, para modificar aquellas creencias del alumnado que no son adecuadas, consideraremos el papel de la RP en el currículum de matemáticas desde dos ángulos:

1. Las influencias que deberíamos evitar poniendo el acento tanto en las causas como en las repercusiones.
2. Las propuestas que deberíamos desarrollar: la RP como objeto de estudio, y el enfoque complementario, la RP como instrumento de aprendizaje, en particular nos referiremos a la creación de un ambiente de resolución de problemas.

Un enmarque: Las creencias del profesorado

En el capítulo 3 hemos expuesto la influencia de los sistemas de creencias del profesorado y de sus prácticas habituales en clase de matemáticas sobre la formación de las creencias del alumnado.

Estos sistemas de creencias del profesorado con relación a qué son las matemáticas, cómo se aprenden y cómo se deben enseñar, pueden a su vez enmarcar sus sistemas de creencias con relación al papel que deben jugar los problemas en el proceso de educación matemática. En un intento de síntesis, queremos referirnos a dos modelos de trabajo en el aula, que dan cada uno de ellos un papel muy distinto a la RP; estos modelos, parcialmente antagónicos, podrían delimitar dos extremos de un figurado continuo que representaría los distintos equilibrios y desequilibrios entre ambos, abarcando un rango amplísimo tanto de sistemas de creencias del profesorado como de sus correspondientes modelos de intervención en el aula.

Así pues, planteamos dos ejes (ver cuadro 5.8): en uno representaríamos los sistemas de creencias del profesorado en torno a la RP; en el otro, los modelos de trabajo con problemas de ese mismo profesorado. Nuestra hipótesis plantea un paralelismo entre ambos.

Más concretamente, en un extremo del primero situaríamos los sistemas de creencias del profesorado que tienden a considerar el problema como subsidiario de los contenidos matemáticos, otorgándole una *finalidad acreditativa* (herramienta para controlar el nivel de aprendizaje de conocimientos matemáticos) y una *finalidad ilustrativa* (herramienta para ilustrar, más que aplicar, los distintos conocimientos que se van introduciendo); estos sistemas de creencias se relacionarían con modelos de trabajo que tienen en común la característica de que conviene «reducir los problemas a no-problemas», denominación que adoptaremos para referirnos a este modelo y lo relacionamos a su vez con la visión de enseñar las matemáticas que pone el centro de atención en los contenidos matemáticos, enfatizando su aplicación.

Cuadro 5.8. El panel dado a la RP

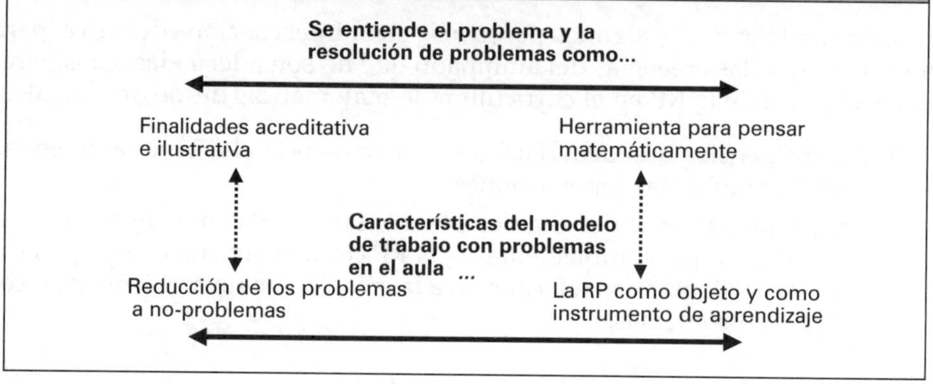

En el otro extremo del eje situaríamos los sistemas de creencias del profesorado que tienden a considerar el problema como una herramienta didáctica para favorecer el pensamiento matemático, relacionándolos con modelos de trabajo (descritos de formas muy diversas) que consideran la resolución de problemas tanto un *objeto* como un *instrumento* de aprendizaje, denominación que adoptaremos para referirnos a ellos, y que desarrollaremos en los próximos apartados.

Tipos de actividades matemáticas escolares

En cada uno de los modelos que acabamos de presentar, se privilegian determinadas actividades, que inciden más específicamente en el propósito que persigue el profesorado.

Distinguiremos cinco tipos de actividades matemáticas escolares: *ejercicios, cuestiones prácticas, problemas no contextualizados, situaciones problemas y problemas de estrategia,* en función de la finalidad y de características más operativas que nos permitirían identificarlos en un material didáctico. Las dos primeras son más adecuadas para el modelo de «reducir problemas a no-problemas» y las tres últimas para el modelo de «RP como objeto o como instrumento de aprendizaje».

A continuación presentamos cada una de ellas y damos ejemplos ilustrativos.

Ejercicios

Los ejercicios se proponen con la finalidad de mecanizar/automatizar determinados procedimientos presentados en el aula o ayudar a la comprensión de determinados conceptos; pueden comportar tareas de reconocimiento, de repetición o de ejecución de algoritmos. Podrían caracterizarse porque los enunciados:

- Contienen indicios suficientemente claros de los procedimientos que se espera que sean utilizados (bien palabras clave o algún referente fácilmente identificable, o son presentados en el contexto o unidad didáctica en el que se desarrolla el proceso de resolución).
- Son precisos y concisos.
- Proponen la obtención de un único nivel de respuesta.
- No son propuestos de forma aislada, sino en una colección repetitiva o jerarquizada.

Cuestiones prácticas

La cuestiones prácticas (también podrían mal denominarse *problemas contextualizados matemáticamente*, e incluirían los problemas «de aplicación pura» anteriormente mencionados) son propuestas en estrecha relación con conocimientos matemáticos y tienen como finalidad fijar estos conocimientos[18] mediante una conexión con la vida real o con una pseudo-aplicación de las matemáticas. En la práctica, se convierten en ilustraciones de los procedimientos matemáticos. Podrían caracterizarse porque los enunciados:

- Suelen ser verbales.
- Tienen indicios claros de los procedimientos que se espera que sean utilizados y referentes fácilmente identificables, por ejemplo el contexto en el cual se proponen (*estandarización*).
- Son propuestos durante el desarrollo de la unidad didáctica en la que han sido presentados los procedimientos necesarios para la resolución, y normalmente inmediatamente después de estas presentaciones (*contextualización matemática*).
- Acostumbran a formar parte de listas o de relaciones.

Problemas no contextualizados matemáticamente (PNC)

Son propuestos al alumnado con la finalidad de capacitarle para que sepa utilizar los conocimientos matemáticos presentados en el aula y también para desarrollar la capacidad de resolver problemas. Las diferencias con las cuestiones prácticas son relativas: dependen de la situación concreta en la cual son

---

[18] De hecho no tan solo se pretende que se automatice una serie de técnicas sino también que se aprendan algunos procedimientos como por ejemplo la traducción del lenguaje verbal al aritmético, o la planificación del orden en que la tarea debe ser resuelta. Coinciden parcialmente con las tareas que Blanco (1993) denomina problemas de traducción simple o compleja.

Ejemplos de ejercicios

- Determina el máximo común divisor de 18 y 30
- Efectúa $(1 - 3^{-2}) \cdot (4 - 9^2)$
- Calcula la altura de un triángulo equilátero de 30 metros de perímetro

Ejemplos de cuestiones prácticas

- Si el precio de un objeto es de 12 € más el 16% de IVA, y sólo disponemos de 10 €, ¿qué porcentaje de descuento nos deberían aplicar para poder pagarlo?
- Un grupo de amigos pensaban realizar un viaje de 5.000 km. En su presupuesto habían incluido una cierta cantidad para la gasolina. Sin embargo, su precio bajó unos días antes de salir de viaje, y ello les permitió ahorrarse 2 céntimos por 10 km, y así poder recorrer 250 km más de los previstos. ¿A cuánto ascendía el presupuesto de gasolina?
- Si el peso medio de una clase de 20 alumnos es de 56 k y el de la clase de al lado (de 25 alumnos) es de 52 kg ¿cuál es el peso medio de todos juntos?
- ¿Cuántas veces habrá que lanzar un dado para tener una probabilidad del 95% de obtener algún 6?

Ejemplos de problemas no contextualizados matemáticamente

- Demostrad que si se conocen las áreas de tres de los cuatro triángulos en los que queda dividido un cuadrilátero mediante sus dos diagonales, pueden determinarse el área del cuadrilátero.

- En el periódico X ha salido publicada la siguiente noticia: *"El número de parados durante el mes pasado aumentó en 10.000 personas"*. Al mismo tiempo, el periódico Y publicó que: *"Durante el mes pasado disminuyó la tasa de paro"*. ¿Son posibles ambas noticas a la vez? Argumenta tu respuesta y discute los resultados.

- ¿Cuántos palillos hacen falta para ir continuando una construcción como ésta?

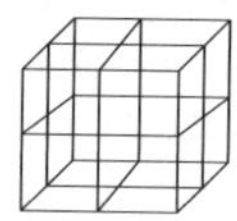

- Imagínate que eres el piloto de una avioneta que puede viajar a 300 km/h sin viento. Tienes combustible para 4 horas. Despegas del aeropuerto y, en el viaje de ida, eres ayudado por un viento de cola de 50 km/h. De repente te das cuenta de que, por el mismo motivo, en el viaje de vuelta estarás volando contra el viento y por lo tanto bajarás a 250 km/h. ¿Cuál es la máxima distancia a la que puedes volar desde el aeropuerto y estar seguro de que tienes combustible suficiente para hacer el viaje de regreso?

propuestas. Los dos ponen el énfasis en los conocimientos matemáticos a utilizar; sin embargo, mientras las cuestiones prácticas podríamos decir que conllevan la «aplicación» de unos determinados procedimientos matemáticos, los PNC conllevan el «uso» de un saber matemático en general. Entre sus características mencionamos las siguientes:

– Suelen admitir más de un procedimiento de resolución, a diferencia de las cuestiones prácticas.

- Son propuestos fuera de la unidad didáctica que desarrolla los procedimientos matemáticos que están implicados en su resolución o bien dentro de la misma, pero necesitan un amplio rango de procedimientos, o las estrategias generales necesarias son más relevantes en el proceso de resolución que los propios conocimientos implicados.
- También a diferencia de las cuestiones prácticas, los PNC exigen una argumentación del proceso seguido (a la cual se da mucha importancia).
- Suelen ser singulares y, por lo tanto raramente forman parte de relaciones o listas de actividades; o, en caso de formar parte, no hay ningún tipo de relación entre ellas (ni en contexto ni en contenido).
- En la resolución de PNC, el proceso y estrategias de tipo intelectual juegan un papel trascendente.

Situaciones problema (problema como instrumento de aprendizaje)

Cuando el profesorado propone una situación problema pretende que el alumnado construya los conocimientos, modelos o procesos matemáticos necesarios para resolver el problema. O sea, aquí el problema se constituye en *instrumento* en tanto en cuanto es el motor para indagar en un nuevo campo de conocimiento o profundizar en uno ya conocido. No se busca tanto la funcionalidad como la construcción del saber. Podría caracterizarse porque:

- Las situaciones problema son propuestas antes de las presentaciones/formulaciones/construcciones de los conocimientos matemáticos implicados en la resolución.
- Nunca forman parte de una lista, la singularidad es esencial.
- Los enunciados de las situaciones problema suelen ser imprecisos, abiertos...

En el cuadro siguiente que ilustra la propuesta, el problema del hotel, por ejemplo se podría proponer para trabajar el método y las aplicaciones del cálculo del número de divisores de un número, conocidos los conceptos de múltiplo y divisor. El problema de formar la palabra POBLET se podría proponer para introducir el cálculo de probabilidades a partir de procesos de simulación. Y el problema de las fichas es un clásico para introducir la noción de probabilidad.

Problemas de estrategia

Con estos problemas (PE) se pretende centrar la finalidad en el «trabajo de elaboración» de estrategias y procesos en el sentido amplio del término, que puedan ser útiles en un amplio rango de situaciones. No es tan importante la construcción de un saber sino la elaboración (implícita o explícita) de la estrategia seguida. Pueden venir caracterizados por:

Ejemplos de situaciones-problema (problemas como *instrumento*)

- En un país había un gran hotel que tenía mil habitaciones y otros tantos empleados. Éstos, un día se dedicaron a jugar abriendo y cerrando las puertas de las mil habitaciones. Al principio, todas las puertas estaban cerradas, y empezó el primer empleado abriéndolas todas; siguió el segundo empleado cerrando todas las puertas pares, y luego el tercero cambiando de posición (abriendo si estaban cerradas, cerrando si estaban abiertas) todas las habitaciones que eran múltiplos de 3. El cuarto hizo lo mismo con todas las habitaciones múltiplos de 4, y así fueron pasando ordenadamente los mil empleados. El último se limitó a cerrar la puerta de la habitación 1000. Pero ¿cómo sabemos que estaba abierta? De hecho, ¿podrías decirnos cuáles han quedado abiertas y cuáles cerradas?

- Cada vez que visitamos el monasterio de Poblet nos dan aleatoriamente un sobre que contiene una letra de la palabra P-O-B-L-E-T; así, al cabo de 6 veces de visitarlo hemos podido tener la grandísima suerte de haber acumulado exactamente las 6 letras diferentes, pero también puede haber pasado que hayamos acumulado 6 letras L o muchas otras posibilidades más. Cuando consigues reunir como mínimo las 6 letras (P,O,B,L,E,T) te regalan una entrada gratuita vitalicia para los tres monasterios de la ruta del Císter. ¿Cuántas visitas crees que será "*conveniente*" hacer a Poblet para poder reunir las 6 letras? Estudia a fondo la situación.

- Se trata de un juego para dos jugadores. Cada uno de ellos dispone de 30 fichas que debe colocar como quiera en las casillas numeradas del tablero que te mostramos.
  Lanzamos alternativamente dos dados, y la suma de las puntuaciones obtenidas es la casilla de la cual debemos retirar una ficha (si hubiese alguna; pero nunca retiraremos más de una). Gana el jugador que primero consiga retirar todas sus fichas. Busca la mejor manera de colocar las fichas y justifícalo.

				Jugador A							
1	2	3	4	5	6	7	8	9	10	11	12
1	2	3	4	5	6	7	8	9	10	11	12
				Jugador B							

– Los contenidos matemáticos necesarios para resolverlos están al alcance de gran parte del alumnado.
– La riqueza de la solución recae en la explicitación y argumentación del procedimiento de resolución.
– No suelen formar parte de «listas».
– En los enunciados hay una cierta propuesta de reto para el resolutor[19].

[19] En este sentido, Deulofeu (1999:93) apuesta por una componente lúdica en los siguientes términos: "Las recreaciones enfatizan la idea de reto que se esconde en la resolución de cualquier problema y permiten incidir sobre aspectos relacionados con la resolución de problemas, como las autorrestricciones, las interpretaciones abusivas o los implícitos del lenguaje verbal que están detrás de los enunciados, las falsas intuiciones y las paradojas, las particularizaciones y generalizaciones y también la reflexión sobre los conceptos matemáticos presentes en el currículum y la práctica de procedimientos, tanto técnicas como estrategias".

Ejemplos de problemas de estrategia

- Con 32 fichas de dominó podemos recubrir un tablero de ajedrez con sus 64 casillas. Si recortásemos de este tablero dos casillas situadas en vértices opuestos, ¿podríamos ahora con 31 fichas recubrir las 62 casillas restantes?
- Un creyente hindú llegó al templo de Shiva con unas flores de ofrenda; pero al llegar se enteró de que no tenía suficientes. Con una gran fe, sumergió su cestillo de flores en la fuente sagrada y observó como éstas se duplicaban en cantidad, con lo cual pudo hacer su ofrenda y además le sobraron algunas. Contento, volvió a sumergir el cesto en la fuente, y nuevamente se duplicaron, con lo cual pudo hacer una nueva ofrenda y nuevamente le sobraron algunas. Y así hasta dos veces más, al final de las cuales se quedó sin florecillas. ¿Podrías decir cuántas florecillas tenía cuando llegó y cuántas ofreció cada vez al altar?
- En un país donde nunca nadie se casa con forasteros, los 2/3 de los hombres estan casados, así como los 3/5 de las mujeres. ¿Qué proporción de solteros y solteras hay en relación a la población total?

Evitar la convivencia de "dos matemáticas"

Otro aspecto muy importante a considerar es que la convivencia, pero a la vez la clara separación, de los dos modelos descritos en páginas anteriores, está ligada a menudo a sistemas de creencias *dualistas*, lo que no implica necesariamente un trabajo más efectivo de RP. Incluso se han identificado sistemas de creencias que consideran simplemente anecdótico e irrelevante el trabajo de tipo investigativo.

En este sentido, hay que cuidar que el alumnado no presuponga/vislumbre dos naturalezas distintas de actividad matemática y que una de ellas "es la importante". Habría que integrar en un único planteamiento global ambos modelos de trabajo en el aula, relacionando cada uno con la naturaleza específica de la actividad y de los objetivos que se pretenden. Pero en cualquier caso, la actividad de RP no puede ser planteada como una actividad aparte, en sesiones separadas del resto o anecdóticas por su poca frecuencia. En particular, tampoco consideramos adecuada la planificación de asignaturas optativas («créditos variables», en algunas comunidades autónomas) de «resolución de problemas» como el único espacio donde se concentre la enseñanza/aprendizaje específicos de estrategias de resolución de problemas, o la creación de ambientes de RP con el fin de trabajar otros aspectos curriculares.

Estrechamente relacionado con esta convivencia de modelos antagónicos de trabajo en el aula, queremos mencionar también dos aspectos que con mayor o menor incidencia (frecuencia o magnitud) son relevantes en la explicación de la formación de los sistemas de creencias también dualistas y que creemos que deberían poderse integrar en el modelo propuesto: las actividades de popularización de las matemáticas, en particular las recreaciones matemáticas, y el trabajo en casa como «reto compartido» con un familiar.

Por una parte en nuestro planteamiento no se disocia del trabajo habitual del aula las actividades de popularización/recreación: pasarían a ser un tipo más, de las muchas que se proponen, evidentemente con una componente de reto difícilmente igualable[20], o pasarían a ser un elemento natural de motivación externa[21]. Por otra parte se reconduce todo lo referente al trabajo en casa y a la ayuda y al «compartir experiencias gratificantes» en el ámbito familiar: recordemos que una fase importante del modelo se desarrolla en casa, y por la naturaleza global del modelo no sólo no es contraproducente que esta implicación familiar sea frecuente y fuerte, sino que es incluso deseable, lo cual parece debiera evitar la dualización identificada en algunos de los alumnos.

Cuando el papel otorgado a la RP en el aula se reduce a aspectos mecanicistas

En tanto en cuanto los estudios sobre los sistemas de creencias del profesorado coinciden en relacionar las finalidades acreditativa e ilustrativa de la RP y su *subsidiariedad* a las técnicas matemáticas, a sistemas de creencias rígidos y altamente inadecuados, es de sumo interés dedicar unas líneas a las características que lo definen. Este modelo podría inscribirse en la tradición conductista del aprendizaje, según la cual los alumnos aprenden por imitación de la conducta del profesorado a través de una secuencia de tareas jerárquicamente estructuradas. En este modelo se considera que el alumnado aprende por acumulación de conductas a imitar, y que el saber matemático consiste en reproducir, en el momento adecuado y de la forma prescrita, una serie de conocimientos.

Por lo tanto, en la práctica, la diferencia entre ejercicio y problema se reduce simplemente a aspectos formales (p.e. se fomenta la creencia de identificar un problema con cualquier enunciado verbal, sin considerar su dificultad o contextualización). Los distintos estudios relacionan este modelo de trabajo con la formación de creencias que consideran la actividad de resolución de problemas centrada en una dialéctica de reconocimiento/abandono, o como proceso de ejecución de unos procedimientos que previamente se han descifrado del enunciado; también con la creencia de que los problemas deben resolverse según aquellos patrones estándar en los que se ha sido instruido, de que los problemas siempre tienen una sola solución a la que se llega por una sola vía; finalmente también se fomenta la creencia de que con una buena colección de conceptos claros y de procedimientos operativos se puede resolver cualquier problema. Por extensión se está creando una visión *instrumentalista*, reflejo de la del profesorado, que viene caracterizada por entender las matemáticas como

[20] Nos referimos a experiencias reseñadas en torno a clubes matemáticos integrados en la propia aula (Vila, 1998a), a concursos internos de fotografía matemática...

[21] P.e. la participación en concursos tipo Olimpíadas, pruebas Cangur, concursos de resolución de problemas por equipo, on-line, gincanas matemáticas...

una disciplina exacta, libre de ambigüedades y de interpretaciones, con un contenido estereotipado, con pocas oportunidades para el trabajo creativo, predecibles, absolutas, fijas y libres de emociones.

Cuadro 5.9. Modelo de trabajo de *reducción de los problemas a no-problemas*

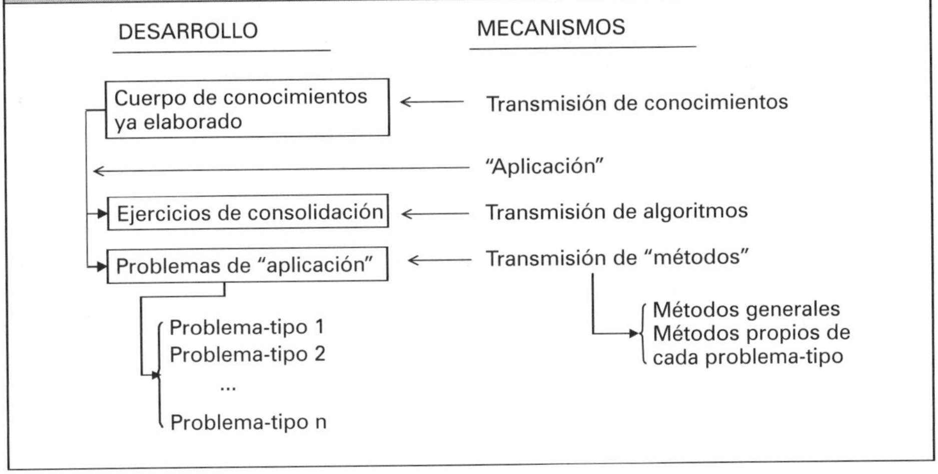

Así pues, es obvio concluir que se debería evitar dar a la resolución de problemas este papel acreditativo e ilustrativo, con las características y consecuencias que acabamos de describir. Sin embargo la complejidad del tema que estamos tratando no admite simplificar estos aspectos a un simple tema de voluntades: a veces parece inevitable una situación, o incluso no se produce de forma consciente. Son diversos los aspectos sobre los que podemos aventurar recomendaciones con el fin de evitar tanto los planteamientos anteriores como sus consecuencias.

En primer lugar, queremos remitirnos a las características de los problemas, al papel del profesorado y del alumnado durante el proceso de resolución de un problema y a la gestión del trabajo y de las relaciones en el aula que hemos mencionado en el apartado anterior. Su generalización debe contribuir a implementar un modelo de trabajo en el polo opuesto al anteriormente descrito.

En segundo lugar, debiera evitarse dar la imagen de que los problemas «pueden» resolverse por imitación del estilo del profesorado, o de que la capacidad resolutora está bien definida de forma innata. Sin embargo sabemos que la imitación de la conducta de los expertos puede ayudar a mejorar los procesos de resolución de problemas, siempre que exterioricen sus procesos metacognitivos de toma de decisiones y autorregulación (Schoenfeld, 1985a).

Debemos tomar conciencia de que la *contextualización matemática*, según la cual cada problema debe proponerse al final de su tema, nos lleva a un proceso de formación de las creencias relacionadas con estas finalidades acreditativa e ilustrativa y a la idea de que la RP es mecanizable. En particular debería huirse de las «clases de práctica» o de las clases de «problemas de aplicación». Éstas pueden ser necesarias pero no suficientes.

Finalmente, por su componente normativa, creemos también que el modelo de evaluación utilizado debe contemplar por una parte la relevancia que debe tener la RP en el conjunto de los aprendizajes matemáticos y por otra parte su naturaleza específica, que requerirá instrumentos también específicos de obtención de información, de registro e interpretación de ésta y de devolución de los *outputs*. En cualquier caso es muy importante evitar el papel sancionador de la evaluación. Por ejemplo, en los cuadros adjuntos se muestran dos resoluciones de dos problemas clásicos, posiblemente poco ortodoxas para una cierta parte del profesorado; no sólo creemos que debieran ser consideradas «admisibles», sino que además, en el marco de la evaluación, debieran constituir un elemento de reflexión para el conjunto del grupo.

El primero de estos problemas es el muy conocido de los granos de arroz (presentamos un enunciado en versión reducida).

Los granos de arroz

El rey de un país muy lejano concedió al inventor del ajedrez el siguiente premio: un grano de arroz por la primera casilla del tablero, dos por la segunda, cuatro por la tercera, ocho por la cuarta... y así sucesivamente por cada una de las 64 de las que consta el tablero de este juego. ¿Cuántos granos de arroz concedió el rey al sabio inventor?

A menudo este problema es planteado en el contexto de las clases dedicadas a las progresiones geométricas y es propuesto o bien para ilustrar la utilidad de la fórmula de la suma de n términos, o bien para permitir/exigir que el alumnado acredite que conoce y sabe utilizar la mencionada fórmula.

La resolución de la figura 5.10, nos muestra un planteamiento de resolución aportado por un alumno (Jaume, 14 años) que obvia la anterior fórmula e incluso el tratamiento del problema en el marco de las progresiones geométricas: realmente lo aborda de forma doble, por inducción y buscando pautas, y paralelamente a partir de un gráfico y un razonamiento muy oportunos; en cualquier caso llega a la conclusión de que le falta un grano de arroz para tener 2^{64}.

El segundo es un problema abierto que consideramos de mucha mayor riqueza que el correspondiente enunciado con todos los datos, los cuales en sí mismos ya casi marcan las pautas del proceso de resolución esperado.

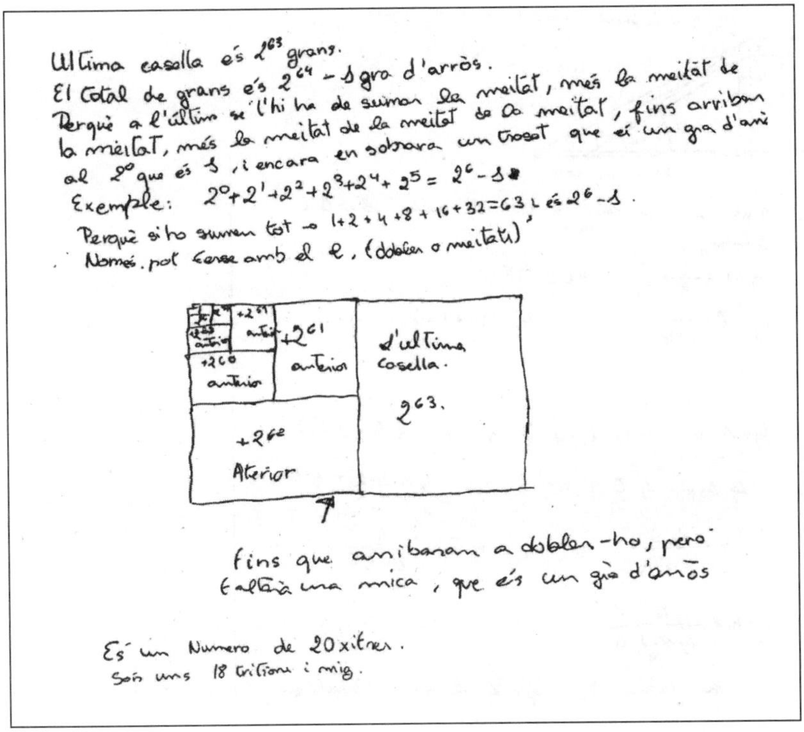

Figura 5.10

El pararrayos del campanario

¿Cómo te las arreglarías para medir la longitud del pararrayos que está situado en la parte superior del campanario?

En cualquier caso puede añadirse la información de que pueden utilizarse para ello instrumentos de medida de longitudes y ángulos, si el proceso de resolución lo requiere.

La resolución de la figura 5.11, efectuada por Lluís, un alumno de 17 años, puede considerarse como muy brillante, muy académica en cualquier caso: después de expresar las magnitudes que se obtendrían en las mediciones, se sigue un proceso de cálculo utilizando éstas como parámetros y obteniendo una fórmula general como resultado del problema.

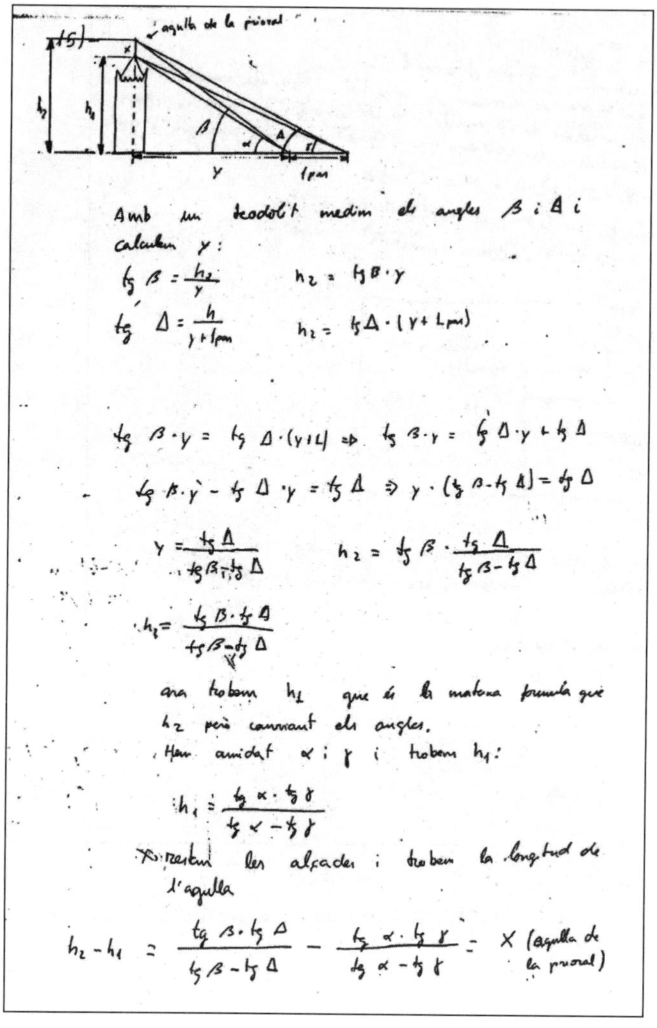

Figura 5.11

Sin embargo, la resolución de la figura 5.12, efectuada conjuntamente por Carlos y Dolors, dos alumnos también de 17 años, la consideramos muy imaginativa y también de un gran valor, incluso la consideramos como el resultado de un proceso de pensamiento matemático muy interesante: dado que disponen de un goniómetro, no miden un ángulo desconocido, sino que tantean la posición oportuna desde la cual medirían un ángulo muy especial, el de 45º; a partir de ahí, la resolución es obvia.

Cabe plantearse cuántos profesores y profesoras estaríamos dispuestos a admitir en exámenes estas resoluciones (5.12 y 5.10) como correctas, incluso cabe plantearse cuántos profesores no las entenderíamos como una especie de «acto irreverente».

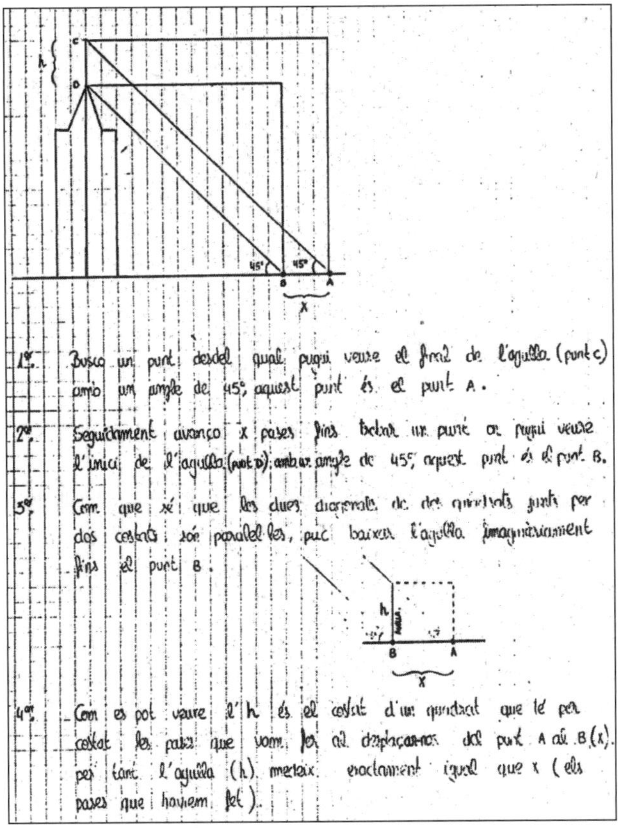

Figura 5.12

La RP como objeto y como herramienta de aprendizaje

Los problemas se pueden proponer a los alumnos persiguiendo diversos objetivos como desarrollar estrategias y procesos generales o específicos del pensamiento matemático, o motivar y hacer significativa la introducción de una noción. En el primer caso, la RP es objeto de aprendizaje y hablamos de «aprender a resolver problemas» o a «pensar matemáticamente». En el segundo caso, la RP es instrumento o herramienta de aprendizaje y hablamos de «aprender resolviendo problemas».

Los objetivos también guardan relación con la secuencia didáctica: actividades de introducción, de desarrollo, de recapitulación o de ampliación.

Cuando los problemas son actividades de introducción de una unidad de aprendizaje, persiguen como objetivo motivar el aprendizaje de un nuevo concepto a partir de una situación problemática, que puede ser o no aquella que le dio origen, o problematizar un tema a través de preguntas que se irán respondiendo al hilo de su desarrollo.

Por ejemplo, se puede introducir el concepto de mediatriz de un segmento a partir de la siguiente situación:

Satélite

Un satélite describe una órbita alrededor de la tierra. Hay dos estaciones de seguimiento. En cada momento recibe la señal la estación que está más próxima. ¿Podrías decir en qué tramo de la trayectoria recibe la señal la estación A y en qué tramo la estación B?

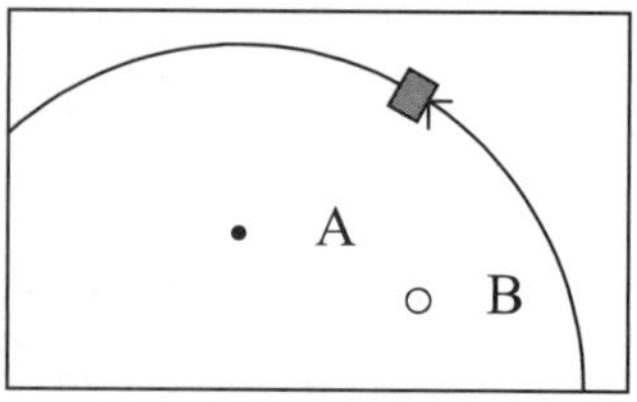

Otro ejemplo: Se puede iniciar una unidad de profundización en los números primos proponiendo preguntas como las siguientes: ¿Cómo se pueden obtener?, ¿cuántos hay?, ¿cómo están distribuidos?... Sin pretender agotarlas, se pueden abordar y algunas conducen a problemas aún no resueltos (Ver anexo 4).

En estos ejemplos que acabamos de mencionar, no se pretende tanto que los alumnos descubran el concepto de mediatriz de un segmento o que respondan a las cuestiones sobre los números primos, cuanto que tomen conciencia de que sus conocimientos no les permiten dar una respuesta completamente satisfactoria; esto es, el objetivo es crearles un conflicto cognitivo para introducir nuevos conocimientos o despertarles interrogantes acerca de ellos.

En otros casos los problemas son actividades de desarrollo de la unidad de aprendizaje y ayudan a asimilar los contenidos, a profundizar en ellos y a verificar su utilidad y la posibilidad de aplicarlos a situaciones parecidas o nuevas.

En fin, también se pueden proponer problemas como actividades de síntesis que ayudan a recapitular los conocimientos, que pueden ser de investigación. Por ejemplo, después de estudiar la proporcionalidad se puede proponer como proyecto de trabajo tratar de responder a las siguientes cuestiones (Bolt y Hobbs, 1991):

El tamaño de los animales

¿Por qué no existen gigantes? ¿Por qué no llegan las ratas a crecer hasta el tamaño de los elefantes? ¿Cómo logra un animalito como el conejo mantenerse caliente en invierno? ¿Por qué le resulta tan peligroso a una mosca mojarse? ¿Por qué los animales más grandes, como las ballenas, son animales marinos?

Aprender a resolver problemas

La resolución de problemas puede focalizar el aprendizaje de las matemáticas, en el sentido de que éste se centre en transmitir a los alumnos aquellas ideas, estrategias, procesos, actitudes... que se han mostrado útiles y eficaces para resolver problemas.

Las propuestas para este aprendizaje mezclan distintos ingredientes. Cada uno de ellos por sí solo no basta, sino que necesita la complementariedad de otros. J. Kilpatrick (1985) ha sintetizado estos elementos en cinco puntos, de los que presentamos su alcance y algunos de sus límites:

Ósmosis

Para que los estudiantes aprendan a resolver problemas hay que sumergirles en un ambiente de resolución de problemas y que practiquen.

Para que los estudiantes aprendan así deben contar con alguna estrategia directiva de su pensamiento.

Pero aunque la práctica es condición necesaria para mejorar la habilidad de resolver problemas, no es suficiente, pues otros elementos como las creencias y actitudes negativas de los estudiantes acerca de sí mismos pueden neutralizarla o hacerla poco eficaz.

Memorización

En esta categoría cabría considerar aquellos modelos basados en el enfoque conductista, que descomponen la resolución de un problema en procedimientos atomizados que se enseñan uno a uno.

Se puede objetar que no se puede utilizar con problemas en los que no se aplican los procedimientos enseñados y que a menudo los estudiantes tienen dificultad en seleccionar, adaptar y combinar los procedimientos necesarios.

Imitación

Se puede aprender a resolver problemas a partir de la imitación de modelos competentes; en cierta manera se enseña a analizar las conductas y comportamientos de estos modelos.

Presenta el inconveniente de que la forma de resolver problemas es

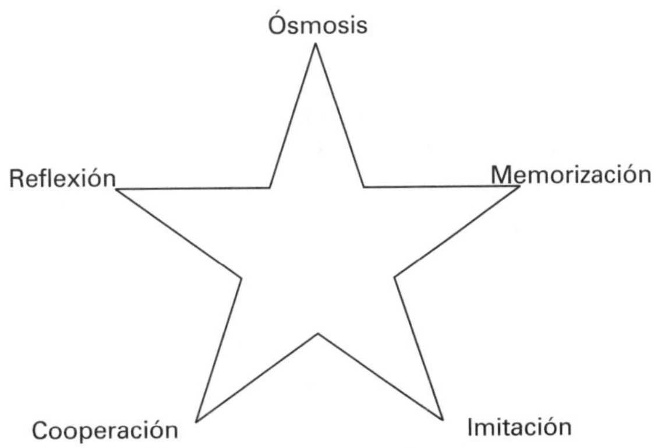

Figura 5.13

muy personal y por tanto aprender de los expertos supone poner en relación las propias capacidades, preferencias y limitaciones con las del modelo.

Cooperación

Los alumnos no deben ser sólo capaces de observar y analizar conductas competentes para intentar imitarlas, sino también de observar y analizar las de sus propios compañeros para cooperar con ellos.

Reflexión

Se aprende haciendo y reflexionando puntualmente y globalmente sobre lo que se hace. A veces la buena o mala gestión del proceso es el elemento decisivo para lograr el éxito: los buenos resolutores de problemas reflexionan sobre lo que hacen, para qué les sirve y a dónde les puede llevar.

Así, las distintas propuestas concretas enfatizan unos u otros aspectos. Por ejemplo, la del libro *Problemas con pautas y números*, incide en lo que hemos llamado *memorización* cuando dice (Shell Centre, 1993:13):

> "Este módulo pone el énfasis en una serie de estrategias específicas que pueden ayudar en esa resolución de problemas, incluyendo las siguientes:
> - Intentar algunos casos sencillos.
> - Buscar un diagrama adecuado.
> - Organizar sistemáticamente.
> - Hacer una tabla.
> - Observar pautas.
> - Buscar una regla general.
> - Explicar por qué funciona la regla.
> - Comprobar con regularidad".

Estas estrategias no son algoritmos o procedimientos rutinarios sino *destrezas con potencial heurístico* y *herramientas heurísticas* que, como hemos dicho, hay que saber seleccionar, adaptar y combinar adecuadamente en cada problema. Esta propuesta incluye también el trabajo en grupo.

En el libro *Pensar matemáticamente* (Mason, Burton y Stacey, 1988:9) se insiste, entre otras cosas, en la reflexión y la práctica:

> "La experiencia de trabajar con estudiantes de todas las edades nos ha convencido de que se puede mejorar el razonamiento matemático:
> - Atacando los problemas concienzudamente;
> - Reflexionando sobre la experiencia acumulada;
> - Conectando las impresiones recibidas con la acción;
> - Estudiando cuidadosamente el proceso de resolución de problemas y

– Observando cómo encaja lo que vas aprendiendo con tu propia experiencia.

Así, animándote a abordar los problemas concretos, te iremos mostrando cómo se puede reflexionar sobre esa experiencia, haciéndote observar las características más importantes de los procesos de razonamiento de tipo matemático".

Esta propuesta desarrolla procesos generales del pensamiento matemático como particularizar/generalizar y conjeturar/demostrar y las fases de abordaje, ataque y revisión.

Aprender a pensar matemáticamente

Uno de los autores que más explícitamente apunta la conveniencia de hablar no tanto de enseñar a resolver problemas cuanto de enseñar a pensar matemáticamente es A.H. Schoenfeld (1991a). Lo entiende como modelizar, simbolizar, abstraer y aplicar ideas matemáticas a un amplio rango de situaciones, gracias a la disponibilidad de herramientas que permitan abordarlas con éxito. En este marco los problemas jugarían un papel esencial como «punto de partida de discusiones matemáticas».

En esta misma línea, R. Douady (1986) afirma que un alumno tiene conocimientos matemáticos cuando es capaz de utilizarlos para resolver ciertos problemas, que tienen o no indicadores en su formulación, y también cuando es capaz de adaptar estos conocimientos en aquellas condiciones que no son las habituales para interpretar los problemas o para plantear cuestiones a propósito de las mismas.

Esta finalidad es posible cuando la enseñanza de la matemática integre en su organización momentos en que la clase simula una comunidad de investigación.

En este contexto, son los problemas los que juegan un papel esencial como herramienta didáctica y, en particular, el enunciado juega un papel destacado ya que por un lado es una concreción de la situación planteada y por otro se trata de la puerta que permite la inmersión. Así, si se pretende conseguir que realmente el problema sea una herramienta que favorezca la estructuración del pensamiento matemático, este enunciado no habrá de jugar el papel de dar la pauta de resolución del problema, ni habría de moverse en un contexto excesivamente estandarizado, ni encerrará excesivos indicios de los conocimientos matemáticos implicados en su resolución. O al menos estas características no se habrían de dar con excesiva frecuencia.

La creación de un ambiente de resolución de problemas en el aula es más un reto que una propuesta. Cuando nos referimos a ello lo hacemos en la línea de Abrantes (1996) que él denomina como "Resolución de problemas como ambiente y como naturaleza de las actividades de aprendizaje". En este modelo la RP no debería ser ni una categoría de actividades diferenciadas en el aula, ni un recurso de motivación externa, ni una herramienta de aplicación de conocimientos, sino un contexto, y la clase de matemáticas un lugar donde todas las propuestas de trabajo constituyen situaciones problemáticas que cabe explorar y hacer despertar diversas formas de razonamiento y procesos como experimentar, conjeturar, justificar, etc. Evidentemente Abrantes nos está hablando de la RP como una organizadora del aula, o sea, la RP a la vez como objetivo, metodología y contenido.

A pesar de que este planteamiento puede parecer segregador, entendemos que está en la línea de unas matemáticas para todos, para los más y los menos capacitados, para los más y los menos interesados. Desde este enfoque se puede integrar a todos los alumnos y alumnas, usando las matemáticas para conocer su entorno y a sí mismos, desarrollando determinadas capacidades intelectuales, adquiriendo actitudes de observación, exploración, análisis, reflexión... pero también, no menos importante, a que se interesen por usar las matemáticas, que pierdan el miedo a afrontar matemáticamente situaciones que les son propuestas y que sean capaces de controlar sus propios mecanismos de pensamiento. Esto explica que estas reflexiones no sean una propuesta sino un reto.

La resolución de problemas como actividad de investigación

Asumimos con Mason, Burton y Stacey (1988) que los factores que influyen en mayor grado en la efectividad del razonamiento matemático son, por un lado y evidentemente, el conocimiento de los contenidos matemáticos, pero en los otros dos vértices de un hipotético triángulo se situarían la competencia en el uso de los procesos de investigación matemática y la confianza en el dominio de los estados emocionales y psicológicos (ver cuadro 5.10).

Más concretamente, las ideas más importantes que de ello se desprenden y que cabe asumir para trabajar bajo este modelo son, respecto al profesorado:

- No es tan importante que el profesorado proponga un problema cuanto que mantenga a los alumnos en actitud de resolver problemas.
- El pensamiento matemático se desarrolla en una atmósfera de interrogación, desafío y reflexión, y por tanto en el aula han de estar presentes la particularización, la generalización, la emisión de conjeturas y una actitud de convencer.
- El profesorado ha de hacer lo mínimo posible de aquello que los alumnos puedan hacer solos.

Respecto al alumnado:

- Todo el mundo puede comenzar.
- Los problemas más interesantes para la gente son aquellos en cuya formulación han participado o han enunciado o han reconocido como problema.

Este marco, más de reflexión que de propuestas para el aula, nos lleva a una serie de cuestiones sobre las cuales cabría pronunciarse. Una, que es clave, es la siguiente: ¿Es posible conseguir en el conjunto del alumnado un cierto dominio en los procesos de investigación matemática?, ¿cómo? Planteando la actividad matemática en el aula como una simulación de actividades de investigación en la que el alumno es un investigador novel y el profesor su tutor experto.

Cuadro 5.10. Factores que influyen en la efectividad de razonamiento matemático (Mason, Burton y Stacey)

¿Cuáles son las consecuencias inmediatas de trabajar bajo este modelo? La primera es la necesidad de una formación continuada y permanente por parte del equipo de profesores de matemáticas del centro donde se quiere implementar, de un trabajo en equipo que permitan abordar de forma coordinada y eficiente todas las metas que se vayan fijando.

Otra consecuencia se refiere al planteamiento general de las situaciones de aprendizaje. Ya hemos indicado las características de estas actividades para que despierten el interés de los alumnos. Al profesor le corresponde orientar el trabajo, dialogar con los alumnos, sintetizar sus aportaciones, facilitarles información, proponerles preguntas, etc.

Aprender resolviendo problemas: Introducción de conceptos

Otra forma en que aparece la resolución de problemas en el currículum es como método de enseñanza, es decir, «aprender resolviendo problemas». Los problemas se utilizan para ayudar a los alumnos a que tomen conciencia de que sus conocimientos son insuficientes para responder a las cuestiones que se les plantean y despertarles así la motivación para incorporar nuevos conocimientos, reestructurando los que ya tienen.

La selección de los problemas ha de hacerse con cuidado, de modo que inicialmente sean abarcables y asequibles para los alumnos, que les permitan aplicar sus conocimientos, pero que les ayuden a tomar conciencia de la insuficiencia de su saber para poder dar una respuesta completamente satisfactoria. De esta manera se mantiene el interés por el problema y se crea el desequilibrio que permitirá realizar nuevos aprendizajes.

Un problema histórico muy adecuado para introducir el cálculo de probabilidades es el del "Caballero de Meré" o "La partida interrumpida". Ésta es una de sus versiones:

La partida interrumpida

Dos jugadores juegan a lanzar una moneda de modo que uno de ellos se anota un tanto cuando sale cara y el otro cuando sale cruz. Cada uno pone 3 euros y acuerdan que el primero que gane ocho lanzamientos se queda con los 6 euros. Pero por una causa ajena a los dos jugadores, deben interrumpir la partida cuando uno ha ganado 7 lanzamientos y el otro sólo 5. ¿Cómo deben repartirse el dinero?

Este problema es adecuado por las siguientes razones:

- Los alumnos pueden dar algunas respuestas a la cuestión planteada, por ejemplo: devolver a cada jugador su apuesta; repartir en partes proporcionales a los puntos que cada uno ha conseguido; repartir en partes inversamente proporcionales a lo que a cada uno le falta para ganar; dar los 6 euros al que iba ganando, etc.
- Es fácil mostrar a los alumnos que estas ideas son insuficientes, si se quiere que la solución sirva para otros casos.

Una vez que se analizan las soluciones propuestas por los alumnos y se ve que son insuficientes, el profesor tiene el terreno preparado para introducir el cálculo de probabilidades.

Desde el punto de vista histórico este problema, además de originar el cálculo de probabilidades, estuvo planteado más de 150 años hasta que Pascal lo percibió de manera diferente a la de otros matemáticos que lo habían abordado, fijándose no en lo que había sucedido, sino en lo que podría haber sucedido de haber continuado la partida[22]. Esto muestra que el avance de la matemática a veces es lento. Además, la misma situación, de tipo lúdico, muestra cómo las teorías pueden nacer en contextos puramente especulativos y desarrollar ramas que se aplican a diversos campos. Estos datos ayudan a los alumnos a cambiar ciertas creencias sobre el origen de las teorías matemáticas y su avance.

Detrás de este planteamiento está la concepción constructivista del aprendizaje según la cual el conocimiento no se recibe pasivamente, como si la mente fuese un libro en blanco en el que se van escribiendo los nuevos conocimientos, sino que el sujeto construye activamente el conocimiento, incorpo-

[22] Un estudio minucioso de este problema, tanto desde el punto de vista histórico como didáctico, se encuentra en el artículo de Juan Antonio García Cruz (2000).

rando los nuevos a las estructuras mentales que su experiencia ha ido forjando. Esto significa que la matemática no se aprende por transmisión directa de lo que se explica en clase o de lo que se lee en los libros de texto, sino que se aprende en interacción con situaciones problemáticas y con otros sujetos, que obligan al alumno a ir modificando su estructura cognitiva mediante una serie de acciones: experimentando, haciéndose preguntas, particularizando situaciones, generalizando resultados, encontrando contraejemplos, etc. Estos procesos requieren un cierto nivel de intencionalidad y de predisposición por parte del sujeto que aprende. La reflexión sobre la experiencia, sobre la propia actividad matemática y la de otros, está también en la base de su aprendizaje. Como señala el Diseño Curricular Básico (DCB) de matemáticas de la ESO, "la construcción del conocimiento matemático es inseparable de la actividad concreta sobre los objetos, de la intuición y de las aproximaciones inductivas impuestas por la realización de tareas y la resolución de problemas particulares" (MEC, 1989: 481).

La puesta en práctica de este enfoque se puede esquematizar en el cuadro 5.11 (Brousseau, 1998).

Cuadro 5.11

Fases	**Intervención del profesor**	**Trabajo de los alumnos**
Fase de acción	Propone el problema	Los alumnos trabajan individualmente o en grupo
Fase de formulación	El profesor anima, estimula, desbloquea..., pero debe evitar intervenir sobre el contenido	Los alumnos explicitan oralmente o por escrito cómo han resuelto el problema y la solución encontrada.
Fase de validación	El profesor modera las intervenciones de los alumnos, pero debe evitar intervenir sobre el contenido	Los alumnos deben dar argumentos que apoyen la validez de su solución tratando de convencer a sus compañeros
Fase de institucionalización	El profesor debe identificar el nuevo saber y saber-hacer y precisar las convenciones. Se trata de homogeneizar los conocimientos de la clase y de precisar cuáles de los saberes construidos se deben retener y de qué forma	Los alumnos reestructuran sus conocimientos
Fase de ejercitación seguida de una evaluación	El profesor ayuda a los alumnos a que se familiaricen con los nuevos conocimientos, a hacerlos funcionar en diferentes situaciones para que tomen conciencia de su campo de aplicación	Resuelven nuevos problemas y aplican los nuevos conocimientos

En resumen, los problemas están presentes en el currículum de múltiples formas. En unos casos de manera subsidiaria, bien para ilustrar conocimientos, bien para controlar el aprendizaje de los alumnos; en otros casos con más protagonismo, para introducir a los alumnos en procesos como modelizar, simbolizar, abstraer, aplicar ideas a un amplio rango de situaciones; en fin para introducir conceptos a partir de situaciones problemáticas que ayudan a contextualizarlos. El que se utilicen de una u otra forma guarda relación con las creencias del profesorado acerca de las matemáticas y de su enseñanza aprendizaje, como hemos indicado en el capítulo 3 [23].

PLANIFICACIÓN GENERAL DEL CURRÍCULUM DE MATEMÁTICAS EN SECUNDARIA OBLIGATORIA

Finalmente, quisiéramos hacer referencia al tercer escenario-marco mencionado: la planificación del currículum de matemáticas. Si bien los aspectos mencionados anteriormente en relación al modelo de trabajo con problemas en el aula y al papel que deben jugar éstos en el currículum los consideramos condición *sine qua non* para el intento de modificación del sistema de creencias del alumnado, ahora nos movemos en un escenario que complementaría los aspectos anteriores, tanto por el nivel de complejidad como porque se trata de un paso más, pero no en la única dirección posible.

Partimos de que si queremos mantener el mencionado modelo de trabajo y el consecuente papel otorgado a la resolución de problemas, la planificación general del currículum (el PCA) debería tratar de reproducir en el aula la auténtica naturaleza del trabajo matemático[24]. Así entenderemos la *formación matemática* en los términos en que lo hace el Proyecto OCDE/PISA (2000: 71):

> "Es la capacidad del individuo a la hora de desenvolverse en el mundo para identificar, comprender, establecer y emitir juicios con fundamento acerca del papel que juegan las matemáticas como elemento necesario para la vida actual y futura de ese individuo como ciudadano constructivo, comprometido y capaz de razonar".

En esta línea creemos que podemos hacer alguna aportación en cuanto a elementos a tomar en consideración en coherencia con aspectos anteriormente comentados, sin perder de vista los objetivos del presente trabajo: propuestas de intervención educativa dirigidas a la modificación de los sistemas de creencias del alumnado. En cualquier caso, y en cuanto a propuestas fundamentadas teóricamente y desarrolladas en todas sus fases (de la planifica-

[23] Las clasificaciones de Carrillo (1996) y Contreras (1999) nos ofrecen elementos para encuadrar tanto el tipo de problemas que se proponen como su finalidad (Cf. Anexo 1).

[24] Como ya hemos defendido anteriormente (Callejo, 1992; Vila, 2001) y sobre el cual nos remitimos y apoyamos en trabajos o reflexiones como p.e. Abrantes (1994, 1996), Bishop (1999), NCTM (1991, 2000), Alsina, Burguès, Fortuny i altres (1995).

ción general a las actividades concretas), queremos remitirnos a trabajos muy interesantes como los de García Armendáriz (1998) y Bergasa, Eraso, García Armendáriz, Sara (1996).

El paso previo obvio en este proceso es un análisis personal, profundo, crítico y exhaustivo del Diseño Curricular Base (DCB), de forma articulada con el natural proceso de formación y desarrollo profesional del docente, y en un marco de consenso en el departamento de matemáticas. Más todavía, creemos que si este análisis es excesivamente acrítico puede llevarnos a:

- una interpretación restrictiva o reduccionista de las intenciones educativas,
- una visión excesivamente tecnológica del proceso de aprendizaje y en consecuencia,
- una supravaloración del «qué» en lugar del «cómo»,
- una compartimentación contraproducente.

Un análisis del DCB coherente con el resto de propuestas, contemplaría las siguientes decisiones o fases: establecer nuestras grandes intenciones educativas, la consiguiente selección de contenidos y el establecimiento de unos criterios de secuenciación.

En primer lugar pues, debiera llevarnos a establecer nuestras **grandes intenciones educativas** en la etapa de Secundaria obligatoria, que no deberíamos confundir con los objetivos generales del propio DCB, que quedarían incluidos en ellas por su naturaleza prescriptiva. Así, por ejemplo, Bergasa et alt. (1996) estructuran estas intenciones en torno a tres tipos de aprendizaje:

- los relativos al método matemático (competencia numérica y geométrica, y desarrollo y utilización del lenguaje matemático),
- los relativos a actitudes y hábitos de trabajo y
- los relativos a valoración y apreciación del conocimiento matemático.

Por su parte el Proyecto OCDE/PISA[25] enuncia estas finalidades en forma de competencias matemáticas y grandes ideas matemáticas

En relación a otro documento de referencia ya mencionado en el presente trabajo, los *Principios y estándares para la matemática escolar* (NCTM, 2000), ya hemos comentado en el capítulo introductorio los seis principios que propone como preceptos básicos para el logro de una educación matemática de calidad. En cuanto a los estándares, describen el contenido matemático y los procesos que los estudiantes deberían aprender; se trata de un cuerpo conectado de competencias y comprensiones matemáticas estructurados en tipos de procesos matemáticos y en bloques de contenido matemático.

---

[25] No debemos olvidar que el Proyecto OCDE/PISA no es un proyecto curricular, sino que se trata de un marco internacional para la medida de los conocimientos y destrezas de los alumnos; a pesar de ello, es coherente con nuestra propuesta tomarlo como referencia en el marco de la descripción de las finalidades últimas de la ESO.

Aun siendo documentos de naturaleza y finalidades distintas, observamos en ambos el paralelismo en los planteamientos propuestos. Este planteamiento general es el que creemos favorecerá la no compartimentación ni algoritmización del proceso de formación.

En segundo lugar, una lectura crítica del DCB debería llevarnos a una reflexión de carácter fuertemente epistemológico y a la consiguiente **selección de contenidos** organizados en campos temáticos, pero contemplando también de forma significativa competencias/procedimientos de tipo general, primando su estructura por encima de la simple enumeración. Los descriptores de estos elementos de contenido deberían venir establecidos en relación a diferentes niveles de complejidad con el fin de ser coherentes con las propuestas de trabajo que se plantearían posteriormente al alumnado.

En tercer lugar, a pesar de que muchos de los elementos de contenido antes mencionados habrán sido descritos de forma temática, creemos que los **criterios de secuenciación** no pueden ser temáticos, bajo los riesgos antes anticipados. Como ya hemos dicho, creemos que la educación matemática obligatoria debe permitir la aprehensión de una «manera de pensar matemática», paralelamente al dominio de ciertos instrumentos conceptuales y procedimentales. Esta aprehensión o proceso de construcción del saber matemático, se apoya en capacidades de tipo cognitivo cada vez más evolucionadas. Pensamos que centrar la secuenciación en estas capacidades podría favorecer las intenciones propuestas.

El cuadro 5.12 nos ilustra estos aspectos y sus relaciones. Posteriormente iremos concretando y dando contenido al esquema.

Cuadro 5.12. Ejes y finalidades sobre los que centrar el análisis crítico del DCB

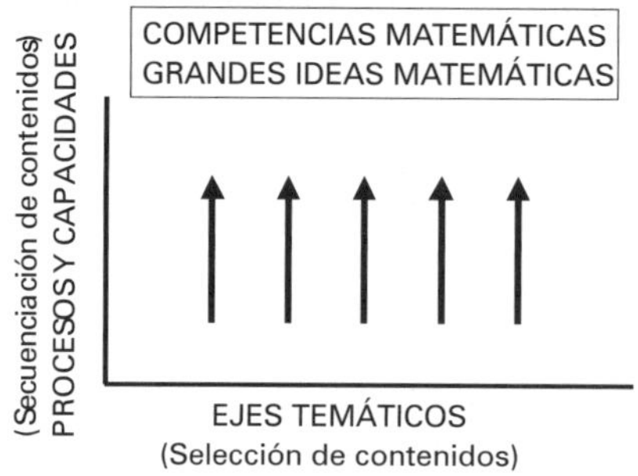

Concreción de la propuesta

Antes de concretar la propuesta anterior en los términos siguientes es importante observar que ésta tan solo cumple un papel de ejemplificación ilustrativa, con el fin de ver una de las múltiples maneras de desarrollar la idea general anteriormente expuesta.

Se trata de una propuesta real, no desarrollada aquí en su totalidad sino simplemente esbozada, que ha sido diseñada y progresivamente implementada por el equipo de profesorado de matemáticas del Instituto de Educación Secundaria Gabriel Ferrater de Reus (Tarragona). Las primeras propuestas y planteamientos se remontan al curso 1993/1994, aún enmarcado en el anterior sistema educativo, implementándose progresivamente en la Educación Secundaria Obligatoria a partir del curso 1996/97. No se trata en ningún caso de una concreción cerrada, sino más bien al contrario se trata de una propuesta dinámica, en continuo proceso de reflexión y mejora que, siguiendo la estructura anterior, será presentada enmarcada en los tres ámbitos mencionados: las intenciones educativas, la secuenciación de contenidos y su selección previa. En cualquier caso, se enmarcará también en el proceso de reflexión al cual es permanentemente sometida y en los referentes de «grandes proyectos» que se asumen.

Con relación a las finalidades e intenciones educativas

Ya en capítulos anteriores hemos mencionado las finalidades (más que objetivos) generales de la educación matemática en su etapa obligatoria que propuso el NCTM (1991). Sin embargo, en tanto en cuanto nos hemos referido a que estas finalidades deberían concretarse en *competencias* y *grandes ideas matemáticas*, cabe preguntarse qué entendemos por estos términos.

Perrenoud (2000) define la *competencia* como una capacidad de actuar eficazmente en un tipo definido de situaciones, capacidad que se apoya en los conocimientos pero que no se agota en ellos. Para afrontar la situación lo mejor posible tenemos, por lo general, que poner en juego una sinergia de muchos recursos complementarios, aparte de los conocimientos. Las competencias son un «saber-hacer» de alto nivel pues son válidas para una gran variedad de problemas e incluyen procesos de abstracción, generalización y transferencia. Para Girondo (2001), el concepto de *competencia* incluye tanto los *saberes* (conocimientos teóricos) como las *habilidades* (conocimientos prácticos o aplicativos) y las *actitudes* (compromisos personales).

Por supuesto cabe preguntarse a continuación qué competencias son posibles y deseables. Es fácil entender que la importancia de la respuesta que se dé no está en la relación que se pueda aportar, sino en su naturaleza. Así, por ejemplo, la propuesta del NCTM (2000) tiene una naturaleza genérica, no medible; sin embargo, la propuesta que da el proyecto OCDE/PISA (2000) tiene precisamente el propósito de describir el alcance de la evaluación y el rendimiento del alumnado; en ambos casos se trata no tanto de listas jerárquicas (de procesos matemáticos o de competencias matemáticas según el caso) sino de relaciones de intenciones educativas que deben ser relevantes y pertinentes en todos los niveles de la educación. El cuadro 5.13 presenta de forma comparada ambas relaciones que, aun siendo de naturaleza distinta, son asumidas globalmente en la propuesta aquí presentada.

Cuadro 5.13

Tipos de procesos matemáticos que el alumnado debería aprender (NCTM, 2000)	Habilidades y destrezas matemáticas relevantes en Educación matemática (OCDE/PISA, 2000)
Conexiones	Habilidad de pensamiento matemático
Representaciones	Habilidad de representación
Resolución de problemas	Habilidad de diseño
	Habilidad para plantear y resolver problemas
Comunicaciones	Habilidad de simbolización, formal y técnica
	Habilidad de comunicación
Razonamiento y prueba	Habilidad de argumentación matemática
	Habilidad para la utilización de ayudas y herramientas

Por otra parte, en tanto en cuanto las intenciones educativas se centran en la formación matemática, éstas necesitan descriptores generales que abarquen la amplitud de esta formación y no partes fragmentadas del conocimiento específico. Las matemáticas son, entre otros aspectos, un lenguaje que describe modelos; para alcanzar una formación matemática el alumnado ha de reconocer estos modelos y ver su variedad, regularidad e interconexiones. En este marco, el proyecto OCDE/PISA se organiza en torno a las *grandes ideas matemáticas*, y destaca las siguientes:

– el azar
– el cambio y el crecimiento
– el espacio y la forma
– el razonamiento cuantitativo
– la incertidumbre
– la dependencia y las relaciones

Siguiendo el mismo paralelismo del conjunto del apartado, el NCTM en sus Principios y Estándares (2000) nos enumera y describe cinco grandes bloques de contenido: números y operaciones, álgebra, geometría, medición, análisis de datos y probabilidad.

Con relación a la secuenciación de contenidos: procesos y capacidades

Como hemos dicho en párrafos anteriores, la educación matemática persigue la aprehensión de una «manera de pensar matemática» y esta aprehensión, o proceso de construcción, del «saber matemático» se apoya en capacidades de tipo cognitivo cada vez más evolucionadas. El Proyecto PISA distingue los siguientes tres tipos de competencias que los "Reference levels in School Education in Mathematics" asumen como niveles de complejidad cognitiva de las tareas[26]:

Tipo 1: Reproducción, definiciones y cálculos.
Tipo 2: Conexiones e integración para la resolución de problemas.
Tipo 3: Pensamiento matemático, generalización y comprensión.

En el tipo 1 se incluye el conocimiento de los hechos, la representación, el reconocimiento de equivalencias, el recuerdo de objetos y propiedades matemáticas, el desarrollo de procedimientos de rutina, la aplicación de algoritmos estándar y el desarrollo de destrezas técnicas; la manipulación de expresiones que contengan símbolos y fórmulas de manera estándar y los cálculos son también competencias de este tipo.

En las competencias del tipo 2 las conexiones entre los diferentes campos de la matemática son importantes y se ha de integrar la información con el fin de resolver problemas sencillos, eligiendo qué estrategias y herramientas deberán emplear; en cualquier caso el nivel de matematización requerido es relativamente bajo.

En las competencias relacionadas con el tipo 3 se requiere que los alumnos matematicen situaciones, o sea que reconozcan y extraigan las matemáticas implícitas en la situación y que las empleen para resolver el problema, para analizar, para integrar, para desarrollar sus propios modelos y estrategias y para presentar argumentos matemáticos, incluyendo demostraciones y generalizaciones.

Los cuadros siguientes nos muestran ejemplos ilustrativos de los tres tipos[27].

En su momento ya hemos manifestado nuestro convencimiento de que la secuenciación en función de éstas u otras capacidades (en cualquier caso de la misma naturaleza) podría favorecer las intenciones propuestas. Llegados a este punto, nos permitimos considerar excesivamente amplios los tres tipos de competencias anteriormente mencionados y queremos sugerir la siguiente relación de procesos/capacidades:

---

[26] A pesar de la similitud en la estructura de los ejemplos aquí presentados y los presentados en el apartado "La resolución de problemas en el currículo", (pág. 152), queremos insistir en la diferencia entre estos tres tipos y la tipología de actividades matemáticas presentada anteriormente: aquellas venían organizadas en función de la finalidad que se les daba en el aula; éstos vienen organizados en función de su complejidad cognitiva. A pesar de las muchas intersecciones entre ambas organizaciones, la naturaleza de ambas es completamente distinta.

[27] Los ejemplos están extraídos de OCDE/PISA, 2000; el apartado c de este último ejemplo es un añadido propio con el fin de potenciar el objetivo general 1 del NCTM, 1991.

Ejemplos de tareas del tipo de competencia 1

- Resuelve la ecuación $7x - 3 = 13x + 15$
- ¿Cuál es la media de 7, 12, 8, 14, 15, 9?
- Escribe 69% en forma de fracción
- La línea m se denomina __________ de la circunferencia

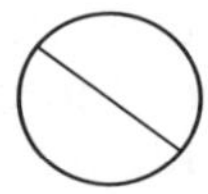

Ejemplos de tareas del tipo de competencia 2

- Acabas de hacer dos tercios del camino en coche. Al salir tenías el depósito lleno y ahora queda un cuarto. ¿Crees que tendrás algún problema?
- Pepita vive a dos kilómetros del instituto y Jaime vive a cinco. ¿A qué distancia viven el uno del otro?

Ejemplos de tareas del tipo de competencia 3

- En un determinado país, el presupuesto nacional destinado a defensa fue de 30 millones de dólares en 1980, mientras que el presupuesto total era de 500 millones de dólares. Al año siguiente fue de 35 millones de dólares, mientras que el presupuesto total era de 605 millones de dólares. La inflación durante el período comprendido entre los dos presupuestos alcanzó el 10%.
  a) Te invitan para dar una conferencia en una asociación pacifista. Intenta explicar que el presupuesto para defensa ha disminuido en este período.
  b) Te invitan para dar una conferencia en una academia militar. Intenta explicar que el presupuesto para defensa se ha incrementado en este período.
  c) Intenta dar explicación al hecho de que se plantee la posibilidad de argumentar una proposición y la contraria.

– observación
– identificación
– relación
– codificación/representación
– interpretación/inferencia/análisis
– modelización

Sin embargo, creemos también conveniente asumir dos aspectos importantes:

– será necesario provocar permanentemente la reflexión explícita sobre estas capacidades, favoreciendo una aprehensión implícita (aunque parezca una contradicción);
– estas capacidades no son estáticas o, al menos, no las consideramos estáticas, sino como un proceso hacia un nivel superior (por ejemplo no nos centraremos en la capacidad de «identificar», sino en el proceso que lleva de la «identificación a la relación»).

Así, el esquema del cuadro 5.14 sintetiza estos procesos/capacidades ascendentes.

Cuadro 5.14. Procesos / capacidades que conformarán el eje ascendente de secuenciación de los contenidos

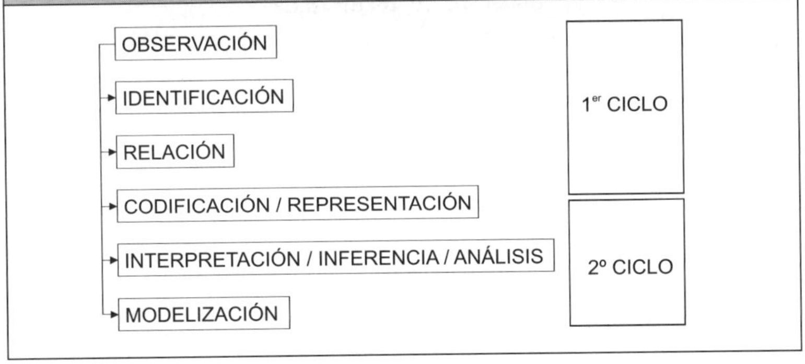

Con relación a la selección de contenidos: los ejes temáticos

Finalmente, recordemos que hemos sugerido que una lectura crítica del DCB debería llevarnos a una reflexión de carácter fuertemente epistemológico y a la consiguiente selección de contenidos organizados en campos temáticos. Esta selección conformaría uno de los ejes de desarrollo del currículum.

Simplemente con la finalidad de mencionar de forma completa el Proyecto PISA, queremos citar los temas curriculares que considera que pueden ayudar a asegurar un equilibrio en el desarrollo del currículum: número, medida, estimación, álgebra, funciones, geometría, probabilidad, estadística y matemáticas discretas.

Nuestra propuesta, en absoluto discordante con la anterior, plantea por una parte una relación de lo que hemos denominado *campos temáticos*, y paralelamente podemos estructurar este eje (o multieje como veremos a continuación) por un conjunto de procedimientos-clave propios de cada campo temático:

- en el campo de los números, las magnitudes y los recuentos:
  - traducción
  - ampliación del campo numérico
  - cálculo y estimación
  - comparaciones y medidas
  - recuentos
- en el campo del lenguaje algebraico:
  - traducción
  - sintaxis

Cuadro 5.15. Organización interna e interrelaciones en el campo de los números, las magnitudes y los recuentos

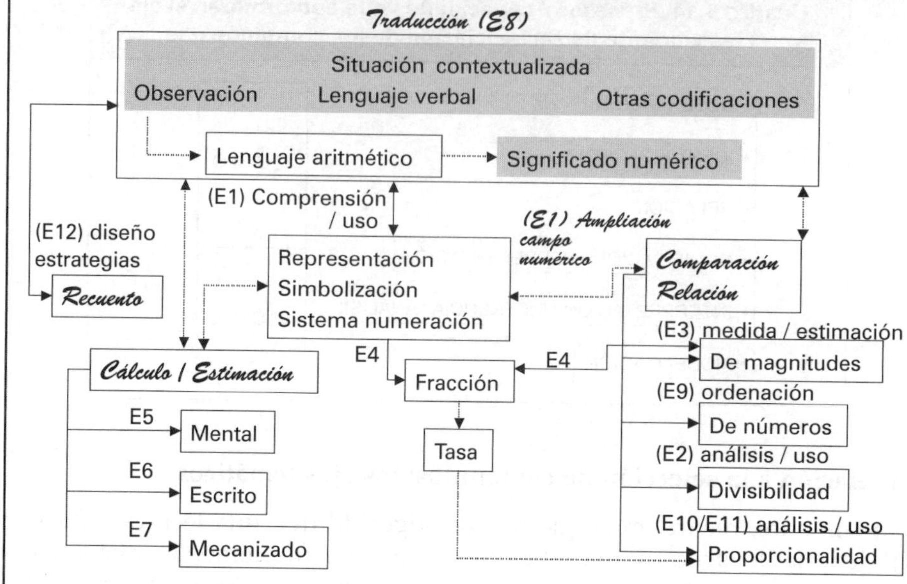

Cuadro 5.16. Organización interna e interrelaciones en el campo del lenguaje gráfico y las funciones

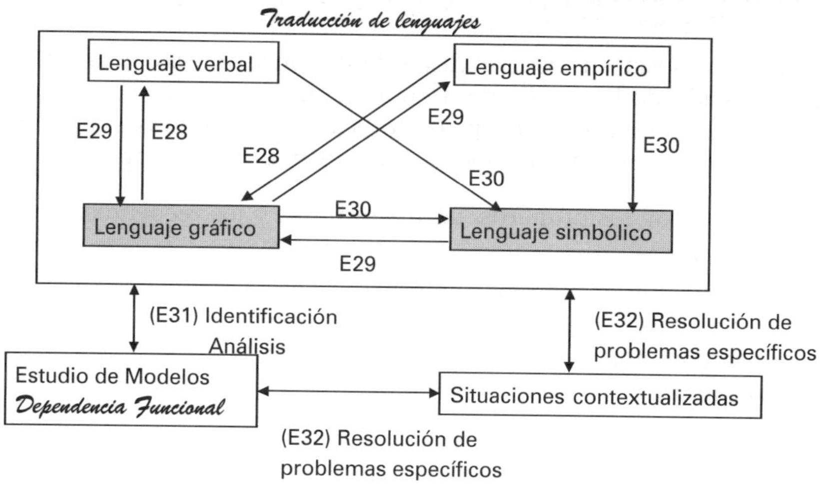

- en el campo de la geometría:
  - visualización
  - construcción/representación
  - relaciones métricas
  - transformaciones
- en el campo del lenguaje gráfico y las funciones:
  - traducción
  - análisis de dependencias funcionales
- en el campo de la estadística y la probabilidad:
  - análisis a posteriori
  - análisis a priori de las situaciones

Este desarrollo por campos temáticos es también fundamental para dar carácter y significado a los bloques temáticos, en tanto en cuanto es en cierta manera la expresión de la forma en la que nos aproximaremos a los contenidos, y en ella misma es una especie de «estrategia didáctica». Un proceso a partir de estos referentes nos llevaría a la secuenciación definitiva por cursos o ciclos.

La concreción de este eje temático diferencia precisamente una selección de contenidos entendida como «una relación», por muy estructurada que esté, de la selección de contenidos fruto de una reflexión epistemológica, discutible en cualquier caso, que da un carácter más holístico al trabajo en el aula.

Los esquemas de los cuadros 5.15 y 5.16 nos ilustran de una manera muy sintética una posible concreción en dos de los anteriores campos temáticos, en términos de la organización interna y las interrelaciones de los elementos de contenido del campo. Esta organización es muy importante en cuanto a la posterior secuenciación no temática y en coherencia con las intenciones educativas explicitadas. Los recuadros en gris tan solo pretenden fijar la atención en un punto-origen donde empezar a considerar el esquema; las anotaciones en *script* hacen referencia a los procedimientos-clave, las líneas discontinuas representan relaciones internas que no corresponden explícitamente a elementos de contenido; finalmente, las anotaciones del tipo Ei se corresponden a una relación posterior de los elementos de contenido[28] que aquí vamos a obviar.

Un último aspecto a considerar en la selección de contenidos, y con vistas a su futura secuenciación sobre la base de las capacidades/procesos antes descritos, es la aproximación y desarrollo a partir de distintos descriptores en su última fase de concreción. En primer lugar, cada uno de los elementos de contenido seleccionados (los Ei) podría desarrollarse desde cuatro perspectivas complementarias:

[28] Que forman parte de la programación didáctica del Departamento de Matemáticas del IES Gabriel Ferrater, de Reus (Tarragona).

– conceptos y terminología
– hechos y relaciones
– técnicas y algoritmos
– uso en un amplio rango de situaciones

En segundo lugar, podría desarrollarse a diferentes niveles. Nos referimos a los niveles que se derivan de una consideración a doble criterio:

- por una parte, a la distinta complejidad cognitiva antes mencionada en términos de clases de competencias; p.e. cuando nos referimos a las ideas y relaciones de divisibilidad, no tiene la misma complejidad la identificación de un divisor común, que el cálculo del máximo común divisor, y mucho menos caracterizar los números que tienen al 6 como máximo común divisor con el 12;
- por otra parte, también nos referimos a la complejidad de los diferentes conceptos, hechos, relaciones, capacidades... que están estrechamente implicados; p.e. cuando nos referimos a la «lectura e interpretación de gráficos» no tienen la misma naturaleza la lectura de gráficos de puntos, que la de gráficos funcionales, como tampoco tiene la misma complejidad una interpretación secuencial que una interpretación global del fenómeno, o incluso tampoco es de la misma naturaleza el concepto de variación que el de tasa de variación.

Con el cuadro 5.17, que desarrolla el genérico 5.12 presentado con anterioridad, quisiéramos sintetizar nuestra propuesta de criterios de planificación del currículum.

PARA SEGUIR AVANZANDO

Queremos retomar aquí una reflexión ya mencionada, pero que consideramos de capital importancia: creemos que tan solo una intervención global, sobre y desde distintos frentes, con fases inclusivas y coherente con el propio sistema de creencias del profesorado, podrá tener esperanzas de éxito en el intento de modificar la estructura del sistema de creencias del alumnado y la consiguiente mejora en la eficacia en la resolución de problemas.

A lo largo del capítulo hemos planteado la intervención educativa para modificar las creencias de los estudiantes, ampliando progresivamente el marco. Hemos partido de un modelo de trabajo para el tratamiento de problemas concretos, que reunían una serie de características, con la intencionalidad de ayudar a los estudiantes a tomar conciencia de sus propios procesos de pensamiento y de sus creencias sobre la resolución de problemas, en un clima de interrogación, desafío y reflexión, a plantearse la formulación de nuevos problemas y a considerar esta actividad como un reto que todos pueden abordar.

Cuadro 5.17. Concreción de ejes y finalidades sobre los que centrar el análisis crítico del DCB

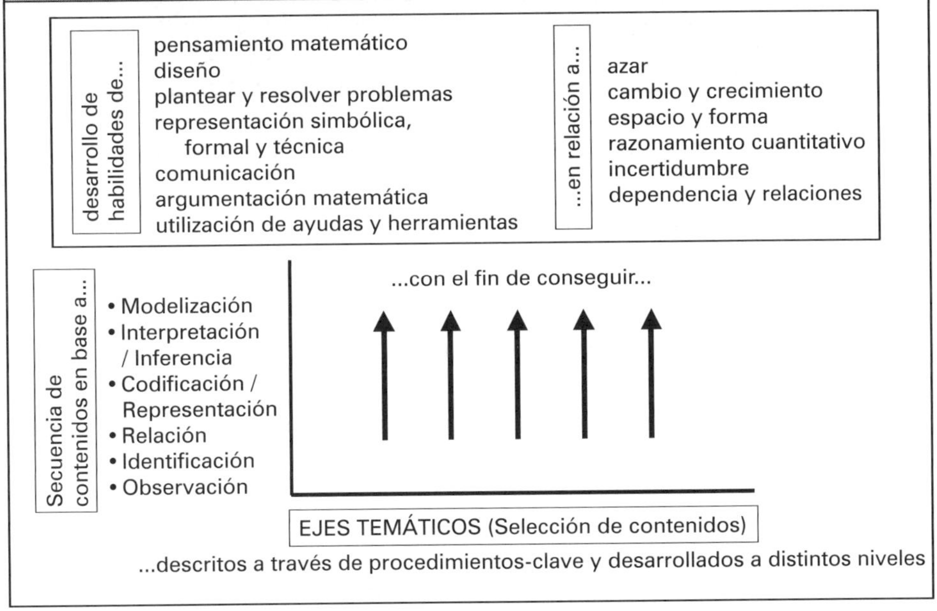

Estos problemas pueden estar presentes en el currículo de matemáticas de distintas maneras: para ilustrar los conocimientos, controlar los aprendizajes, introducir en procesos propios del pensamiento matemático como modelizar, abstraer, simbolizar, conjeturar, particularizar, etc. o para presentar conceptos a partir de situaciones problemáticas, de modo que ayuden a contextualizarlos, a desvelar las preguntas que estuvieron en su origen.

Todo esto se inscribe en la planificación general del currículo de matemáticas: sus finalidades e intenciones educativas, la selección y secuenciación de contenidos, etc. Podríamos incluso ir más allá y plantear un proyecto curricular de Centro coherente, de modo que los alumnos no se vean sometidos a veces a exigencias contradictorias por parte de los profesores de las distintas materias.

La lectura de estas propuestas por quienes día a día se enfrentan al reto de enseñar matemáticas a jóvenes y adolescentes, puede haberles provocado distintas reacciones, sentimientos y preguntas, que han pasado por el filtro de sus propias creencias sobre la matemática, su enseñanza y aprendizaje, y también puede haberles confrontado con sus prácticas, constatando a veces la distancia entre lo que les gustaría hacer y lo que realmente pueden hacer con sus alumnos en clase de matemáticas.

Si estas páginas han dado pie a una reflexión sobre la propia práctica, a un contraste entre las creencias que aquí se han explicitado y las del lector, si han suscitado deseos de mejora, si la experiencia cotidiana ha estado en el trasfondo de la lectura, nos parece un buen logro.

Pero nos gustaría que este libro no terminara aquí, que éste no fuese su final, que tuviese muchos finales, tantos como profesores de matemáticas interesados en promover en sus alumnas y alumnos la capacidad de hacerse preguntas, de enfrentarse a la resolución de problemas, de afrontar crítica y creativamente los retos que presenta la sociedad, lo hayan leído. Para «escribir» los siguientes capítulos daremos algunas pistas sobre el «texto» y el «contexto».

Partimos de las creencias siguientes:

- La acción educativa cotidiana es el lugar privilegiado de aprendizaje y desarrollo profesional.
- La formación permanente está estrechamente ligada a la mejora de la práctica.
- Para modificar la práctica es necesario seleccionar algún aspecto de la misma que sea abarcable, e identificar y analizar tanto las creencias del profesorado que subyacen como las prácticas cotidianas, sabiendo que no siempre hay coherencia entre ambas.
- El proceso anterior no debería quedarse en un diagnóstico inicial, sino que debería ofrecer elementos para concretar una propuesta de intervención, que sea viable en el aula y en el centro, y llevarla a cabo. Su realización y su valoración harán posible hacer nuevas propuestas de mejora que se van apoyando siempre en prácticas anteriores, en un proceso continuo y a largo plazo.

En este capítulo hemos presentado ampliamente varios aspectos que pueden ser objeto de revisión. A continuación concretamos algunos posibles centros de atención para revisar y mejorar:

- Las colecciones de problemas que se utilizan, a la luz de las características que hemos indicado en las páginas 129 y ss.
- Los modos de trabajo de los alumnos, a la luz de indicadores como el intercambio, la comunicación o los procesos de reflexión (páginas 140 y ss.).
- El tratamiento de cada problema desde los indicadores de la creatividad: fluidez, flexibilidad y originalidad (páginas 140 y ss.).
- La intervención del profesor desde los indicadores del modelo de conducta metacognitiva: orientar, moderar, preguntar, incitar, animar, etc. (páginas 150 y ss.).
- La finalidades con que se proponen los problemas (páginas 152 y ss.).
- Los ejes que orientan las finalidades e intencionalidades educativas, la selección y secuenciación de contenidos (páginas 173 y ss.).

– Los aspectos que se evalúan y la forma de hacerlo (páginas 103 y ss.).

Este proceso de reflexión sobre la propia práctica es el *texto* de los capítulos siguientes, en el *contexto* de cada aula, de cada centro, con alumnos y profesores que tienen rostros concretos.

ANEXOS

1. VERSIÓN SINTÉTICA DEL INSTRUMENTO DE SEGUNDO ORDEN PARA EL ANÁLISIS DEL PAPEL QUE LOS PROFESORES OTORGAN A LA RESOLUCIÓN DE PROBLEMAS EN EL AULA[1]

CONCEPCIONES DE LOS PROFESORES SOBRE LA RESOLUCIÓN DE PROBLEMAS				
Categorías/Tendencias did.	Tradicional	Tecnológica	Espontaneísta	Investigativa
METODOLOGÍA 1	Ejercitación repetitiva	Ejercitación reproductiva	Experimentación (énfasis en método)	Resolución de problemas
PRAXIS 2	Exposición magistral (libro texto)	Simulación puntual de investigación	Descubrimiento aleatorio, manipulación de modelos	Investigación planificada
OBJETIVOS 3	Conceptuales de carácter terminal	Terminales operativos	Flexibles y orientativos	Flexibles y revisables
PROGRAMACIÓN 4	Oficial, prescriptiva, rígida (unidades aisladas)	Secuencial, estructurada y cerrada	Aleatoria, contenidos negociados	Redes conceptuales organizadas
SENTIDO DE LA ASIGNATURA 5	Énfasis conceptual	Aplicabilidad (proceso-producto)	Énfasis procedimental y actitudinal	Procedimentos, conceptos y actitudes
Orientación *(Matemática escolar como...)* 6	Matemática formal	Adaptación de la Matemática formal a la problemática real	Matemática que emana de la problemática real	Síntesis matemática formal y Matemática cotidiana
Finalidad 7	Informativa	Informativa utilitaria (productos y métodos)	Formativa (actitudes y valores racionales)	Formativa (aprender a aprender)
CONCEPCIÓN DEL APRENDIZAJE *(Aprendizaje...)* 8	Memorístico acumulativo	Memorístico secuencial	Significativo aleatorio	Significativo relevante (redes semánticas)
(Procesos...) 9	Deductivos	Inductivos simulados y deductivos	Inductivos	Inducción-deducción
Tipo y forma 10	Por apropiación	Por asimilación	Por construcción espontánea	Por construcción dirigida
Tipo de agrupamiento 11	Trabajo individual	Trabajo individual	Trabajo en grupo y debates	Diversidad de agrupaciones y puestas en común
Dinamizador 12	Lógica de la asignatura	Lógica de la disciplina	Intereses grupo alumnos	Intereses de alumnos y disciplina
Aptitud 13	Predeterminada	Predeterminada	Transformable	Transformable
Actitud 14	Predeterminada	Parcialmente transformable	Transformable	Transformable

[1] Tomado de L.C. Contreras González: *Concepciones de los profesores sobre la resolución de problemas.* Universidad de Huelva. Huelva, 1999, pp. 47-49.

Categorías/Tendencias did.		Tradicional	Tecnológica	Espontaneísta	Investigativa
PAPEL ALUMNO Participación en Diseño Didáctico	15	No participa	No participa	Indirect. a través de sus reacciones	Participa directa o indirectamente
Clave de la transferencia E-A	16	Única responsable. Sumisión	Responsable principal (motivación por el contexto)	Motivación por la acción	El proceso (motivación por los significados)
	17	Escucha y copia	Reproduce e imita	Actúa	Investiga
Qué hace	18	Atiende	Atiende	Juega	Reflexiona
	19	Acepta	Cree	Dialoga	Cuestiona
PAPEL PROFESOR Qué hace	20	Transmite verbalmente	Transmite por procesos tecnológicos	Induce	Provoca
Cómo hace 20	21	Dicta	Expone	Promueve	Conduce
Qué hace	22	Reproduce	Organiza	Analiza reacciones y respuestas a sus propuestas	Investiga en y sobre la acción
Justificación de 22	23	Especialista en contenido	Técnico del contenido y del diseño didáctico	Humanista, especialista en dinámica de grupo	Experimentador interactivo de contenidos y métodos
Coordinación	24	En su caso, sobre contenidos mínimos	En su caso, sobre selección (utilidad) y/u organización de contenidos	Caracterización de las actividades	A nivel de caracterización del diseño didáctico
EVALUACIÓN	25	Sumativa (producto final)	Sumativa (proceso en función del producto)	Formativa (proceso)	Formativa-sumativa (proceso y producto)
Carácter	26	Cuantitativa	Cuantitativa	Cualitativa	Cualitativa-cuantitativa
	27	No explicita criterios. Subjetiva	Criterios explícitos. Taxonómica (conductas observables)	Criterios variables y concensuados. Indefinida	Crit. Explíc. negociables. Holística
	28	Memoria	Operatividad de los objetivos	Grado de implicación	Grado de implicación y significados
Criterios	29	Aplicación mecánica	Interpretación mecánica	Aplicación significativa	Aplicación significativa y relevante
(Mínimos...)	30	Rígidos	Rígidos	Negociables	Reformulables (en función del alumno, proceso, materia y contexto escolar)

Categorías/Tendencias did.	Tradicional	Tecnológica	Espontaneista	Investigativa
INSTRUMENTOS 31	No diferenciados individual	No diferenciación individual	Diferenciación individual no organizada	Diferenciación individual organizada
(Concepción de la recuperación...) 32	Repetición global, aislada del desarrollo normal	Repetición puntual, aislada del desarrollo normal	Cada actividad recupera la motivación	Personalizada, compleja e inserta en el desarrollo normal
(Papel del examen...) 33	Su preparación fija aprendizajes	Su preparación fija aprendizajes	Distorsiona el marco de relaciones y acciones	Actividad creativa del alumno; durante su ejecución se aprende
(Tipos de diagnóstico inicial...) 34	En base a los contenidos impartidos con anterioridad o la propia experiencia anterior	Identificación inicial de errores para eliminación inmediata antes del proceso	Sobre el campo de intereses del alumno	Que informa la elaboración y ejecución del proceso
(Tipo de calificación...) 35	Mediante controles del producto	Mediante controles de los objetivos	Mediante revisión de tareas del alumno y de su participación	Por conjunción de varios instrumentos (cuaderno del alumno, observación, trabajos en grupo, informes de investigación...)

2. CUESTIONARIO PARA LA IDENTIFICACIÓN DE CREENCIAS (Vila, 2001)

1ª sesión

Nombre y apellidos: ________________ Mes y año de nacimiento: ____ /____

Escuela donde cursaste Primaria: ______________________________

a1.* ***Si tuvieses que explicar*** QUÉ ES UN PROBLEMA DE MATEMÁTICAS ***a alguien que no lo sabe, ¿cómo se lo explicarías para que te entendiese fácilmente?***

a2.* ***Pon dos ejemplos de*** PROBLEMAS DE MATEMÁTICAS (no hace falta que los resuelvas)

1.-

2.-

a3.* ***Pon dos ejemplos de*** EJERCICIOS DE MATEMÁTICAS ***que no sean el cálculo de operaciones*** (no hace falta que los resuelvas)

1.-

2.-

a4.* ***Aparte de problemas y ejercicios, en clase de matemáticas se hace algún otro tipo de actividades?*** ❑ sí ❑ no

Si la respuesta es sí, pon algún ejemplo.

a5.* ***¿Te encuentras con situaciones complicadas en la vida cotidiana en las que tengas que utilizar las matemáticas?***

❑ muchas ❑ bastantes ❑ pocas ❑ ninguna

¿Resuelves en clase problemas sobre situaciones como las que te encuentras en la vida cotidiana?

❑ muchos ❑ bastantes ❑ pocos ❑ ninguno

a6.* ***Pon un ejemplo de estas situaciones con las que te hayas encontrado recientemente*** FUERA DE CLASE ***y hayas tenido que utilizar las matemática.***

a7.* ***¿Qué tienen de diferente los problemas de matemáticas de la*** ESCUELA ***y las situaciones de*** FUERA DE CLASE ***en las que has tenido que utilizar las matemáticas?***

a8.* En cada una de las siguientes frases señala el número del 1 al 4 que consideres más adecuado

En los enunciados de problemas de matemáticas que normalmente trabajamos en clase:

	nunca	a veces	a menudo	siempre
• hay expresiones y nombres de cosas matemáticas	1	2	3	4
• hay pistas sobre lo que se debe hacer para resolverlos	1	2	3	4
• hay todos los datos que necesitamos para resolver el problema	1	2	3	4
• hay datos que no necesitamos y en cambio nos los dan	1	2	3	4
• son muy claros y exactos al darnos los datos y las condiciones	1	2	3	4

Los profesores de matemáticas dan importancia a resolver problemas en los que:

	poco importante			muy importante
• el enunciado no tiene pistas sobre qué hace falta hacer para resolverlo	1	2	3	4
• el enunciado no tiene ninguna palabra	1	2	3	4
• al enunciado le faltan datos que necesitamos para poder resolver el problema	1	2	3	4
• el enunciado tiene datos que no necesitamos para nada	1	2	3	4
• el enunciado es poco claro	1	2	3	4

a9.* Los problemas de matemáticas siempre proponen o piden que hagas alguna cosa. Aquí tienes unos cuantos ejemplos:

- calcular un número
- calcular una medida
- dibujar una figura geométrica

Da unos cuantos ejemplos más de cosas que te pidan hacer los problemas de matemáticas

a10.*De cada uno de los siguientes ejemplos di si crees que se trata o no de un *PROBLEMA DE MATEMÁTICAS* (Marca con una cruz).

❑ sí ❑ no 1.- Al comprar un objeto que vale 12,50 , ¿qué porcentaje de descuento deberán hacerme para poder pagarlo si sólo tengo 10 ?

❑ sí ❑ no 2.- Al comprar un objeto tienes que pagar un porcentaje de impuesto y te hacen un porcentaje de descuento. ¿Con qué orden es mejor que te hagan los cálculos?

❑ sí ❑ no 3.- ¿Qué cuesta más barato, ir de Reus a Tarragona en moto o en autobús?

❑ sí ❑ no 4.- ¿Cuáles son las fracciones que se obtienen de ellas mismas sumando 1 al numerador y 2 al denominador?

❑ sí ❑ no 5.- Tenemos dos cuadrados iguales. ¿Cómo hay que recortarlos y pegarlos para poder construir un sólo cuadrado?

❑ sí ❑ no 6.- ¿Cuáles son los diferentes tipos de triángulos que conoces? Explícalo claramente

❑ sí ❑ no 7.- Si tengo 20 y tú tienes 35 , ¿cuántos tienes más tú que yo?

❑ sí ❑no 8.- Resuelve $3x - 2 = 16$

❑ sí ❑no 9.- $\frac{4}{21} + \frac{3}{7} - \frac{5}{6}$

❑ sí ❑no 10.-

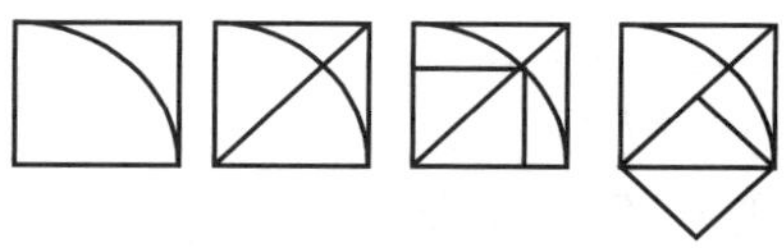

¿Cuáles de tus profesores de matemáticas crees que dirían que lo son? (Marca con una cruz en el número correspondiente)

❑ 1	❑ 2	❑ 3	❑ 4	❑ 5
❑ 6	❑ 7	❑ 8	❑ 9	❑ 10

2ª sesión

Nombre y apellidos: ______________ Mes y año de nacimiento: ____ /____
Escuela donde cursaste Primaria: ______________________________

b1.* ***Si fueses un profesor de matemáticas y estuvieses corrigiendo unos problemas de tus alumnos ¿qué nota pondrías a cada uno de los siguientes chicos y chicas?*** (Pon una nota de 0 a 10 en la casilla de cada alumno).

___ Alberto	___ Begoña	___ Carlos
___ Dori	___ Esteban	___ Fina

- ***Alberto*** *ha resuelto bien el problema, pero no ha escrito nada, lo ha hecho todo de cabeza.*
- ***Begoña*** *ha resuelto el problema de la manera que el profesor esperaba, pero dado que ha copiado mal los datos, el resultado es incorrecto, a pesar de haber efectuado correctamente los cálculos.*
- ***Carlos*** *lo ha hecho todo bien, pero una vez acabados los cálculos ha escrito como resultado final 23 cm en lugar de 23 km.*
- ***Dori*** *lo ha hecho todo bien, pero una vez acabados los cálculos, no ha puesto unidades en el resultado.*
- ***Esteban*** *ha dado el resultado correcto, pero no se entiende muy bien cómo lo ha conseguido, porque se ha equivocado en los cálculos un par de veces.*
- ***Fina*** *ha resuelto el problema de la manera que el profesor esperaba, pero se ha equivocado en los cálculos un par de veces.*

b2.* ***Marca con una cruz las tres palabras que*** *RELACIONES MÁS CON LAS MATEMÁTICAS.*

❑ reglas	❑ métodos	❑ imaginación
❑ exactitud	❑ razonamiento	❑ sentido común

¿Dónde crees que pondrían las cruces los profesores de matemáticas?

❑ reglas	❑ métodos	❑ imaginación
❑ exactitud	❑ razonamiento	❑ sentido común

b3.* ***Marca con una cruz las tres palabras que*** *RELACIONES MÁS CON LAS CLASES DE MATEMÁTICAS*

❑ practicar	❑ memoria	❑ pensar
❑ explicación	❑ investigar	❑ discusión

¿Dónde crees que pondrían las cruces los profesores de matemáticas?

- ❑ practicar ❑ memoria ❑ pensar
- ❑ explicación ❑ investigar ❑ discusión

b4. ¿En qué momento de un tema los profesores de matemáticas te proponen resolver problemas?* (Marca sólo una cruz)

- ❑ principalmente al empezar un tema
- ❑ principalmente ya acabando el tema
- ❑ en cualquier momento del tema

¿Por qué?

b5. ¿Y en qué momento lo preferirías?*

- ❑ principalmente al empezar un tema
- ❑ principalmente ya acabando el tema
- ❑ en cualquier momento del tema

¿Por qué?

b6. ¿Qué es más importante para ti de las siguientes cosas?* (Marca dos cruces).

- ❑ haber resuelto un problema difícil
- ❑ haber efectuado muchos cálculos en poco tiempo
- ❑ haber sido capaz de mantener mi punto de vista sobre un problema con el profesor
- ❑ haber efectuado unos cálculos difíciles mentalmente

b7. ¿Qué crees que gustaría más a tus padres que fueses capaz de hacer?* (Marca dos cruces).

- ❑ haber resuelto un problema difícil
- ❑ haber efectuado muchos cálculos en poco tiempo
- ❑ haber sido capaz de mantener mi punto de vista sobre un problema con el profesor
- ❑ haber efectuado unos cálculos difíciles mentalmente

b8. ¿Qué crees que gustaría más a los profesores de matemáticas que fueses capaz de hacer?* (Marca dos cruces)

- ❑ haber resuelto un problema difícil
- ❑ haber efectuado muchos cálculos en poco tiempo

- ❑ haber sido capaz de mantener mi punto de vista sobre un problema con el profesor
- ❑ haber efectuado unos cálculos difíciles mentalmente

b9.* En cada una de las siguientes frases marca con un círculo un número del 1 al 4 según lo consideres adecuado

Los profesores de matemáticas, cuando nosotros resolvemos problemas, dan importancia a:

	poca			mucha
• obtener el resultado	1	2	3	4
• haber utilizado las cosas que nos acaban de explicar	1	2	3	4
• explicar por qué hacemos cada cosa	1	2	3	4
• haber seguido el camino que el profesor quería	1	2	3	4
• al acabar, ver si había otros caminos	1	2	3	4
• combrobar el resultado	1	2	3	4

Me siento seguro y tranquilo cuando los profesores de matemáticas me piden que:

	poco			mucho
• reflexione sobre lo que he hecho	1	2	3	4
• explique en el papel todo lo que he hecho	1	2	3	4
• mire si hay otros caminos de solución	1	2	3	4
• compruebe el resultado	1	2	3	4

Si fueses un profesor y estuvieses mirando cómo resuelve un alumno un problema, darías importancia a:

	poca			mucha
• que desde el principio vaya por el buen camino	1	2	3	4
• que lo resuelva en la cabeza antes de escribir nada	1	2	3	4
• que no se quede bloqueado en ningún momento	1	2	3	4
• que lo haya resuelto en poco tiempo	1	2	3	4

Las matemáticas sirven para:

	poco			sobretodo
• saber un conjunto de reglas y operaciones	1	2	3	4
• saber calcular y hacer operaciones	1	2	3	4

• desarrollar nuestras capacidades intelectuales	1	2	3	4
• aplicar unas técnicas a la vida real	1	2	3	4
• poder enfrentarse a situaciones complicadas de la realidad	1	2	3	4

Los profesores intentan hacernos ver que las matemáticas sirven para:

	poco			sobretodo
• saber un conjunto de reglas y operaciones	1	2	3	4
• saber calcular y hacer operaciones	1	2	3	4
• desarrollar nuestras capacidades intelectuales	1	2	3	4
• aplicar unas técnicas a la vida real	1	2	3	4
• poder enfrentarse a situaciones complicadas de la realidad	1	2	3	4

Creo que lo que sé hacer bastante bien de matemáticas es:

	poco			sobretodo
• efectuar cálculos	1	2	3	4
• resolver problemas	1	2	3	4
• entender las reglas y propiedades	1	2	3	4
• descubrir e inventar reglas matemáticas	1	2	3	4
• razonar y pensar	1	2	3	4

Me siento seguro y tranquilo cuando en clase:

	poco			sobretodo
• efectúo cálculos	1	2	3	4
• resuelvo problemas	1	2	3	4
• discutimos sobre matemáticas	1	2	3	4
• aprendo una regla o una propiedad	1	2	3	4

Cuando los profesores plantean una cuestión en clase de matemáticas están esperando:

	poco			sobretodo
• que alguien recuerde la respuesta correcta y responda	1	2	3	4
• que discutamos antes de intentar dar una respuesta	1	2	3	4
• ver quiénes son los que han estudiado y trabajado	1	2	3	4
• que pensemos, porque no están esperando una respuesta	1	2	3	4

Normalmente en clase de matemáticas se hacen:

	poco			sobretodo
• explicaciones	1	2	3	4
• ejercicios	1	2	3	4
• problemas	1	2	3	4
• prácticas de las cosas que se nos explican	1	2	3	4
• actividades repetitivas	1	2	3	4
• actividades de mucha imaginación	1	2	3	4

Mis padres piensan que es importante que yo en clase:

	poco			sobretodo
• entienda bien las explicaciones	1	2	3	4
• aprenda a resolver ejercicios	1	2	3	4
• aprenda a resolver problemas	1	2	3	4
• practique bien lo que aprendo	1	2	3	4

b10.* En cada una de las siguientes frases di si estás muy de acuerdo (MA), de acuerdo (A), en desacuerdo (D) o muy en desacuerdo (MD) (marca la opción que escojas).

MA	A	D	MD	Los profesores deben ponernos cada problema en su tema
MA	A	D	MD	No me pongo nervioso cuando me quedo bloqueado resolviendo un problema
MA	A	D	MD	Los profesores de matemáticas nos ponen problemas para que así apliquemos las cosas que nos explican en clase
MA	A	D	MD	Antes de empezar a escribir, intento tenerlo todo resuelto en la cabeza
MA	A	D	MD	No tiene sentido que el profesor nos ponga problemas en los que se tenga que utilizar cosas que no hemos aprendido
MA	A	D	MD	Los expertos normalmente resuelven un problema de maneras muy diferentes entre ellos
MA	A	D	MD	Si al cabo de un tiempo no he resuelto un problema, lo dejo porque ya no lo conseguiré
MA	A	D	MD	Si eres un buen alumno, una vez has entendido lo que había que hacer en un problema, ya vas avanzando sin errores
MA	A	D	MD	Me pongo muy nervioso cuando el profesor me pone problemas que no son del tema que estamos estudiando

MA	A	D	MD	Normalmente, no sé resolver los problemas que necesitan de cosas que hace tiempo que he estudiado
MA	A	D	MD	Los profesores de matemáticas nos ponen problemas porque así pueden ver si vamos aprendiendo las cosas que nos explican
MA	A	D	MD	Cuando empiezo a ver que me estoy equivocando, lo dejo correr
MA	A	D	MD	Es bueno que antes de empezar a escribir, intente tenerlo todo resuelto en la cabeza
MA	A	D	MD	Los buenos alumnos normalmente no se quedan bloqueados cuando resuelven un problema
MA	A	D	MD	Los buenos alumnos normalmente necesitan poco tiempo para resolver un problema

3ª sesión

Nombre y apellidos: ______________ Mes y año de nacimiento: ____ /____
Escuela donde cursaste Primaria: ______________________________

c1.* En cada una de las siguientes frases marca un punto del 1 al 4 según creas conveniente.

Para aprender a resolver problemas me da la sensación que tengo que aprender:

	poco			sobretodo
• muchas matemáticas	1	2	3	4
• a ser intuitivo y a utilizar el sentido común	1	2	3	4
• a dominar mi estado de ánimo	1	2	3	4
• estrategias como por ejemplo hacer esquemas, representaciones	1	2	3	4
• estrategias como por ejemplo probar con casos más sencillos, con ejemplos...	1	2	3	4

c2.* En cada una de las siguientes frases di si estás muy de acuerdo (MA), de acuerdo (A), en desacuerdo (D) o muy en desacuerdo (MD) (marca la opción que escojas).

MA	A	D	MD	Quien no sabe resolver problemas es porque no sabe matemáticas
MA	A	D	MD	Si hemos aprendido bastante, sabremos ver en los enunciados qué es lo que hay que aplicar para resolverlos
MA	A	D	MD	Los profesores nos dan métodos para resolver cada tipo de problemas
MA	A	D	MD	Los buenos alumnos en matemáticas normalmente encuentran fácilmente el camino para resolver cualquier problema
MA	A	D	MD	Los profesores quieren que observemos cómo se resuelven los problemas para así aprender más
MA	A	D	MD	Quedarse «en blanco» resolviendo un problema es muy normal y no tiene nada de malo
MA	A	D	MD	Si sé muchas matemáticas, ya sabré cuándo y cómo tengo que utilizarlas
MA	A	D	MD	Para resolver problemas es muy importante la paciencia y la perseverancia
MA	A	D	MD	Es importante que cuando esté probando una manera de resolver un problema no la abandone, aunque no lo logre

MA A D MD	Si domino un tema de matemáticas, normalmente sabré resolver los problemas que hacen referencia a este tema
MA A D MD	Si fuese el profesor daría métodos para resolver cada tipo de problema
MA A D MD	Podré adquirir la capacidad de resolver problemas sobretodo observando cómo lo hacen mis profesores de matemáticas u otras personas a las que les vaya bien las matemáticas
MA A D MD	Los profesores quieren que aprendamos a resolver problemas en poco tiempo

*c3.** ***En cada una de las siguientes frases di si estás muy de acuerdo (MA), de acuerdo (A), en desacuerdo (D) o muy en desacuerdo (MD)*** (marca la opción que escojas).

MA A D MD	Los profesores quieren que leamos bien los enunciados para así buscar lo que hay que aplicar
MA A D MD	Es perfectamente correcto utilizar el sentido común para resolver problemas
MA A D MD	Si no he sabido resolver un problema, tengo que estudiar más
MA A D MD	Es importante que cuando esté probando una manera de resolver un problema y vea que no lo logro, busque otro camino
MA A D MD	Si se puede utilizar una técnica matemática, es mejor eso que resolver un problema por «sentido común»

*d1.** ***En cada una de las siguientes frases di si estás muy de acuerdo (MA), de acuerdo (A), en desacuerdo (D) o muy en desacuerdo (MD)*** (marca la opción que escojas).

MA A D MD	Normalmente resuelvo bien los problemas de matemáticas
MA A D MD	Normalmente cuando resuelvo problemas estoy muy tranquilo
MA A D MD	Normalmente cuando resuelvo problemas me siento seguro
MA A D MD	Normalmente cuando resuelvo problemas noto que sé matemáticas
MA A D MD	Normalmente cuando resuelvo problemas me noto muy concentrado

d2.* ***En cada una de las siguientes frases marca con un círculo un número del 1 al 4 según lo consideres adecuado.***

Cuando acabo de resolver correctamente un problema normalmente me siento:

	poco			sobretodo
• normal, como siempre	1	2	3	4
• satisfecho	1	2	3	4
• sorprendido, no me lo acabo de creer	1	2	3	4
• con ganas de hacer más problemas	1	2	3	4

Cuando veo que no sé resolver un problema normalmente me siento:

	poco			sobretodo
• normal, como siempre	1	2	3	4
• insatisfecho	1	2	3	4
• preocupado	1	2	3	4
• enfadado	1	2	3	4

Si no he sabido resolver un problema de matemáticas es porque:

	poco			sobretodo
• no sé bastantes matemáticas	1	2	3	4
• no tengo bastante intuición o sentido común	1	2	3	4
• no sé hacer esquemas o representaciones	1	2	3	4
• no me he esforzado demasiado mientras lo resolvía	1	2	3	4
• no estaba muy concentrado	1	2	3	4

d3.* ***En cada una de las siguientes frases marca con un círculo un número del 1 al 4 según lo consideres adecuado.***

Si he sabido resolver un problema es porque:

	poco			sobretodo
• sé muchas matemáticas	1	2	3	4
• tengo mucha intuición y sentido común	1	2	3	4
• sé hacer esquemas y representaciones	1	2	3	4
• me he esforzado mucho mientras lo resolvía	1	2	3	4
• estaba muy concentrado	1	2	3	4

Si no he sabido resolver un problema es porque:

	poco			sobretodo
• he tenido mala suerte	1	2	3	4
• no me gustan las matemáticas	1	2	3	4
• el problema era demasiado difícil	1	2	3	4

Si he sabido resolver un problema es debido a que:

	poco			sobretodo
• he tenido mala suerte	1	2	3	4
• me gustan las matemáticas	1	2	3	4
• el problema era fácil	1	2	3	4

Si no he sabido resolver un problema es debido a que:

	poco			sobretodo
• me he puesto nervioso	1	2	3	4
• no he tenido bastante paciencia	1	2	3	4
• me daba mucha pereza ponerme con ganas	1	2	3	4

Si he sabido resolver un problema es debido a que:

	poco			sobretodo
• estaba muy tranquilo	1	2	3	4
• me gustan los retos	1	2	3	4
• he puesto muchas ganas	1	2	3	4

➢ **¿Te gustan las matemáticas?**

❑ mucho ❑ bastante ❑ poco ❑ nada

➢ **¿Qué es lo que más te gusta de las matemáticas?**

➢ **¿Y lo que menos?**

➢ **Comparándote con el resto de tus compañeros de clase:** (Marca una sola cruz, en la casilla que creas más adecuada)

- te consideras entre los mejores de matemáticas ❑
- te consideras por encima de la media ❑
- te consideras por debajo de la media ❑
- te consideras de los más flojos de matemáticas ❑

➢ **Comparándote con el resto de tus compañeros de clase:** (Marca una sola cruz, en la casilla que creas más adecuada)

- te consideras entre los más trabajadores ❑
- te consideras por encima de la media ❑
- te consideras por debajo de la media ❑
- te consideras de los menos trabajadores ❑

3. MAPA DE LA ESTRUCTURA DEL SISTEMA DE CREENCIAS PREDOMINANTES EN UN GRUPO DE ALUMNOS EN TORNO A LA RESOLUCIÓN DE PROBLEMAS (Vila, 2001)

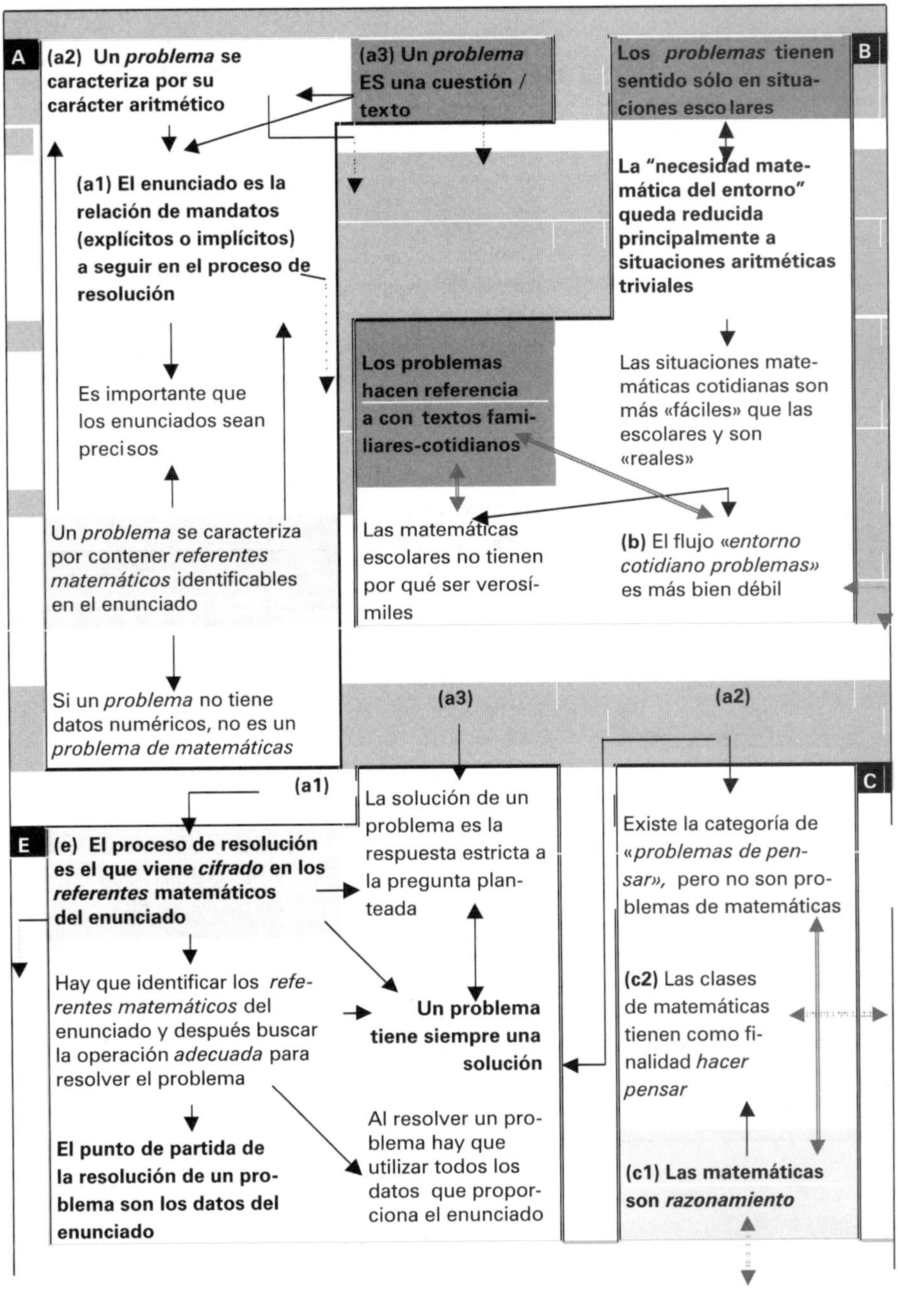

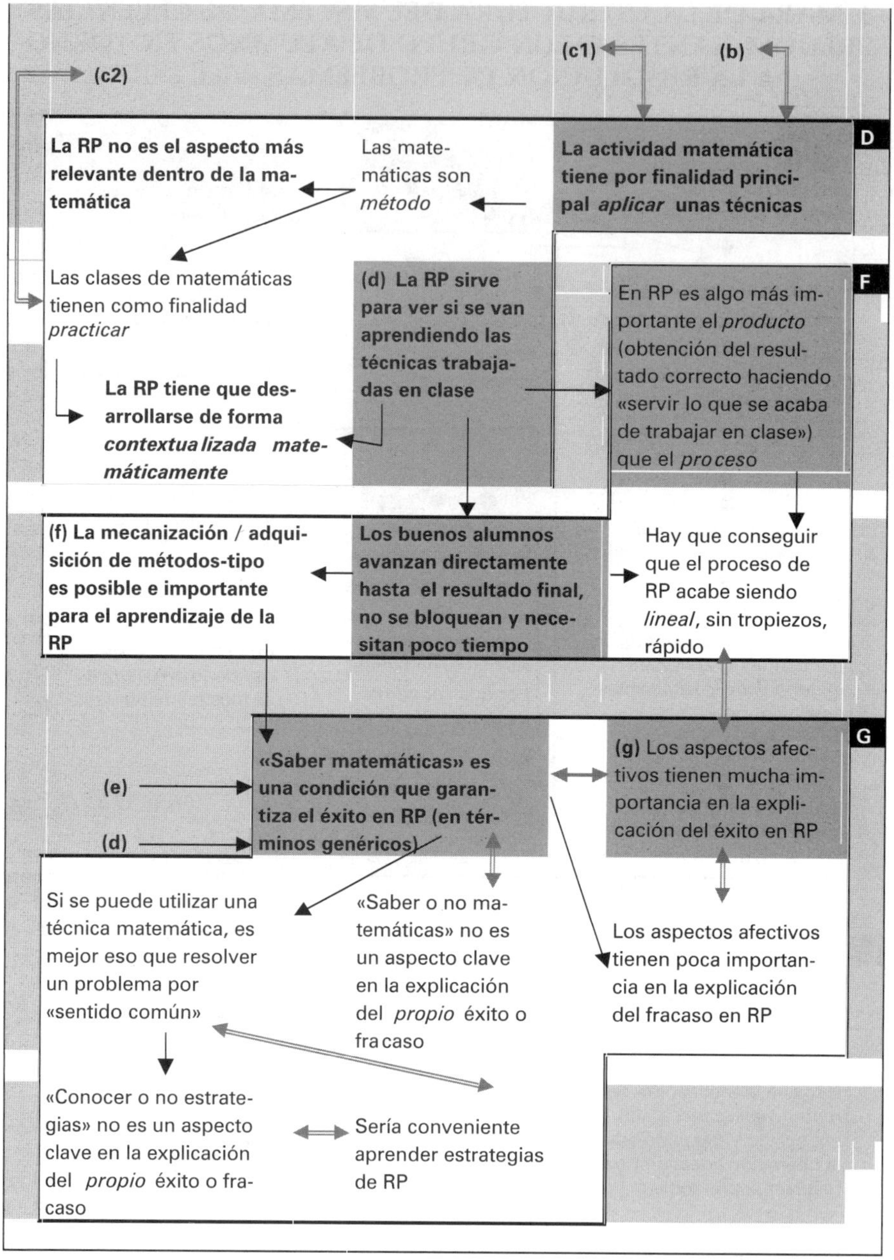
(c2)
(c1)
(b)
D
La RP no es el aspecto más relevante dentro de la matemática
Las matemáticas son *método*
La actividad matemática tiene por finalidad principal *aplicar* unas técnicas
Las clases de matemáticas tienen como finalidad *practicar*
(d) La RP sirve para ver si se van aprendiendo las técnicas trabajadas en clase
F
En RP es algo más importante el *producto* (obtención del resultado correcto haciendo «servir lo que se acaba de trabajar en clase») que el *proceso*
La RP tiene que desarrollarse de forma *contextualizada matemáticamente*
(f) La mecanización / adquisición de métodos-tipo es posible e importante para el aprendizaje de la RP
Los buenos alumnos avanzan directamente hasta el resultado final, no se bloquean y necesitan poco tiempo
Hay que conseguir que el proceso de RP acabe siendo *lineal*, sin tropiezos, rápido
G
(e)
(d)
«Saber matemáticas» es una condición que garantiza el éxito en RP (en términos genéricos)
(g) Los aspectos afectivos tienen mucha importancia en la explicación del éxito en RP
Si se puede utilizar una técnica matemática, es mejor eso que resolver un problema por «sentido común»
«Saber o no matemáticas» no es un aspecto clave en la explicación del *propio* éxito o fracaso
Los aspectos afectivos tienen poca importancia en la explicación del fracaso en RP
«Conocer o no estrategias» no es un aspecto clave en la explicación del *propio* éxito o fracaso
Sería conveniente aprender estrategias de RP

Las **relaciones cuasi-lógicas** han sido representadas por flechas que pueden significar conexión o contradicción, según la forma, línea sencilla-línea doble respectivamente; y estas contradicciones, en tanto en cuanto se está ilustrando una tendencia predominante en un Grupo, pueden hacer referencia a dos ámbitos: *inconsistencias individuales*, identificadas en un subGrupo, o aspectos *contradictorios* observados en subGrupos diferentes dentro del Grupo. Por otra parte las ***creencias primarias*** han sido representadas en un fondo gris. En cuanto a la **centralidad psicológica**, destacamos en negrita las que el estudio nos llevó a considerar ***creencias centrales*** (mantenidas con más fuerza); el resto han sido consideradas *creencias periféricas*. Finalmente, en cuanto a la **estructura de *clusters***, éstos vienen diferenciados por recuadros del gráfico, acompañados de una letra mayúscula identificativa. Las conexiones entre creencias de diferentes *clusters* se han representado con flechas que salen-entran de los *clusters*, especificando el punto de partida.

4. TEMAS MATEMÁTICOS: NÚMEROS PRIMOS

¿Qué sabemos de los números primos? ¿Qué queremos saber?

- ✓ **¿ Cómo se obtienen?**
- ✓ **¿Cuántos hay?**
- ✓ **¿Cómo están distribuidos?**

La criba de Eratóstenes

Eratóstenes, nacido en Grecia hacia el año 230 antes de Cristo, fue bibliotecario de la Universidad de Alejandría, en Egipto. Inventó un método para encontrar números primos que todavía se utiliza, la **criba de Eratóstenes:**

Se colocan los números del 1 al 100 en una tabla. Se tacha el 1 porque no es primo. Se rodea con un círculo el 2 que es el primer primo y se tachan todos sus múltiplos. Luego se encierra en un círculo el siguiente número que no se ha tachado, el 3, y se tachan todos sus múltiplos. Se continúa así hasta llegar al último número de la lista. Los números que no se han tachado son los números primos menores que 100.

1	2	3	4	5	6	7	8	9	10
11	12	13	14	15	16	17	18	19	20
21	22	23	24	25	26	27	28	29	30
31	32	33	34	35	36	37	38	39	40
41	42	43	44	45	46	47	48	49	50
51	52	53	54	55	56	57	58	59	60
61	62	63	64	65	66	67	68	69	70
71	72	73	74	75	76	77	78	79	80
81	82	83	84	85	86	87	88	89	90
91	92	93	94	95	96	97	98	99	100

- ✓ ¿A partir de qué número ya no hace falta seguir tachando todos sus múltiplos? ¿Por qué?
- ✓ Observa los primos de la lista mayores que 5. ¿Cuáles son los dígitos de las unidades?
- ✓ Un número primo mayor que 100, ¿podría terminar por un número distinto a los que has encontrado? ¿Por qué?
- ✓ El número 13 es primo y si le damos la vuelta tenemos 31 que es también primo. Podemos llamar a 13 número **omirp** (primo deletreado al revés) porque 31 es también un número primo diferente. Pero 11 no es omirp. Haz la lista de todos los omirps menores que 100.

Primos gemelos

Algunos primos están distribuidos por parejas, por ejemplo 3 y 5, 5 y 7, 11 y 13. Estas parejas se llaman **primos gemelos** por razones obvias. Completa la lista de todos los primos gemelos menores que 100. Calcula también su suma y su producto.

Primos gemelos	Suma	Producto

- ✓ ¿Encuentras alguna propiedad en la columna de las sumas?
- ✓ ¿Podrías demostrar algún resultado sobre la suma de primos gemelos?
- ✓ ¿Encuentras alguna propiedad en la columna de los productos?
- ✓ ¿Podrías demostrar algún resultado sobre el producto de primos gemelos?
- ✓ 3, 5 y 7 son **primos trillizos**. Trata de encontrar más primos trillizos.

¿Cuántos números primos hay?

Euclides, nacido en Grecia hacia el año 300 antes de Cristo, fue un famoso matemático que demostró que hay infinitos números primos. Esto significa que la lista de números primos no termina nunca. Lo hizo demostrando que si se hace una lista de números primos de 2 a P:

$$\mathbf{2, 3, 5, 7, 11, 13, 17, \ldots, P}$$

siempre se encuentra un número primo que no está en la lista.

Su forma de proceder fue la siguiente:

Al producto de todos los números de la lista le sumó 1 y al número que obtuvo le llamó N:

$$\mathbf{N = 2 \times 3 \times 5 \times 7 \times \ldots \times P + 1}$$

Este número N es primo o no lo es.

- **Si N es primo**, puesto que no es igual a ninguno de los números de la lista, entonces se ha definido un nuevo número primo.
- **Si N no es primo** sabemos que se puede escribir como producto de dos números, uno de ellos primo. Se puede escribir así: **N = qN′**, siendo **q un número primo divisor de N**.

¿Puede ser **q** alguno de los números de la lista anterior de números primos desde **2** hasta **P**?

Veamos que no, que es un nuevo número primo.

¿Por qué?:

– Porque si dividimos **N** entre **q**, el resto es cero.
– Pero si dividimos **N** por cualquiera de los números primos entre 2 y P, se obtiene 1 como resto.

De esta forma Euclides encontró un nuevo número primo que no estaba en la lista. Esto significa que no es posible elaborar una lista finita con todos los números primos, lo que concluye la demostración.

Bibliografía

ABELSON, R.P. (1979): *"Differences Between Belief and Knowledge Systems"*. Cognitive Science, 3; pp. 355-366.

ABRANTES, P. (1994): *O Trabalho de Projecto e a Relaçao dos Alunos com a Matemática.* Tesis Doctoral, Univ. Lisboa. (Ediciones de la Associaçao de Professores de Matemática 1995).

— (1996): *"El papel de la Resolución de Problemas en un contexto de innovación curricular"*. UNO, 8; pp. 7-18.

ADDA, J. (1985): *"Pragmatique et questionnements scolaires en mathématiques". Discours, Essays in Educational Pragmatics-1.* M.SPOELDES, F.VAN BEISEN, F. LOWENTHAL y F. VANDAMME (eds.), ACCO, Louvain, pp. 223-320.

ALSINA, A. y otros (1998): *"Ep mestres! Sabeu què en pensem els alumnes de la resolució de problemes?"*. Perspectiva Escolar, 223; pp. 51-54.

— BURGUÈS, C., FORTUNY, J.M. y otros (1995): *Ensenyar Matemàtiques.* Ed. Graó. Barcelona.

BARBA, D. y SEGARRA, LL. (1997): *Estratègies per a resoldre problemes.* Text, Barcelona.

BERGASA, J.; ERASO, D.; GARCÍA-ARMENDÁRIZ, M.V. y SARA, S. (1996): *Matemáticas. Primer Ciclo de Educación Secundaria Obligatoria.* Fondo de Publicaciones del Gobierno de Navarra.

BISHOP, A.J. (1999): *Enculturación matemática. La educación matemática desde una perspectiva cultural.* Paidós. Barcelona (versión original de 1988).

BLANCO, L. (1993): *"Una clasificación de problemas matemáticos"*. Epsilon, 25; pp. 49-60.

BLISS, J. y otros (1983): *Qualitative Data Analysis for Educational Research. A guide to uses as systemic networks.* Croom Helm. London.

BOLT, B. y HOBBS, D. (1991): *101 Proyectos Matemáticos*. Labor. Barcelona.

BROUSSEAU, G. (1998): Chapitre 1. *Fondements et méthodes de la didactique*, en BROUSSEAU, G. (ed.) *Théorie des situations didactiques*, pp. 47-112. La pensée Sauvage. Grenoble.

CALLEJO, M.L. (1992): *"Curriculum de matemáticas y resolución de problemas"*. Suma, 10; pp. 25-35.

— (1994): *Un club matemático para la diversidad*. Narcea. Madrid.

— (1995): *"Avaluació del procés de resolució de problemes matemàtics"*. BIAIX, 7; pp. 18-21.

— (1998): *"Les «col·leccions de problemes» en llibres de text de matemàtiques com un indicador del canvi"*. BIAIX, 13; pp. 24-30.

— (2000): *"Investigación y práctica educativa en resolución de problemas"*, en CARRILLO, J. y CONTRERAS, L.C. (eds): *Resolución de problemas en los albores del siglo XXI: una visión internacional desde múltiples perspectivas y niveles educativos*. pp. 237-261. Hergué Editora Andaluza. Huelva

— (2000b). *"El papel de los problemas en la educación matemática: una mirada a través de la historia"*. La Gaceta de la Real Sociedad Matemática Española. Vol 3 (2), pp. 297-307.

— y CAÑÓN, C. (1996): *"Cambios epistemológicos en Educación Primaria en España desde 1970"*, en JIMÉNEZ, J.;LLINARES, S. y SÁNCHEZ, V. (eds.): *El proceso de llegar a ser un profesor de primaria. Cuestiones desde la educación matemática*. pp. 63-91. Comares. Granada.

CAÑÓN, C. (1995): *La matemática: creación y descubrimiento*. UPCO. Madrid

CARRILLO, J. (1996): *Modos de resolver problemas y concepciones sobre la matemática y su enseñanza de profesores de matemáticas de alumnos de más de 14 años. Algunas aportaciones a la metodología de la investigación y estudio de posibles relaciones*. Tesis Doctoral. Univ. de Sevilla.

— y CONTRERAS, L.C. (2000): *"El amplio campo de la resolución de problemas"*, en CARRILLO, J. y CONTRERAS, L.C. (eds): *Resolución de problemas en los albores del siglo XXI: una visión internacional desde múltiples perspectivas y niveles educativos*. pp. 13-38. Hergué Editora Andaluza. Huelva.

CHARLES, R.; LESTER, F.; O'DAFFER, R. (1987): *How to Evaluate Progress in Problem Solving*. NCTM. Reston.

COBO, P. (1998): *Análisis de los procesos cognitivos y de las interacciones sociales entre alumnos (16-17) en la resolución de problemas que comparan áreas de superficies planas. Un estudio de casos*. Tesis Doctoral, Univ. Autònoma Barcelona. Bellaterra. Inédita

COCKCROFT, W.H. (1985): *Las matemáticas sí cuentan. Informe Cockcroft*. MEC. Madrid.

COLL, C. (1986): *Marc curricular per a l'ensenyament obligatori*. Departament d'Ensenyament. Barcelona.

CONTRERAS, L.C. (1999): *Concepciones de los profesores sobre la resolución de problemas*. Servicio Publicaciones Universidad de Huelva. Huelva.

DAVIS, P.J. y HERSH, R. (1989): *El sueño de Descartes*. Labor-MEC. Barcelona (original inglés de 1986).

DEULOFEU, J. (1999): *"Recreaciones, juegos y actividades matemáticas"*. UNO, 20; pp. 89-101.

— (2000): *"Pensant en el 2001: resolució de problemes, activitat ma-temàtica i raonament"*. Perspectiva escolar, 242; pp. 36-43.

— (2001): *Una recreación matemática: historias, juegos y problemas*. Planeta. Barcelona.

DOUADY, R. (1986): *"Jeux de cadres et dialectique outil-objet"*. Recherches en Didactique des Mathématiques, vol.7, n.2; pp. 5-31.

DOXIADIS, A.(2000): *El tío Petros y la conjetura de Goldbach*. Ediciones B. Barcelona.

ERNEST, P. (1991): *The Phylosophie of Mathematics Education*. Farmer Press. London.

FISHBEIN, M. y AJZEN, I. (1975): *Belief, Attitude, Intention and Behavior: An Introduction to Theory and Research*. Addison Wesley. Reading.

FRANK, M.L. (1985): *Mathematical Beliefs and Problem Solving*. Tesis doctoral. Purdue University. University Microfilms International

— (1988): *"Problem Solving and Mathematical Beliefs"*. Aritmethic Teacher, 35(5), pp. 32-34.

GARCÍA-ARMENDÁRIZ, M.V. (1998): *"La planificación de la enseñanza y la construcción de conocimiento en el aula"*. UNO, 16; pp. 67-82.

GARCÍA CRUZ, J.A. (2000): *"Historia de un problema: el reparto de la apuesta"*. Suma, 33; pp. 26-36.

GAROFALO, J. (1989): *"Beliefs and Their Influence on Mathematical Performance"*. Mathematic Teacher 82 (7), pp. 502-505.

— y LESTER, F.K. (1985): *"Metacognition, Cognitive Monitoring and Mathematical Performance"*. Journal for Research in Mathematics Education, vol.16; pp. 163-176

GAULIN, C. (1982): *"La resolution de problèmes: le mot d'ordre pour les années 1980-90. Quoi en penser?"*. En: *La didactique mathématique au primaire. Actes du Colloque Mathématique*. Dep. des Sciences de l'Education. Université du Québec au Chicoutimi.

GIL, D. y otros (1988): *"La resolución de problemas de lápiz y papel como actividad de investigación"*. Investigación en la escuela, 6. Sevilla

GIRONDO, L. (2001): *"Capacitats, objectius. i ara competències!"*. BIAIX, 18; pp. 30-32.

GOLEMAN, D. (1996): *La inteligencia emocional*. Kairós. Barcelona.

GÓMEZ CHACÓN, I.M. (1997): *"La alfabetización emocional en educación matemática: actitudes, emociones y creencias"*. UNO, 13; pp. 7-22.

— (1998): *Matemáticas y contexto*. Apuntes IEPS, n.64. Narcea. Madrid.

— (2000): *Matemática emocional. Los afectos en el aprendizaje matemático*. Narcea. Madrid.

GREEN, T.F. (1971): *Teaching and the Formation of Beliefs*. En: *The Activities of Teaching*. NY. McGraw Hill, Book Co (Cap. 3)

GUEDJ, D. (2000): *El teorema del loro*. Anagrama. Barcelona.

GUZMÁN, M. de (1988): *"La matematización de la cultura"*. Saber leer. Revista crítica de libros, 16; p.12.

— (1995): *Para pensar mejor*. Pirámide. Madrid.

— (1997). *"Matemáticas y sociedad. Acortando distancias"*. Saber leer. Revista crítica de libros, 107, pp. 10-11.

— (2000): *"La matemática entra en la novela"*. Saber leer. Revista crítica de libros. Agosto-septiembre 2000, pp. 8-9.

IREM DE GRENOBLE (1980): *"Quel est l'âge du capitain?"*. Bulletin de l'APMEP, 323; pp. 235-243.

KILPATRICK, J. (1985): *"A Retrospective Account of the Past 25 Years of Research on Teaching Mathematical Problem Solving"*. En: SILVER, E.A. (ed.): *Teaching and Learning Methematical Problem Solving: Multiple Research Perspectives*. pp. 1-15. Lawrence Erlbaum Associates. Hillsdale.

KRYGOWSKA, A.Z. (1966) *"Developpement de l'activité mathématique des élèves et rôle des problèmes dans ce developpement"*. L'enseignement mathématique. Tomo XII, octubre-diciembre.

— (1976): *"Le problème des problèmes"*. Actes de la 28 Rencontre de la CIEAEM. Lovaina la Nueva.

LAKATOS, I. (1978): *Pruebas y refutaciones*. Alianza. Madrid.

LESTER, F.K. (1987): *Why is problem solving such a problem? Reactions to a Set of Research Papers*. PME. Montreal.

— (1994): *"Musings about mathematical problem-solving research: 1970-1994"*. Journal for Research in Mathematics Education, vol.25(6), pp. 660-675.

— GAROFALO, J. y KROLL, D.L. (1989): *Self-Confidence, Interest, Beliefs and Metacognition: Key Influences on Problem Solving Behavior*. En: McLEOD y ADAMS (eds.) *Affect and Mathematical Problem Solving*. Springer-Verlag. NY.

LLINARES, S. (1992): *"Los mapas cognitivos como instrumento para investigar las creencias epistemológicas de los profesores"*. En: MARCELO (ed): *La investigación sobre la formación del profesorado: métodos de investigación y análisis de datos*. pp. 57-95. Cincel. Buenos Aires.

LÓPEZ, A. y MORENO, M.L. (1997): *Resultados de Matemáticas. Tercer estudio Internacional de Matemáticas y Ciencias (TIMSS)*. Instituto Nacional de Calidad y Evaluación. Madrid.

MASON, J. (1991). *"Mathematical Problem Solving: Open, Closed and Exploratory in the UK". ZDM 91/1*, pp. 14-19.

— BURTON, L. y STACEY,K. (1988): *Pensar matemáticamente*. Labor-MEC. Madrid (versión original de 1982).

McLEOD, D.B. (1992): *Research on Affect in Mathematics Education: A reconceptualization*. En: GROWS, D.A. (ed:) *Handbook of Research in Mathematics Teaching and Learning*. pp. 575-596. MacMillan. New York.

— (1993): *"Affective Responses to Problem Solving"*. The Mathematics Teacher, vol.86(9); pp. 761-763.

— y ADAMS,V.M. (eds.) (1989): *Affect and Mathematical Problem Solving*. Springer-Verlag. New York.

N.C.T.M. (1980): *An Agenda For Action*. NCTM, Reston. Virginia.

— (1991): *Estándares curriculares y de evaluación para la educación matemática*. Traducción de la SAEM THALES. Sevilla. (Versión original en inglés de 1989).

— (2000): www.standards.nctm.org/ (consultada 30-6-2002).

NESHER, P. (1980): *"The Stereotyped Nature of School Word Problems"*. For the Learning of Mathematics. Vol.1, pp. 41-48.

NÚÑEZ, C. (1997): *Creencias de un grupo-clase de 1º FP1 Administrativo sobre la resolución de problemas*. Tesis de maestría. Master en Educación Secundaria Obligatoria. IEPS-Universidad Carlos III. Madrid. Inédita

OCDE (2003): *Cadre d'évaluation de PISA 2003. Connaissances et competénces en mathématiques, lecture, science et résolution de problèmes*. Documento PDF consultado en: www.pisa.oecd.org.

PEHKONEN, E. y TÖRNER, G. (1996): *"Mathematical beliefs and different aspects of their meaning"*. ZDM, 96(4); pp. 101-108.

— y TÖRNER, G. (1999). *"Introduction to the Abstract Book for the Oberwolfach Meeting on Belief Research". Abstract of the "Mathematical Beliefs and their Impact onTeaching and Learning of Mathematics"*, pp. 3-10.

Versión PDF: http://www.uni-duisburg.de/FB11/PROJECTS/MFO_Beliefs.html (consultado el 31-7-02)

PERRENOUD, P. (2000) *Construire des compétences dans l'école*. ESF. Paris (3ª edición)

PINILLA, M.C. (1997): *Evolución de un grupo de alumnos en la resolución de problemas*. Tesis de maestría. IEPS-Univ. Carlos III. Inédita. Madrid.

POINCARÉ, H. (1974): *"La invención matemática"*, en KLINE, M. (ed:) *Matemáticas en el mundo moderno*, pp. 14-17 Blume. Madrid.

POLYA, G. (1965): *Cómo plantear y resolver problemas*. Trillas. México. (versión original en inglés de 1945).

— (1969): *Matemáticas y razonamiento plausible*. Tecnos. Madrid (versión original en inglés de 1954).

PONTE, J.P.(1994): *Mathematics teacher's professional knowledge*. En PONTE, J.P. y MATOS, J.F. (eds.): *Proceedings of 18th PME Conference*, vol. I, pp. 195-210. Lisboa.

PROYECTO OCDE/PISA (2000): *La medida de los conocimientos y destrezas de los alumnos*. MEC-INCE. Madrid

PUIG ADAM, P. (1960): *La Matemática y su enseñanza actual*. Publicaciones de la Revista de Enseñanza Media. Madrid.

PUIG, L. (1996): *Elementos de resolución de problemas*. Comares. Granada.

— y CERDÁN, F. (1988): *Problemas aritméticos escolares*. Síntesis. Madrid.

ROKEACH, M. (1968): *Beliefs, Attitudes and Values*. Jassey-Bass. San Francisco.

SANTALÓ, LL.A. (1993): *La matemàtica: una filosofia i una técnica*. Eumo Editorial. Vic.

SCHOENFELD, A.H. (1985a): *Mathematical Problem Solving*. Academic Press. Orlando.

— (1985b): *"Sugerencias para la enseñanza de la resolución de problemas matemáticos"*. En: *La enseñanza de la matemática a debate*. pp. 31-65. MEC. Madrid.

— (1987): *"What's all the fuss about Metacognition?"*. En SCHOENFELD, A.H. (ed.): *Cognitive Science and Mathematical Education*, Lawrence Erlbaum. Hillsdale, pp. 189-215.

— (1989): *"Problem Solving in context(s)"*. En CHARLES,R. y SILVER, E. (eds.): *The Teaching and Assessing of Mathematical Problem Solving*. LEA y NCTM, Reston. pp.82-92.

— (1991a): *"What's all the fuss about Problem Solving ?"*. ZDM, 91(9), pp. 4-8.

— (1991b): *"On mathematics as sense-making: An informal attack on the unfortunate divorce of formal and informal mathematics"*. En: VOSS, J.F., PERKINS, D.N. y SEGAL, J. (eds): *Informal reasoning and instruction*. pp. 311-343. Lawrence Erlbaum Associates. Hillsdale.

— (1992): *"Learning to think mathematically: Problem Solving, Metacognition and Sense-Making in Mathematics"*, en GROUWS, D.A. (ed): *Handbook of Research in Mathematics Teaching and Learning*. pp. 334-389. MacMillan. New York.

SHELL CENTRE FOR MATHEMATICAL EDUCATION (1993): *Problemas con pautas y números*. Servicio Editorial de la Universidad del País Vasco. Bilbao. (Versión original en inglés de 1984).

SILVER, E.A. (1997). *"Fostering Creativity through Instruction Rich in Mathematical Problem Solving and Problem Posing"*. *ZDM* 97(3), pp. 75-80.

STEEN, L.A. (Ed.) (1998): *La enseñanza agradable de las matemáticas*. Limusa. México (original en inglés de 1990).

SYLVESTER, J.J. y otros (eds. 1974): *La forma del pensamiento matemático*. Grijalbo. Barcelona.

THOMPSON, A.G. (1992): *"Teacher' beliefs and conceptions: a synthesis of the research"*. En GROUWS, D.A. (ed.). *Handbook for Research in Mathematics Teaching and Learning*. MacMillan-NCTM. NewYork, pp. 127-146.

VILA, A. (1993): *Una anàlisi dels enunciats de problemes de matemàtiques a 1r de BUP. Causes i conseqüències de les característiques estudiades*. Trabajo inédito del Programa de Doctorado en Did. de les Matemáticas, UAB.

— (1995): *"¿Problemas de matemáticas? ¿Para qué? Una contribución al estudio de las creencias de los profesores/as y alumnos/as"*. Actas de las VII JAEM. pp. 32-37. Madrid.

— (1998a): *"La popularització de les matemàtiques dins de l'aula: una proposta de club matemàtic"*. Perspectiva Escolar, 223, pp. 33-42.

— (1998b): *"La idea de problema entre l'alumnat. Reflexions per a la creació d'un ambient de resolució de problemes a l'aula"*. BIAIX, 11; pp. 16-22.

— (2001): *Resolució de problemes de matemàtiques: identificació, origen i formació dels sistemes de creences en l'alumnat. Alguns efectes sobre l'abordatge dels problemes*. Tesis doctoral. Universitat Autònoma de Barcelona. Versión PDF en www.tdcat.cesca.es/TDCat-0925101-170122/

WOODS, D.R. (1987): *"Misconceptions about Problem Solving"*. Teaching Thinking and Problem Solving. Vol. 9(4), pp. 8-9.

Colección
EDUCACIÓN HOY ESTUDIOS

RAY. W.: *Diferencias individuales en el aprendizaje. Personalidad y rendimiento escolar.*
RODRÍGUEZ, A.; GUTIÉRREZ, I. y MEDINA, A.: *Un enfoque interdisciplinar en la formación de los maestros.*
ROSALES, C.: *Evaluar es reflexionar sobre la enseñanza.*
RUIZ, J. M.ª: *Cómo hacer una evaluación de centros educativos.*

SÁINZ, C. y ARGOS, J.: *Educación Infantil. Contenidos, procesos y experiencias.*
SCHWARTZ, B.: *Hacia otra escuela.*
STAINBACK, S. y W.: *Aulas inclusivas. Un nuevo modo de enfocar y vivir el currículo.*

TARDIF, M.: *Los saberes del docente y su desarrollo profesional.*
TEJEDOR, F. J. y GARCÍA VALCÁRCEL, A. (eds.): *Perspectivas de las nuevas tecnologías en la educación.*
TENBRINK, T. D.: *Evaluación. Guía práctica para profesores.*
TITONE, R.: *Psicodidáctica.*

URÍA, M.ª E.: *Estrategias didáctico-organizativas para mejorar los centros educativos.*

VALLE, A. del: *Aportación bio-bibliográfica a la Historia de la Ciencia.*
VILA, A. y CALLEJO M.ª. L.: *Matemáticas para aprender a pensar. El papel de las creencias en la resolución de problemas.*

WHITAKER, P.: *Cómo gestionar el cambio en contextos educativos.*

ZABALZA, M. A.: *Calidad en la Educación Infantil.*
—*Diseño y desarrollo curricular.*
—*Diarios de clase. Un instrumento de investigación y desarrollo profesional.*